オーディオの歴史をスピーカーから俯瞰する

スピーカー技術の100年 II
広帯域再生への挑戦

佐伯多門
Tamon Saeki

スピーカー技術の100年を彩る歴史的スピーカー

著者は内外の博物館や個人蔵の,歴史上重要なスピーカーユニットを探し出して撮影している.ここでは本書で扱った時代の製品の一部を紹介し,本文のモノクロ画像では伝えきれない機器の色合い,質感などを披露する.なお,表示のないものは著者蔵.

【ビンテージ・スピーカー】

七欧無線電気商会のフラワーボックス NH5型(1927年) WEの373型マイクロフォン(1925年)に類似したデザインのホーン型マグネチックスピーカー(NHK放送博物館蔵)

フランスのHant-parleur a' pavillon製ホーン型マグネチックスピーカー(1924年)(ラジオフランス博物館蔵)

原口製作所製ハンホーン21cmコーン型マグネチックスピーカー(1929年) 4球式ラジオ受信機の付属金属ケースに付いていた(NHK放送博物館蔵)

【ビンテージ・スピーカー】

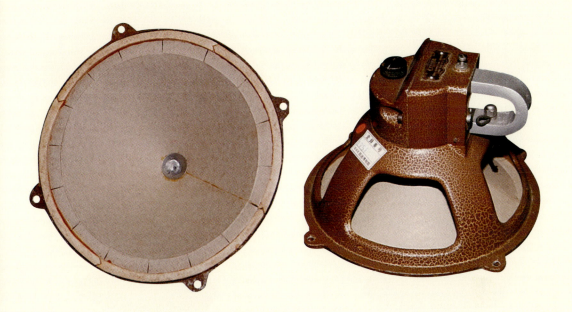

センター電機製作所製50型19cmフリーエッジコーン型スピーカー（1937年）
可動片のアジャスター付き（NHK放送博物館蔵）

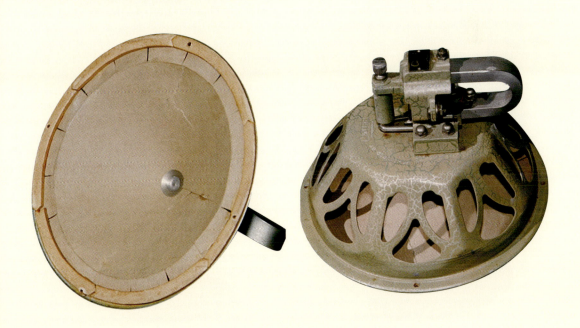

センター電機製作所製51型21cmフリーエッジコーン型スピーカー（1935年）
可動片のアジャスター付き（NHK放送博物館蔵）

スピーカー技術の100年を彩る歴史的スピーカー

米国クロスレー製の「ウルトラ・ミュージコン」口径29cmコーン型マグネチックスピーカー（1927年）
（NHK放送博物館蔵）

RCAのGE製100型コーンマグネチックスピーカー（1925年）
（大阪芸術大学蔵）

【ビンテージ・スピーカー】

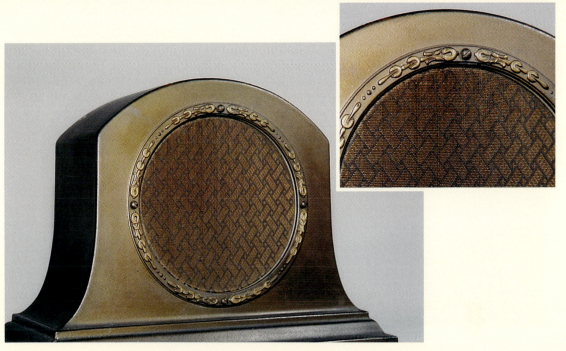

RCAのGE製100A型口径7インチマグネチックスピーカー（1927年）
（大阪芸術大学蔵）

米国アトウォーター・ケント（Atwater Kent）のE2型口径11インチマグネチックスピーカー（1926年）
（渡辺 侃氏蔵）

スピーカー技術の100年を彩る歴史的スピーカー

松下電器製作所（現・パナソニック）のナショナル製R-31型3球式ラジオ受信機付属スピーカー（1931年）
（松下電器歴史館蔵）

村上研究所製ワルツ26号ラジオ受信機用スピーカー（1931年）
内蔵スピーカーはワルツ55号口径9インチダイナミックスピーカー
外形寸法幅250mm，高さ275mm，奥行き140mm（NHK放送博物館蔵）

【ビンテージ・スピーカー】

村上研究所製ワルツ16号B型バッフル板付きマグネチックスピーカー（1928年）
外形寸法　幅360mm，高さ約370mm（NHK放送博物館蔵）

村上研究所製ワルツ16号A型バッフル板付きマグネチックスピーカー（1928年）
（渡辺 侃氏蔵）

スピーカー技術の100年を彩る歴史的スピーカー

早川金属工業研究所（現・シャープ）製シャープダイン33型「富士号」ラジオ受信機附属スピーカー
口径8インチマグネチックスピーカー（1932年）外形寸法　幅275mm，高さ275mm，奥行き135mm
（シャープ歴史ホール蔵）

【ダイナミック・単一コーン型スピーカー】

RCAのGE製105型外径10インチのフィールド型ダイナミックスピーカー
アンプ内蔵の後面開放型エンクロージャーに搭載．またコンソール型ラジオ受信機や電気蓄音機に搭載（1927年）
（海老沢徹氏蔵）

【ダイナミック・単一コーン型スピーカー】

RCAの106型8インチコーン型フルレンジスピーカー（1928年）
磁気回路はAC型でセレン整流器を搭載している．支持部はフリーエッジでセンターダンパー．
コブラン織りのネットのエンクロージャーに搭載（長谷川富王氏蔵）

英国Epoch〈エポック〉の101型口径9インチのフィールド型ダイナミックスピーカー（1935年）
（オーディオテクニカ蔵）

スピーカー技術の100年を彩る歴史的スピーカー

米国Brandes Products Corp.製のKolster300型口径12インチダイナミックスピーカー（1929年）
（NHK放送博物館蔵）

米国マグナボックス製 10C134型口径10インチパーマネントダイナミックスピーカー
NHKで放送用モニタースピーカーとして使用（1934年）（NHK放送博物館蔵）

【ダイナミック・単一コーン型スピーカー】

独テレフンケン製ELa L103/1型口径9.5インチパーマネントダイナミックスピーカー（1935年）
（NHK放送博物館蔵）

RCA製MI-12460-A型口径7インチアコーディオンエッジ式フルレンジスピーカー
特許出願1944年，1948年認可．用途はラジオ用か

スピーカー技術の100年を彩る歴史的スピーカー

ラジオン電機研究所製PM-10型口径10インチパーマネントダイナミックスピーカー
（わが国最初といわれるダイナミック型）（1936年）（NHK放送博物館蔵）

ラジオン電機研究所製D-8P型口径8インチフィールド型ダイナミックスピーカー（1936年ごろ）
（NHK放送博物館蔵）

【ダイナミック・単一コーン型スピーカー】

ラジオン電機研究所製D-10P型口径10インチフィールド型ダイナミックスピーカー（1936年ごろ）
（NHK放送博物館蔵）

日本電気製M-65型パーマネントダイナミックスピーカー（1948年ごろ）
振動板は整合共振型コルゲーション付き（NHK放送博物館蔵）

スピーカー技術の100年を彩る歴史的スピーカー

東北大学開発のオブリコーン振動板搭載の日電電波工業製OE-2型
フルレンジ再生用パーマネントダイナミックスピーカー（1948年ごろ）

三菱電機製ダイヤトーンP-50型口径12cmコーン型スピーカー（1948年）
磁気回路はΩP磁石使用．市販されて高音用スピーカーとして使用された例あり

【ダイナミック・単一コーン型スピーカー】

三菱電機製ダイヤトーン P-62F 型口径 16cm フリーエッジコーン型フルレンジスピーカー（1947年）
国産初のNHKモニタースピーカーに採用される

三菱電機製ダイヤトーン P-65F 型口径 16cm フリーエッジコーン型フルレンジスピーカー（1950年）
NHKモニタースピーカーとして採用される．磁気回路がアルニコ磁石に変わる

スピーカー技術の100年を彩る歴史的スピーカー

三菱電機製ダイヤトーンP-60F型口径16cmフリーエッジコーン型フルレンジスピーカー（1954年）
NHKモニタースピーカーとして採用される

三菱電機製ダイヤトーンP-610A型口径16cmフリーエッジコーン型フルレンジスピーカー（1958年）
NHKモニタースピーカーとして採用される．エッジは修理したもの

【ダイナミック・単一コーン型スピーカー】

三菱電機製ダイヤトーンP-610M型口径16cmフリーエッジコーン型フルレンジスピーカー（1995年）
P-610A型の磁気回路および高音再生帯域を改良，エッジがロール状になる

福音電気（現・パイオニア）製PE-8型口径20cmフィックスドエッジコーンのフルレンジスピーカー（1951年）
NHKモニタースピーカーとして採用される．アルニコ磁石使用外磁型磁気回路

スピーカー技術の100年を彩る歴史的スピーカー

パイオニア製F815-E型口径20cmコーン型フルレンジスピーカー（1952年）
フィールド型磁気回路，振動系はPE-8型に類似

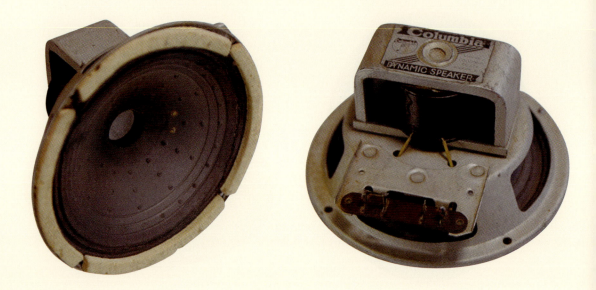

日本コロムビア製DS-74B型口径18cmコーン型フルレンジスピーカー（1953年）
当時音質が良いスピーカーとして話題になった．フィールド型

【ダイナミック・単一コーン型スピーカー】

松下電器産業（現・パナソニック）製のナショナル8P-W1型口径20cmダブルコーン型スピーカー（1954年）
球状イコライザーが「ゲンコツ」と呼ばれ，大きな特徴となった

松下電器産業（現・パナソニック）製のナショナル6P-W1型口径16cmコーン型フルレンジスピーカー．
コーン紙を二重漉きにした特徴ある振動板（1955年）

スピーカー技術の100年を彩る歴史的スピーカー

芙蓉電気製ブリランテ630PH型口径16cmコーン型スピーカー（1953年）
スパイラルコルゲーションが見える振動板で特性改善を狙う

西川電波製パーマックスPD-65F型口径16cmフリーエッジスピーカー（1950年）
スパイラルコルゲーションといわれるが，その効果は不明（この機種が唯一存在）

【ダイナミック・単一コーン型スピーカー】

三陽工業製ミューズSF-6型口径16cmフリーエッジスピーカー（1953年）
ストリングダンパーと称する糸吊りの張力で支持. f_o が低い特徴

竹下科学研究所製PD型口径16cmシルクコーンスピーカー（1952年）
絹芯樹脂質振動板と称し，絹布を数枚重ねてフェノール樹脂で成形した振動板が特徴

スピーカー技術の100年を彩る歴史的スピーカー

ワルツ通信工業製ワルツP-6.5S型口径16cmコーンスピーカー（1953年ごろ）
パーチメント・コーンに似た特殊コーン紙を採用

福洋音響製コーラル5A-50型口径12cmフルレンジ.
コーラルゴールデン50シリーズの製品

【ダイナミック・単一コーン型スピーカー】

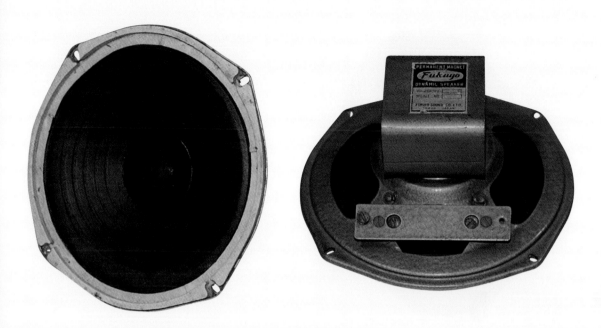

福洋音響製コーラルD-806型口径20cmフルレンジ用スピーカー（1955年）
社名を変更して最初の製品

米国アルテック製405A型口径4インチフルレンジスピーカー
小口径ながらフルレンジ再生で良い音がすると評判を得た

スピーカー技術の100年を彩る歴史的スピーカー

英国ワーフェデール製スーパー8/CS/AL型口径8インチフルレンジスピーカー（1957年ごろ）
初期のフルレンジスピーカーとして著名

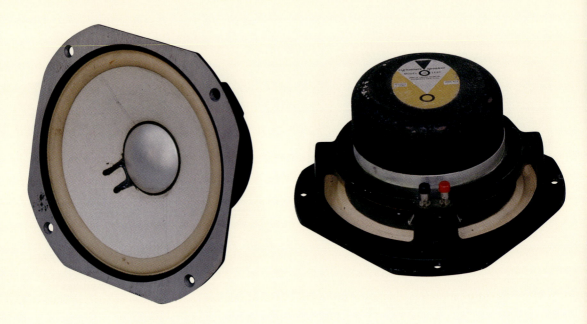

米国JBL製LE8T型口径8インチフルレンジスピーカー（1964年）
コーン紙の表面に"Lans a plas"を塗布したコーンを採用

【ダイナミック・単一コーン型スピーカー】

米国ボザーク製 B-800 型口径8インチメタルコーンスピーカー（1955年ごろ）
ネオプレンゴムでアルミコーンをサンドイッチした特許を持つ

フランス VEGA 製 MEDOMEX 15型口径15cmダイナミックスピーカー（1963年）
（ジャン平賀氏撮影）

【ダブルコーン方式広帯域用スピーカー】

英国グッドマン製アキシオム80型ダブルコーン方式エッジレスカンチレバー
サスペンション式スピーカー（1954年）（若林鋼二氏蔵）

英国ワーフェデールSuper 8RS/DD型ダブルコーンスピーカー（1964年頃）
BBC放送局でモニタースピーカーとして使用したといわれている

【ダブルコーン方式広帯域用スピーカー】

日本音響電気製ミラフォンMA-23GP型口径20cmダブルコーンスピーカー
メタルクラッド発泡振動板使用（1965年）

福洋音響製コーラルFLAT-6型口径16cmダブルコーンスピーカー（1969年）
フラットシリーズで口径16cm，20cm，30cmの3機種がある

スピーカー技術の100年を彩る歴史的スピーカー

仏Supravox製T215S
RTF型口径20cmダブルコーンスピーカー（1956年）
（J.C.Verdierの博物館［パリ］蔵）

【同軸型複合2ウエイ広帯域用スピーカー】

米国WE製「ザ・タブ」ホーン形同軸2ウエイスピーカーシステム（1938年）
低音は折り返しホーン，高音はセパレートホーン（ゆふいん音楽時代館蔵）

【同軸型複合2ウエイ広帯域用スピーカー】

米国アルテック製604E型口径15インチ同軸複合2ウエイスピーカー（1965年）
スタジオモニター用として活躍した

米国アルテック製604-8G型口径15インチ同軸複合2ウエイスピーカー（1973年）
スタジオモニター用として活躍した

29

スピーカー技術の100年を彩る歴史的スピーカー

英国タンノイ製LSU/HF/15L型口径15インチ同軸複合2ウエイスピーカー（1947年）
（カタログより）

米国ジェンセン製G-610型同軸複合3ウエイスピーカー（1950年）
高音用はホーン型で低音用振動板の前に固定（NHK放送博物館蔵）

【同軸型複合2ウエイ広帯域用スピーカー】

八欧無線製ジェネラルHPD-1201型口径30ｃm同軸複合型２ウエイスピーカー（1953年）
NHKの放送用モニタースピーカーとして使用．特徴は高音用に楕円型コーンスピーカーを搭載したこと

福洋音響製コーラル12TX-1型口径30cm3ウエイスピーカー（1958年）
中音はダブルコーン方式，高音は2H-1型ホーンを組み込み

スピーカー技術の100年を彩る歴史的スピーカー

独イソフォン製Orchester型口径30cm同軸複合2ウエイスピーカー
（若林鋼二氏蔵）

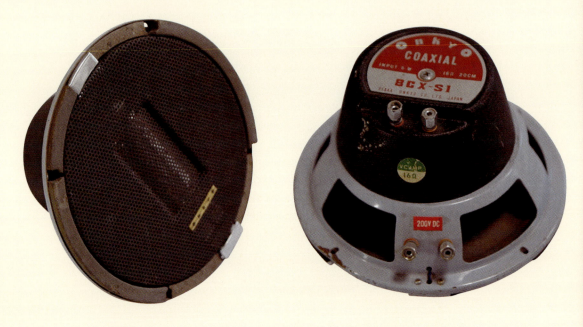

大阪音響（現・オンキヨー）製8CX-S1型口径20cm同軸複合2ウエイスピーカー
特徴として高音用にコンデンサー型スピーカーを搭載

まえがき

この書では前書『スピーカー技術の100年　黎明期～トーキー映画まで』の第6章より続いて第7章から始め，民生用（家庭用）の高品位再生用スピーカーの初期の時代から段々と発展していく過程を述べます．特に民生用としての広帯域再生を狙った技術的開発は，ここで基本的なものが数多く登場し，後世へと受け継がれていくことになります．

第8章では，わが国のスピーカー誕生の黎明期から，戦前と称される1945年ごろまでの時期の変遷を述べ，海外の動向にどのように対応して行ったか，戦争という社会的制約のなかで，スピーカー技術開発が受けた苦難を述べます．

第9章では戦後の1945年以降，1955年ごろまでのラジオ受信機用のダイナミックスピーカーを中心に，老舗のスピーカーメーカーと，新しく発足したスピーカーメーカーなどの，それぞれの特徴ある技術力を発揮して進展していく状態を述べます．しかし，わが国のスピーカー技術の発展においては政府が賦課した税金の関係から，スピーカーはシステムとした完成品を避けて，ユニット部品として販売され，エンクロージャーは別売されたという事情があります．この関係で，メーカーは組み合わせたスピーカーシステムの完成品を販売しなかったので，総合特性の改善や音創りの技術が育成されずに展開していきました．これが，海外の開発技術に比べて，日本のスピーカーシステム作りの技術開発の遅れにつながったものと思います．

音楽レコードの革命によりSPレコードからLPレコードが誕生して，再生音源が大きく変わるとともに，オーディオ再生の考え方が大きく変わってきました．

そこには音楽鑑賞派と高忠実度再生を求めたオーディオ再生愛好者の世界が構築されていった時期でした．そして求められたのが高品位再生用スピーカーシステムでした．第10章では，こういった高品位再生用スピーカーシステムを紹介します．

スピーカーシステムとしての高性能化や音創りの点で，わが国は大きく立ち遅れ，残念ながら海外製品崇拝の市場が構築されていきました．WEの45/45方式のステレオレコードが開発され「ステレオ時代」を迎え，わが国で「ポストカラーテレビジョン」としてオーディオ事業の拡大が予測され，事業の先行投資が行われ，資源の投入により音響研究に本腰を入れて取り組み始めました．

わが国では，このスピーカーシステムの大きな革命の波に乗り，開発研究への資源の投入が効果を上げるとともに，国内のオーディオ再生機器の需要拡大もあって，これまでにないチャンスが到来して，ステレオオーディオ時代の全盛期を迎えることになります．

本書はここまでの変遷に留めますが，この中で一番苦労したのは第8章，戦前の日本におけるスピーカーの開発の状況の調査でした．一つは海外製品の模倣品であって，その製作場所や販売ルートが明確に突き止められないことや，関連した雑誌に技術発表は

なく，調べる足掛りがない状態でした．

　公になった資料としては，日本放送出版協会が毎年発行した『ラジオ年鑑』に，ラジオ機器の認定した情報を記載して公表したことから，ここで認定されたスピーカーのメーカーと機種を足掛りに，当時の優秀なスピーカーを知ることができました．また，当時発行されていた『ラヂオの日本』，および『無線と実験』に掲載される著名人の論文と，掲載された広告が足掛りになりました．広告や業界動向は業界紙の『ラジオ公論』に掲載される記事が参考になりました．また，松浦一郎さん（故人）が『JAS-Journal』誌に連載した「日本のスピーカー戦前史」も足掛りとなりました．

　市場の情報としては『小川卸商報』，『広瀬卸商報』，『川松商報』，『連合電機卸商報』，『水野卸商報』，『伊藤卸商報』など，当時の卸売りの販売形態から機種情報をうかがうことができました．この点では櫻屋映音商会の小山内洋さん（故人）から資料を提供していただきました．

　このように断片的で満足のいく内容ではないのですが，戦前にも立派にスピーカーの開発が行われ，海外からの輸入品に対抗して力を付けてきたことがうかがえます．

　本書では民生用のスピーカーとスピーカーシステムが高性能化を狙って，どのように発展していったか，その変遷を述べています．

　そして，その後わが国のオーディオ事業の拡大を狙ってさらに資本を投入し，音響研究に本腰を入れて取り組んだ結果，各メーカーがどのように発展し活躍したかは，次の書で述べることにします．

令和元年10月　佐伯多門

オーディオの歴史をスピーカーから俯瞰する

スピーカー技術の100年II
広帯域再生への挑戦

カラー口絵
スピーカー技術の100年を彩る
歴史的スピーカー　　　　　　　2
　　ビンテージスピーカー
　　ダイナミック・単一コーン型スピーカー
　　ダブルコーン方式広帯域用スピーカー
　　同軸型複合2ウエイ広帯域用スピーカー

まえがき　　　　　　　　　　　33

第7章 初期の広帯域再生用直接放射型スピーカーとエンクロージャー　39

7-1	広帯域再生への気運	40
7-2	直接放射型スピーカー低音再生に重要な慣性制御方式	40
7-3	低音再生に重要な役割を持つバッフル効果とエンクロージャー方式	42
	7-3-1 前後の音放射を隔離するバッフル効果	42
	7-3-2 後面開放型エンクロージャー	44
	7-3-3 密閉型エンクロージャー	44
	7-3-4 位相反転型エンクロージャー	45
	7-3-5 エンクロージャーによる音の回折	48
7-4	単一コーン振動板による広帯域再生への挑戦	51

	7-4-1 R&K型スピーカーを搭載したスピーカーシステムの誕生	51
	7-4-2 英国B. T. H. 製スピーカーシステム	57
	7-4-3 単一コーン振動板の改善による広帯域再生	59
7-5	複合コーン振動板による広帯域再生	60
	7-5-1 ダブルコーンスピーカーの発明と英国系ダブルコーンスピーカー	60
	7-5-2 欧州でのスピーカーの再生周波数特性の測定	66
	7-5-3 オルソンによる広帯域再生スピーカーの開発	66
7-6	初期の同軸型複合方式スピーカー	75
	7-6-1 複合方式による広帯域再生の変遷	75
	7-6-2 ジェンセン初期の同軸型複合スピーカー	78
	7-6-3 アルテック・ランシングの604型同軸型複合2ウエイスピーカー	81
	7-6-4 タンノイの同軸型複合2ウエイスピーカー	83
	7-6-5 RCAの同軸型複合2ウエイスピーカー	88
	7-6-6 著名な初期の同軸型複合スピーカー	92
7-7	初期の非同軸型複合型方式スピーカー	99
	7-7-1 中型クラスの非同軸型複合方式システムの商品化の背景	99
	7-7-2 ランシングの「アイコニック」非同軸型複合2ウエイスピーカーシステム	103
	7-7-3 WEの700系統非同軸型複合スピーカーシステム	105

| 7-7-4 | テレフンケンのELaS401型 非同軸型複合スピーカーシステム | 107 |

参考文献　109

第8章 日本のスピーカーの誕生から 終戦（1945年）まで　113

8-1	日本のスピーカーの黎明期	114
8-2	黎明期に輸入されたスピーカーの機種と その販売で活躍した代表的輸入商社	116
8-2-1	田辺商店	116
8-2-2	アシダカンパニー	119
8-2-3	ローラ・カンパニー	120
8-3	NHK技術研究所の ラジオ機器認定制度	122
8-4	三田無線電話研究所の 「デリカ」スピーカー	124
8-5	村上研究所の「ワルツ」スピーカー	126
8-6	七欧無線電気商会の 「フラワーボックス」スピーカー	131
8-7	センター電機製作所の 「センター」スピーカー	135
8-8	山中電機の「テレビアン」スピーカー	139
8-9	GEのダイナミックスピーカーの 特許問題	140
8-10	関西におけるスピーカー部品製造	142
8-11	ラジオン電機研究所の 「ラジオン」スピーカー	144
8-12	久寿電気研究所の 「ハーク」スピーカー	147
8-13	東芝系のスピーカー	151
8-13-1	芝浦製作所の 「ジュノラ」スピーカー	151
8-13-2	東京電気の「マツダ」， 「バイタボックス」スピーカー	154
8-13-3	日本ビクター蓄音機との関係	157
8-14	日本電気の「NEC」スピーカー	158
8-15	ウェスティングハウスと タイガー電機との関係と ラジオ受信機用スピーカー	164

8-16	原崎ラジオ製作所の 「ローヤル」スピーカー	170
8-17	タムラ製作所のスピーカー開発	170
8-18	早川電機工業の 「シャープ」スピーカー	171
8-19	福音電機の「パイオニア」スピーカー	176
8-20	松下電器産業の 「ナショナル」スピーカー	179
8-21	1945年以前のラジオ・スピーカー関連の メーカー名とブランド名の関係	184
8-21-1	スピーカーメーカー経営への 戦争の影響	184
8-21-2	その他の戦前のスピーカーメーカーと ブランド名	185
8-22	戦前の日本でのスピーカー研究動向	187
8-22-1	海外製品の性能分析	188
8-22-2	日本におけるスピーカー特性の測定	189
8-22-3	コーン型ダイナミックスピーカーの 開発	190
8-22-4	コーン型ダイナミックスピーカーの 研究	192
8-22-5	広帯域化，高性能化への前進	194

参考文献　201

第9章 戦後（1945 ～ 1955年）における日本の高性能スピーカーの復興と発展　203

9-1	第2次世界大戦直後の日本市場動向	204
9-2	「ダイヤトーン」（三菱電機）の 高性能スピーカーの開発	205
9-2-1	P-62F型スピーカー	206
9-2-2	P-65F型スピーカー	211
9-2-3	P-60F型スピーカー	211
9-2-4	P-610型スピーカー	214
9-3	「パイオニア」（福音電機）の 高性能スピーカーの開発	216
9-4	「ナショナル」（松下電器産業）の 高性能スピーカーの開発	223
9-5	東北大学の オブリコーンスピーカーの開発	229

9-6 「オンキョー」（大阪音響）の
高性能スピーカーの開発 234

9-7 「ミューズ」（三陽工業）の
高性能スピーカーの開発 239

9-8 日本電信電話公社電気通信研究所の
標準音源用スピーカー 243

9-9 「ミラフォン」（日本音響電気）の
高性能スピーカーの開発 244

9-10 「アシダボックス」（アシダ音響）の
高性能スピーカーの開発 247

9-11 「フォスター」（フォスター電機）の
高性能スピーカー開発 250

9-12 竹下科学研究所の
シルクコーンスピーカーの開発 254

9-13 「パーマックス」と「ブリランテ」の
スパイラルコルゲーションスピーカーの
開発 254

9-14 「リスト」（日本拡声器株式会社）の
高性能スピーカーの開発 257

9-15 「フェランティ」と「ニューマン」の
高性能スピーカーの開発 259

9-16 YL音響系の高性能スピーカーの開発 260

9-17 「コーラル」（コーラル音響）の
高性能スピーカーの開発 264

9-18 「クライスラー」（クライスラー電気）の
高性能スピーカーの開発 267

9-19 戦後のその他のスピーカーメーカー 269

参考文献 269

第10章 モノーラル時代のHi-Fi再生用 スピーカーシステム 273

10-1 Hi-Fi再生への胎動 274

10-2 1950年代初期のHi-Fi再生用
スピーカーシステムの低音再生方式 274

10-3 クリプッシュホーンの発明と
製品の系譜 278
10-3-1 バイタボックスのスピーカーシステム 280
10-3-2 エレクトロボイスの
スピーカーシステム 280

10-4 英国のHi-Fi再生用スピーカーシステム 284
10-4-1 タンノイの大型スピーカーシステム 284
10-4-2 ワーフェデールのスピーカーシステム 286
10-4-3 アコースティカルマニュファクチャリン
グのスピーカーシステム 292
10-4-4 グッドマンのスピーカーシステム 293
10-4-5 ラウザーの
ホーンスピーカーシステム 295
10-4-6 ウエストレックス（ロンドンウエスタン）
のスピーカーシステム 297

10-5 米国の民生用
Hi-Fi再生スピーカーシステム 298
10-5-1 アルテック・ランシング初期の
大型スピーカーシステム 299
10-5-2 JBL創立後の
民生用スピーカーシステムの開発 309
10-5-3 ジェンセンの
民生用スピーカーシステムの開発 318
10-5-4 ボザークの大型スピーカーシステム 325
10-5-5 エレクトロボイスの
大型スピーカーシステム 330

10-6 低音再生にヘルムホルツ共振を利用した
エンクロージャーの系譜 336
10-6-1 GEのディストリビューテッドポート型
エンクロージャー 336
10-6-2 ケルトン型エンクロージャー 338
10-6-3 カールソン型エンクロージャー 340
10-6-4 R-J型エンクロージャー 340
10-6-5 バルチのコーナー型
ディストリビューデッドポート付き
エンクロージャー 341
10-6-6 レッドの4通りの
可変型エンクロージャー 341

10-7 音響管を利用した低音再生方式 343
10-7-1 ラビリンス型エンクロージャー 343
10-7-2 フルマー型エンクロージャー 344
10-7-3 エアカプラー型エンクロージャー 345
10-7-4 テーパードパイプ型
エンクロージャー 345

参考文献 347

項目/人名索引 349

編集　末永昭二
本文デザイン
　　プラスアルファ
　　（水谷美佐緒＋中家篤志）
カバー・表紙デザイン
　　株式会社ニルソンデザイ
　　ン事務所
　　（望月昭秀，境田真奈美）

第7章

初期の広帯域再生用
直接放射型スピーカーと
エンクロージャー

第 7 章　初期の広帯域再生用直接放射型スピーカーとエンクロージャー

7-1　広帯域再生への気運

スピーカーの電気音響再生帯域は，人間の可聴帯域の20Hz～20000Hzを忠実に再生することが理想的ですが，スピーカーが登場した当時の技術では困難で，夢のような話でした．

ラジオ放送開始の1920年以後，ラジオ受信機には，まず大きい音量が求められていたのですが，時代を追うにつれて，きれいな音で再生する方向へと聴取者の要望が変わってきました．この要望に従うため，初期のラジオ受信機用スピーカーには「ラッパ」と称するホーン型マグネチックスピーカーが使われ，再生帯域の狭い明瞭度本位の音でしたが，その後，直接放射型のマグネチック型スピーカーに変わり，さらに音質の良いダイナミック型スピーカーへと進展し，再生周波数帯域と音質が改善されてきました．

一方，蓄音機による再生は，エジソン（Thomas A. Edison）やベルリナー（Emil Berliner）らのアコースティック録音のレコードが，1925年にベル電話研究所（Bell Telephone Laboratories；ベル研）が発明したレコードの電気録音/電気再生技術に替わることによって，音質が一段と向上しました．

電気式録音によるレコードの音質向上に加えて，電気式ピックアップで変換した信号を増幅してスピーカーから音を放射する電気蓄音機の開発によって，「音の缶詰」と悪評であったレコードの音質は，打って変わって良くなりました．その結果，売り上げが伸び悩んでいたレコード会社は，早速電気録音再生の特許ライセンスを取得して，事業救済のために新レコード販売事業を急速に立ち上げました．

音質の良さを宣伝するために，音質の良い電気蓄音機を製造してレコード販売促進に活用したいと考えたレコード会社は，ピックアップ，増幅アンプ，スピーカーなどのオーディオ機器の高性能化を狙って次々と開発を進めました．

また，この時期は映画においても「無声映画」から音を発する「トーキー映画」（1926年）への移行期でもありました．トーキー映画を上映する映画館ではトーキー再生用の電気音響再生装置の高出力アンプや大型スピーカーが必要になり，さまざまな再生方式が開発されました．

取り扱うプログラムソースの高品位化という時代の大きな流れを背景に，電気音響再生は次第に高性能になり，それに伴ってスピーカーの性能を向上させる必要が生じ，スピーカーの広帯域再生化技術に拍車がかかりました．

7-2　直接放射型スピーカーの低音再生に重要な慣性制御方式

前項で述べたように，1925年ごろから電気音響再生の技術に大きな躍進があって，「良い音」を求める機運が芽生えてきました．この動きは，スピーカー開発の技術者たちに，高性能なスピーカーの開発という大きな課題を与えました．

電気信号を音響信号に変換して伝えるスピーカーに求められる性能の一つに，豊かな低音再生があります．

ラジオ用ホーンスピーカーは1000Hz付近を中心としており，明瞭度はあるものの「金切り声」のような硬い音で，少しでも帯域の広い良い音のために，新たなスピーカーが求められました．

スピーカー開発の技術者にとって大きな課題であった低音再生の改善を解決して大きく前進させたのは，ゼネラル・エレクトリック（General Electric；GE）の研究所のライス（Chester W. Rice）とケロッグ（Edward Washburn Kellogg）であり，彼らが1925年に開発した直接放射型（当時は「ホーンレススピーカー」と称した）ダイナミックスピーカーでした．そして，このスピーカーとエンクロージャー（バッフル板）とを一体化して使用することによって，目的としていた低音再生が可能であることを示し，これまでの概念を一変させました．再生帯域の低音限界に低域共振周波数f_0を

低音再生限界に f_0 を設定した直接放射型スピーカーの慣性制御方式

　直接放射型スピーカーが広い空間に音を放射して、信号（音楽）を伝播させようとするとき、信号に対して忠実に再生するためには、広い周波数帯域を均一な特性にする必要があります。

　直接放射型スピーカーの振動板 a が振動するとき、スピーカーの振動板の質量 m_0 や振動板を支持するエッジのコンプライアンス（スティフネス）S_0 があり、振動板が振動して空気を動かそうとすると、空気は軽いため逃げるので、音のエネルギーとして働くのはわずかしかありません。振動板の大きさに比べ、波長の長い低音では特に顕著です。

　このスピーカーを電気的な等価回路で示すと(a)となります。振動板が振動するとき、これに反発する放射インピーダンス Z_a は、放射抵抗 R_a と放射リアクタンス jX_a とから構成されていて、音放射のエネルギーは R_a で消費されます。直接放射型スピーカーの能率が1%程度と低いのは、この放射抵抗が小さいためです。

　一方、jX_a は周波数とともに変化し、(b)に示すように $K_a=1$ 付近を中心に変化します。このため、スピーカーの f_0 を低い周波数に設定すると、f_0 より高い周波数では「慣性（質量）制御（mass control）」になり、振動板の振幅は周波数の2乗に反比例して増加しますが、周波数に対して音放射は一定の安定した状態が得られます。このため、f_0 を再生帯域の最低値に設定することで低音が中音と同じレベルで再生できるようになり、広い周波数帯域にわたって均一な特性性能が得られます。

　このように、直接放射型スピーカーでは慣性（質量）制御によって、広い周波数帯域で均一な特性が得られます。

　また、この f_0 の Q（尖鋭度）の値によって低音特性は(c)のように変化するので、好みの低音特性傾向が得られます。

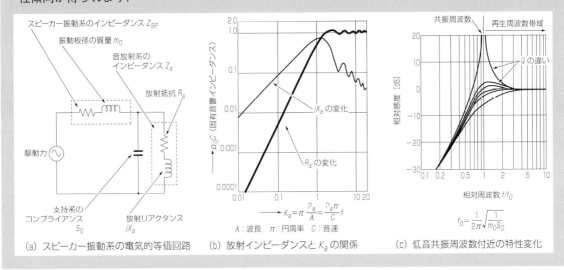

(a) スピーカー振動系の電気的等価回路　(b) 放射インピーダンスと K_a の関係　(c) 低音共振周波数付近の特性変化

設定し、直接放射型スピーカーの低音再生帯域を伸ばすことが大きな発見でした。

　このためにライスとケロッグは、1919年に創案されていた慣性制御（Inertia Control、第2章、表2-2参照）の概念を基に「慣性制御方式」を具現化して、新規開発の直接放射型ダイナミックスピーカーに取り入れました。この設計思想は、今日のスピーカー技術では当然のように考えられていますが、これが最初の発明で、特許を取得しました。

　直接放射型スピーカーで、広い空間に直接振動

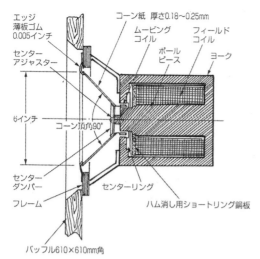

[図7-1] R&K型ダイナミックスピーカーシステム試作品の概略構造

板から音放射する場合は，直接接触する広い空間の空気が負荷となるため放射インピーダンスの放射抵抗が小さく，放射リアクタンスが大きいため，空気の慣性に打ち勝って音のエネルギーを放射しなければなりません．このため直接放射型では，低音を均一な再生特性とするためには，41ページのコラムに示すように，再生限界となる低域共振周波数f_0を低く設定することで，これより高い周波数で一定の音響出力が得られるように振動板の振幅が周波数の2乗に反比例した動作（慣性制御）をします．

したがって，直接放射型ダイナミックスピーカーの低音再生では，振動板を駆動するボイスコイルの振幅は大きく，駆動系と振動板支持部の機械的直線性を良くして，歪みの少ない再生をすることが必要条件となります．

それまでラジオ用スピーカーとして使用されてきた直接放射型マグネチックスピーカーでは，振動板に復元力を保つ支持部が，偏位を抑制しているため，低域共振周波数を低く設定することが困難で，大きい振幅に対応するには非直線歪みを伴って限界がありました．このためマグネチックスピーカーの低音再生は不利でした．

ライスとケロッグは，直接放射型ダイナミックス

ピーカーのf_0を低くするように，振動系の支持部を柔軟性のある薄板ゴムを使用したフリーエッジにし，横ぶれを少なくするためセンターダンパーを設けた構造（図7-1）[7-1]にしました．

また，高音再生に適するよう，従来のスピーカーより振動板口径を小さくしました．当時の必要再生周波数帯域の100Hz〜4000Hzをピストン振動する目的には，口径（ここでは有効振動板口径）6インチが適していると考えました[7-2, 3]．これは，口径6.5インチを示す今日の呼称「ロクハン」スピーカーの原点と考えられます．

一方，ライスとケロッグは，これまでラジオ用スピーカーとして使用されてきた直接放射型マグネチックスピーカーの小さな箱やグリルではなく，低音再生にはバッフル効果が重要で，スピーカーとエンクロージャーと組み合わせて一体化することで，低音が豊かに再生できることの重要性をアピールしました．

そのための試作品として，有効径6インチの小型ながら低域共振周波数は約70Hzと低い「R&K（ライス・ケロッグ）」型スピーカーをエンクロージャーに取り付けたスピーカーシステムを仕上げました．これを使用したデモンストレーションでの豊かな低音再生の実現に，業界の人びとは驚きました（第7章4-1項参照）．

この特許の期限切れ後，直接放射型スピーカーの設計は，振動系の支持部を柔らかく（ハイコンプライアンスの方向にする）して，低域共振周波数を再生帯域の下限に設定することが通常行われるようになりました．この「慣性制御方式」という概念は，今日ではほとんど当然のこととして実施されています．

7-3 低音再生に重要な役割を持つバッフル効果とエンクロージャー方式

7-3-1 前後の音放射を隔離するバッフル効果

直接放射型スピーカーが音を放射すると，振動板の前面と背面の空気には「密」と「疎」の違い

7-3 低音再生に重要な役割を持つバッフル効果とエンクロージャー方式

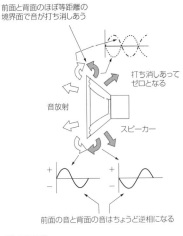
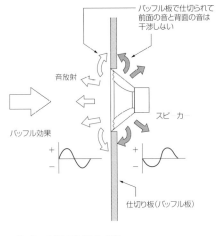

(a) 裸の状態

(b) バッフル板に取り付けた状態

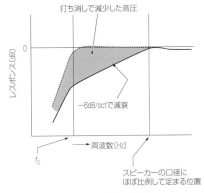
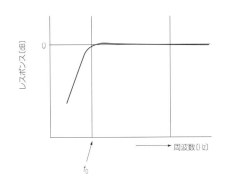

[図7-2]
裸の状態とバッフル板に取り付けた状態での直接放射型スピーカーの低音域の音放射

(c) バッフル効果が得られない場合の特性傾向

(d) バッフル効果によりスピーカー本来の特性が得られる

が生じます（**図7-2**）．このため前面と背面の音が混じりあう振動板周辺では逆位相になるので，音が打ち消されて減衰します．これを抑えるには，前面と背面の音が混じりあうところの外周に仕切り板を設けて干渉を防ぎます．この仕切り板をスピーカー用バッフル板と称します．波長の長い低音域では，それなりに大型の広いバッフル板が必要になります．

この現象の理論解析は，レイリー卿（Lord Rayleigh，本名はJohn William Strutt）が1878年に行いました．振動する平面板による空間への音放射の解析に当たり，その円板が無限大剛壁中に篏合されていると仮定して取り扱ったことから，「無限大バッフル」が知られるようになりました．

有限バッフルの理論的研究は，1929年のストラット（M. J. O. Strutt）によるものが最初ですが，

それに先立つ1923年に，実用的な見地からエンクロージャーとして考案したのはケーラー（H. A. Keller）で，ケーラーは後面開放型エンクロージャーを提案しました．また，これに関連して同年に，フレデリック（H. A. Frederick）は密閉型エンクロージャーを提案しました．

しかし，電話の受話器やホーンスピーカーが主流であったこの時期，バッフル効果にはほとんど関心が持たれず，あまり理解されませんでした．

前述のライスとケロッグは，このバッフル効果を取り入れ，低域共振周波数f_0を低く選ぶことで，低音再生帯域を広げることに成功したのです．

有限バッフル板の大きさと，その取り付け位置による再生周波数特性への影響は，音響測定が実用化された1957年に，オルソン（Harry F. Olson）が実験的に測定したデータを発表しました[7-4]．

43

第7章 初期の広帯域再生用直接放射型スピーカーとエンクロージャー

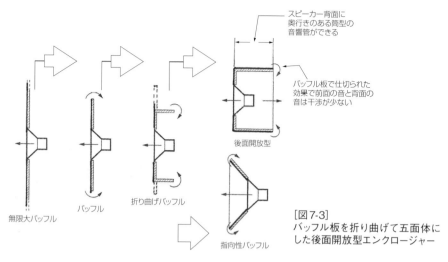

[図7-3] バッフル板を折り曲げて五面体にした後面開放型エンクロージャー

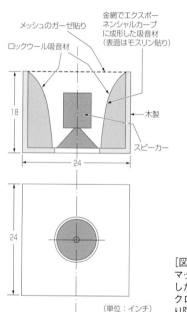

[写真7-1] マックラハランによる後部開放型エンクロージャーの内部吸音処理

[図7-4] マックラハランが提案した後面開放型エンクロージャーの箱鳴り防止策（1932年）
（単位：インチ）

　バッフル板を利用した製品としては，1953年に英国のワーフェデールが発売した，「砂入りバッフル」のスピーカーがあります．これは，バッフル板の振動を砂で制動した製品です（第10章4-2項参照）．

7-3-2　後面開放型エンクロージャー

　平らなバッフル板を折り畳んで五面体の箱にしたのが「後面開放型エンクロージャー」（**図7-3**）です．バッフル板よりも小さくまとまっているので実用性も高く，特に電気蓄音機やラジオ受信機など

の内部に真空管増幅器を収容する場合，放熱の関係から有利なものとなります．しかし，低音再生帯域を伸ばそうとしてバッフル長を大きくすると，囲まれたスピーカー背面の空間に筒の役割が生じ，開放管としての共振（通称「箱鳴り」）が発生するために，平面バッフル板とは違った音が付加され，スピーカー自身の音質を劣化させます．

　この影響効果については有限バッフル板と同じく，1957年にオルソンが実験的に測定したデータを発表しました[7-5]．

　英国のマックラハラン（N. W. McLachlan）は1932年，箱鳴りを防ぐためにエンクロージャー内部に吸音材を貼り付けて改善することを提案しました（**図7-4**，**写真7-1**）．

7-3-3　密閉型エンクロージャー

　1923年にケーラーが提唱した密閉型エンクロー

7-3 低音再生に重要な役割を持つバッフル効果とエンクロージャー方式

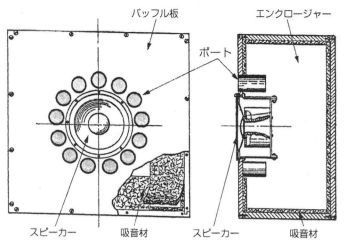

[図7-5] サラスによる位相反転型エンクロージャーの特許出願図

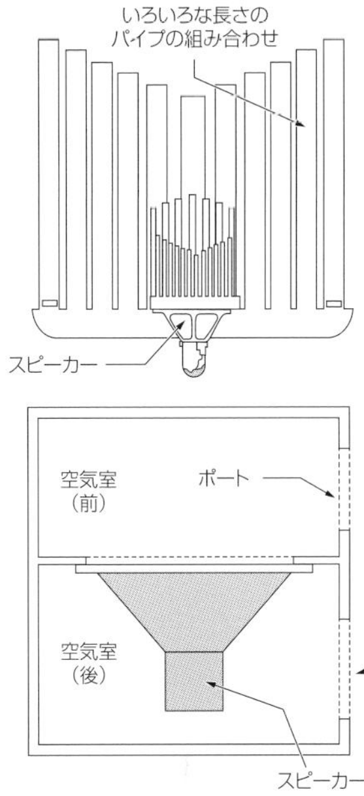

[図7-6] パイプ共振やヘルムホルツ共鳴を組み合わせたスピーカー再生方式の特許出願図より（アルトン，1934年）

ジャーは，後部開放型の開口面を塞いで前方の音による干渉を完全に断ち切るようにしたもので，スピーカー背面に放射された音を囲って，エンクロージャー内に密閉する提案です．

この結果，閉じ込めた内部容積の大きさによっては，スピーカー振動板の動作に音響インピーダンス（主として空気のコンプライアンス）が付加され，低音限界を決める低域共振周波数f_0を高めるように作用します．このため，小さい容積では低音再生の限界を高めるという逆効果が生じました．

この点の改善のために，低音用スピーカーに最適な容積を求める算式が考案され，スピーカーユニットの諸定値，低音再生限界，エンクロージャーの内部容積によって，実用性のある密閉型エンクロージャーを求めることができるようになりました．

また，この内部空間の対向する側壁面で定在波が発生するため，スピーカーの再生特性に悪い影響を与えます．エンクロージャー内部の定在波は，吸音材料を側壁などに貼り付けるなどの方法で防止します．

今日，さまざまな形状の密閉型エンクロージャーが作られていますが，第7章3-4項で述べる外形による音の回折効果を防ぐため，形状に特定の制限が生じました．

一方，小型で広帯域とするために，小容積のエンクロージャーで，いかに低音限界を下げるかが

研究されました．1931年にミトン（Miton）が高制動方式，1951年にドブソン（D. A. Dobson）の抵抗終止型[7-6]，1954年にヴィルチュア（Edgar M.Villchur）がアコースティックサスペンション（通称「アコサス」）方式をそれぞれ考案し，小型の密閉型エンクロージャーで十分な低音再生を実現することができました（第11章4項参照）．

さらに，第14章3項で述べるような低音改善の方法が次々と考案されました．

7-3-4 位相反転型エンクロージャー

位相反転（Acoustical Phase Inverter）型は，エンクロージャー内部容積とポートと称する孔または開放管による空気マスによる「ヘルムホルツの共振」を利用して低音域の帯域を改善しようとする構造で，その動作から別名「ベンテッドエンクロージャー（Vented Enclosure）」あるいは「バスレフレックス（Bass Reflex，通称「バスレフ」）」と呼ばれることもあります．

「ヘルムホルツの共鳴」とは，1850年代にヘルムホルツ（Hermann L. F. von Helmholtz）によって発見された現象で，これをスピーカー用エンクロ

第7章　初期の広帯域再生用直接放射型スピーカーとエンクロージャー

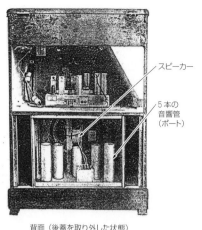

[写真7-2]　「マジックボイス」を搭載したRCAビクターのRCA-9U型電気蓄音機

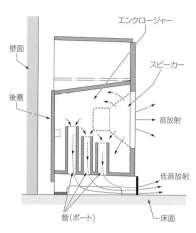

[図7-7]　RCA-9U型電気蓄音機に搭載した「マジックボイス」の概略内部構造

[図7-8]　世界最初に商品化された位相反転型エンクロージャー，ジェンセンKM-15型（1937年）

[写真7-3]　PHJ-18型（口径18インチ）を搭載したジェンセンのKM-18型スピーカーシステム（1939年）

ージャーに取り入れると，低音域を拡大させることができます．スピーカーへの導入は，マイクロフォンの低音改善のためにヘルムホルツ効果を利用した音響共振を取り入れて理論解析を行っていたベル電話研究所のサラス（A. L. Thuras）が，1930年にスピーカー用エンクロージャーに応用したのが最初です．

この発明のエンクロージャーの構造を特許[7-7]出願時の構造図（図7-5）で見ると，共鳴孔のポートがスピーカー周辺を取り囲むように配置されたマルチポートになっています．しかし，ベル電話研究所やウエスタンエレクトリック（Western Electric；WE）は，この発明を活用したスピーカーシステムを製品化することはありませんでした．

その後，スピーカーと音響回路を組み合わせてスピーカー性能を改善しようと試みたアルトン（A. D. Alton）が図7-6に示す特許[7-8]を1934年に出願しました．その発明の一つが，1936年にRCA（Radio Corporation of America）ビクターのRCA-9U型電気蓄音機（写真7-2）のスピーカーボックスに取り入れられ，「マジックボイス」の商品名で実用化されました．図7-7に示すように，長さの違うポートを5本使用して低音再生を改善した製品です．

米国のジェンセン（Jensen）は，この位相反転型を「バスレフレックス（バスレフ）」の商品名で特許登録し，1937年にKM-15型スピーカーシステム（図7-8）を発売しました．これが位相反転型を実用化した最初の製品で，今日まで，この構造が一般的に普及しています．

同社はさらに，1939年に口径18インチのPHJ-18型パーマネントタイプの高性能スピーカーを開発し，これを搭載したKM-18型バスレフ（写真7-3）を発表しました．これに続いて家庭向けのバスレフ型エンクロージャーを持つ製品シリーズとして，M型，D型，H型，B型を次々と開発しました．写真7-4に，B型とD型の外観を示します．

1940年になって，マグナボックスのホクストラ（C. E. Hoekstra）が，位相反転型の音響的な理論解析を行い，論文[7-9]を発表しました．次いで，1949年にグッドマン（Goodman）のチャップマン

7-3 低音再生に重要な役割を持つバッフル効果とエンクロージャー方式

(C. T. Chapman) が，「ベント (Vented)」と称するポートに，筒を長くしたバスレフポートを設けたエンクロージャーを発表しました[7-10]．

位相反転型の動作の特徴は，低域共振周波数 f_0 よりやや低い周波数にヘルムホルツ共振を設けると，低音再生帯域を広げる効果が得られることです．この動作を正確に行うための設定条件の理論的解析は，1956年にNHK技術研究所の中島平太郎と山本武夫が「位相反転型スピーカー・キ

(a) B型　　　(b) D型

[写真7-4] ジェンセンが「バスレフ」の商品名でシリーズ化した製品の例

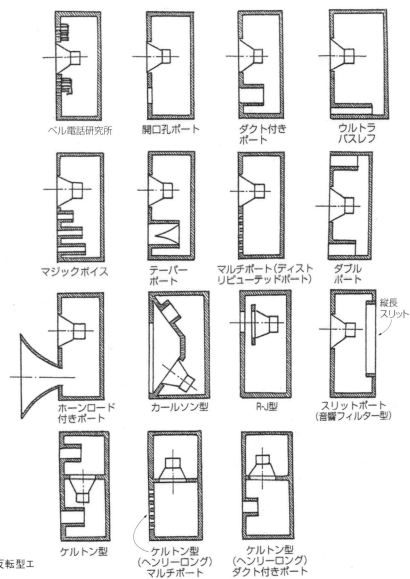

[図7-9] ポートで分類した位相反転型エンクロージャーの形式

47

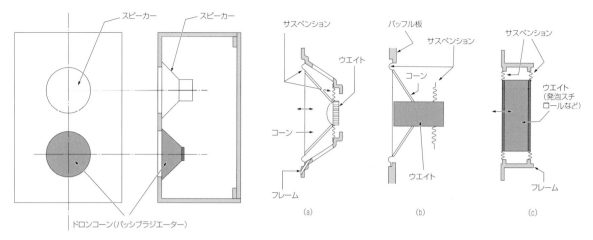

[図7-10] オルソンらが考案したドロンコーン型エンクロージャーの概略構造（1954年）

ャビネットの設計法」[7-11)]として発表しました．この成果は，業界に大きい影響を与えました．

今日では，スモール（Richard H. Small）の論文[7-12)]がよく知られ，活用されています．

図7-9は，近年までに開発された各種の位相反転型の構造的概要を示したもので，空気室のコンプライアンスとポートの空気マスによる共振を巧みに組み入れて，低音再生の改善を図っています．

また，1954年にオルソンとプレストン（J. Preston）は，ポートの空気マスの代わりに振動板に付加したマスを利用して位相反転型エンクロージャーと同一の動作をする方式を考案し，これを「ドロンコーン」方式（図7-10）と命名しました[7-13)]．付加した振動板をパッシブラジエーターと称し，再生用スピーカーと同じ形状で駆動部のないものが使われるなど，商品的に工夫されたものがあります．

7-3-5 エンクロージャーによる音の回折

スピーカーの高性能化を推進する中で，エンクロージャーの形状がスピーカーの性能に影響することが知られるようになりました．これはスピーカーから音放射された場合，エンクロージャーの外側の屈曲面で音の回折があり，音場が乱されることによる再生特性への影響でした（図7-11）．

ホーンスピーカーが主体であった時代，この音の回折現象にはあまり関心が持たれなかったのです

が，直接放射型のスピーカーシステムの高性能化のための新しい課題として浮上し，検討されました．

音響工学では，音波の伝播中に生じる干渉，反射，吸収，透過，回折の現象があることはよく知られており，音の回折に関する研究では，音場に置かれたマイクロフォンの形状の違いによる音の回折現象が注目され，理論解析が行われました．

音の回折現象とは，音場の中に物体を置くと，その付近の音場が，その物体を置く前に比べて乱されることです．これは，物体の周囲を音が通過するときに伝播する方向が変化（回折）し，音は物体に当たった後も回折して，さらに進行します．回折する割合は，物体の大きさ（寸法）に比較し，波長の割合が大きくなるほど回折も大きくなります．

この回折現象は1872年に　レイリー卿によって初めて解析されました．

音場での物体の形状による回折現象の計算は，1928年になって剛球で行われ，1932年には円板と方形板で行われました．続いて1938年，ミュラー（G. C. Muller），ブラック（R. Black），デビス（T. E. Davis）は円筒，立方体，球状剛体による回折現象の近似解のカーブ（図7-12）を発表し，多くの関係者に貢献しました．

直接放射型スピーカーを搭載したエンクロージャーの形状による回折現象の具体的なデータは，1950年になって初めてオルソンが発表しました

7-3 低音再生に重要な役割を持つバッフル効果とエンクロージャー方式

[図7-11] 音波の回折現象

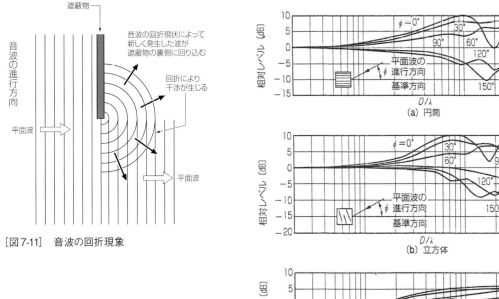

[図7-12] ミュラー，ブラック，デビスによる円筒，立方体，球状剛体の回折現象の近似解カーブ

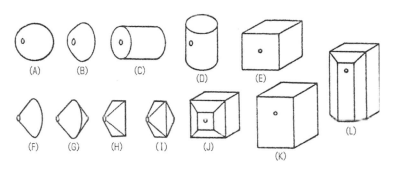

[図7-13] オルソンが回折効果の実験に使用した12種類のエンクロージャーの形状

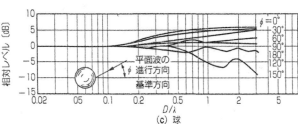

[図7-14] オルソンが実験に使用したスピーカーの概略構造

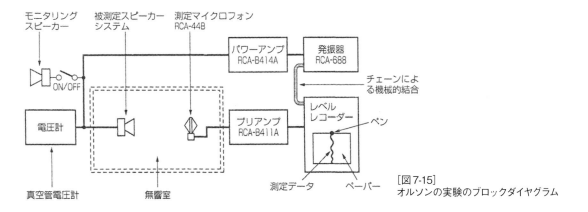

[図7-15] オルソンの実験のブロックダイヤグラム

第 7 章 初期の広帯域再生用直接放射型スピーカーとエンクロージャー

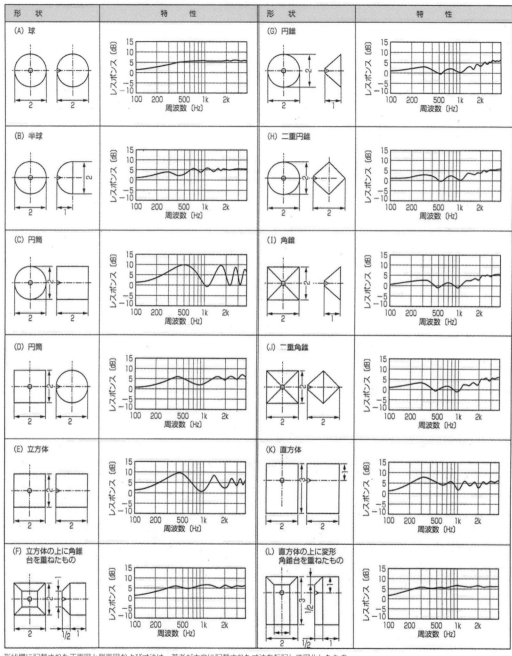

形状欄に記載された正面図と側面図および寸法は、著者が本文に記載された寸法を転記して図化したもの。
単位はフィート（1フィート＝12インチ＝約30.5mm）

［図7-16］ オルソンが発表した12種類のエンクロージャーの回折効果

7-14）．オルソンは，この測定のために12種類の小さいエンクロージャーのスケールモデル（**図7-13**）を製作し，これに口径7/8インチの小型スピーカー（**図7-14**）を使用して無響室でデータを測定しました．測定のブロックダイヤグラムを**図7-15**に示します．測定では，高音域の上限を4000Hz（波長8.5cm）とし，音源の指向性がシャープにならない範囲の帯域にしています．**図7-16**に示すように，エンクロージャーの形状の違いによって回折効果が異なり，スピーカーの高性能化に当たって非常に重

[写真7-5]
「オルソンキャビネット」形状を採用したRCAのLC-1型スピーカー

要なデータを提供したことになりました.

　オルソンは，この実験結果から（L）の形状のエンクロージャーの前面エッジの境界から非対称な位置にスピーカーを取り付けることを推奨しました．実用的には，両サイドがテーパー形状の「オルソンキャビネット」エンクロージャー（**写真7-5**）が好ましいとされ，市場では，この形状に類似した高性能スピーカーシステムがシンボル的な扱いを受けた時期がありました．そして今日まで，スピーカーエンクロージャーの形態は，この回折効果を軽減する工夫が行われ，木工技術の進歩とともに次々と製品が登場しています．

7-4　単一コーン振動板による広帯域再生への挑戦

7-4-1　R&K型スピーカーを搭載したスピーカーシステムの誕生

　R&K（ライス・ケロッグ）型スピーカーの登場した当初は，小口径の振動板では広帯域再生は無理ではないかという評価が一般的でした．しかし，前項で述べたように低域共振周波数f_0を低くし，エンクロージャーに取り付けて使用することで優れた低音再生が得られることと，小口径なので高音域に有利であることが実証され，当時の常識を打ち破った広帯域再生を完成させました．

　1922年，ベル電話研究所のフレッチャー（Harvey Fletcher）は，聴覚の研究において，人間の聴力（ラウドネス曲線）を考慮すると，人声や音楽は原音に近い強さで再生しなければ人間の耳に自然に響かないと考えていました．そのため，高品位な再生スピーカーが実力を発揮するには，歪みの少ない十分なパワーを持ったアンプで駆動し，聴取に必要な音量が得られるようにしなければならないと指摘しました．

　これを背景として開発されたR&K型ダイナミックスピーカー（**写真7-6**）は，大型の強力なフィールドコイルを持つ磁気回路を搭載しており，専用の駆動アンプを内蔵したエンクロージャーに取り付けられ，十分な音量が得られるよう設計された総合的なスピーカーシステムとして，1924年に試作品が完成しました．

　写真7-7はその外観，**図7-17**はスピーカーシステムに搭載した駆動アンプの回路構成で，当時としては最高のシステムでした．このシステムは1925年，米国のセントルイス市のコンベンション会場で公開され，デモンストレーションは来場者の注目を集めました（**写真7-8**）．

　その後，この試作システムを使用した音質調査によって評価データが集められ，その成果が確認されました．

　早速GEは，R&K型スピーカーを商品化し（**写真7-9**），傘下のRCAで次々と製品に搭載して販売しました．

　R&K型スピーカーが搭載された最初の製品は，1925年に世界最初の電気蓄音機として発売されたブランズウィック（Brunswick）の「パナトロープ」P-11型です．**写真7-10**はその外観で，駆動アンプの出力管には，試作システムと同じUX-210を採用しています．また，英国製のパナトロープ電気蓄音機は，**写真7-11**に示すように米国版とはデザインの違う製品で，内部に取り付けられた104型スピーカーは磁気回路が重いので，アングルでしっかりと固定されています（**写真7-12**）．駆動アンプの回路構

第7章　初期の広帯域再生用直接放射型スピーカーとエンクロージャー

振動板径：6インチ
大型のフィールドコイル型磁気回路
幅広いエッジ
センターダンパー

[写真7-6]　R&K型スピーカーの最初の試作品（1924年）

[写真7-7]　R&K型スピーカーシステムの試作機（1924年）

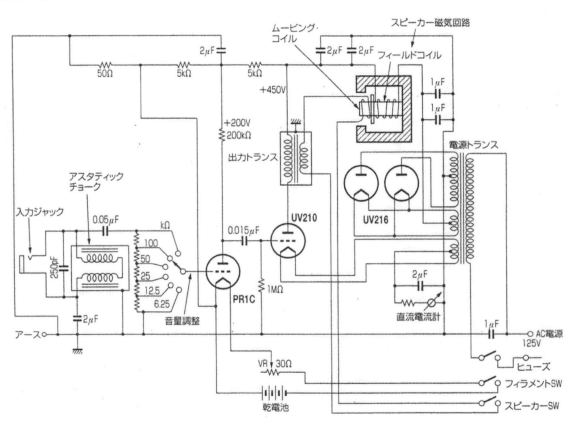

[図7-17]　R&K型スピーカーシステムに搭載された駆動アンプ

成を図7-18に示します．

　ブランズウィックの正式名称は「ブランズウィック・ボーク・カレンダー（Brunswick-Balk-Collender Co.）」で，米国のビリヤード台やボーリング場の製造と設備を持つ最大手メーカーです．アコースティックの蓄音機を1916年から製造し，1920年に は自社でレコードの製造販売を開始しています．1924年より，RCAの協力でラジオを組み込んだ蓄音機の発売を計画したため，早速R&K型ダイナミックスピーカーの供給を受け，電気蓄音機を発売しています．

　GEのオリジナル製品としては，同年にRCAブ

7-4 単一コーン振動板による広帯域再生への挑戦

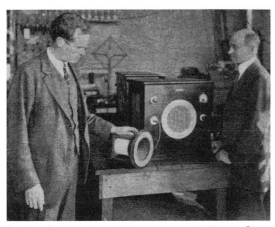

[写真7-8] 1925年，米国セントルイスで開催された「米国電気技術者のコンベンション」に出展されたR&K型スピーカーシステムのデモ風景

[写真7-10] 世界初の電気蓄音機として知られる米国ブランズウイックのパナトロープ（1925年）

[写真7-9] 商品化されたR&K型スピーカー

(a) 正面に104型スピーカーの開口部が見える

(b) 背面から見た内部

[写真7-11] 英国製パナトロープ電気蓄音機（写真提供：オーディオテクニカ）

ランドで発売された104型（**写真7-13**）スピーカーシステムが最初の製品です．これは駆動アンプを搭載した本格的スピーカーシステムで，世界最初の製品といえます．それまで供給してきたGE製のRCAブランドのスピーカーシステムがマグネチックスピーカー搭載のRCA 103型でした．新しいシステム104型は，型番こそ一つ違いですがまったく違った構成で，脚付きの後面開放型のエンクロージャーに，振動板径6インチのR&K型スピーカー

[写真7-12] 磁気回路が大型な104型スピーカーのエンクロージャーへの取り付け

53

第7章 初期の広帯域再生用直接放射型スピーカーとエンクロージャー

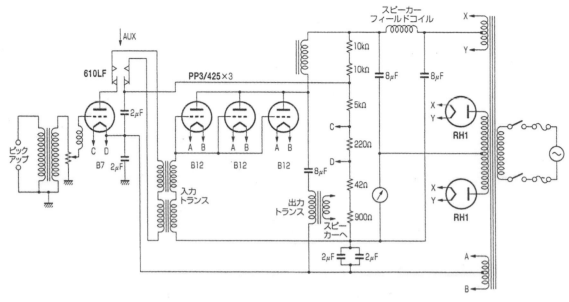

[図7-18] 英国製パナトロープ電気蓄音機に搭載された駆動アンプ．出力管はPP3/425の3パラレル駆動

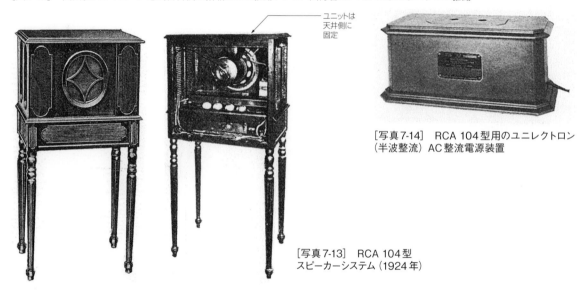

[写真7-14] RCA 104型用のユニレクトロン（半波整流）AC整流電源装置

[写真7-13] RCA 104型スピーカーシステム（1924年）

と駆動アンプが組み込まれたスピーカーシステムです．製品としては，このシステムを単独で発売するとともに，RCAのスーパーヘテロダイン方式の高級レシーバー「ラジオラ（Radiola）28型」や「同25」などと組み合わせたコンポーネントシステムとして販売されました．

RCA 104型に使用されたR&K型ダイナミックスピーカーはフィールド型で，励磁電源は，試作品がDC型であったのに対して，AC電源から直流を整流して励磁するAC型となっています．AC型に

は，整流回路が半波整流の「ユニレクトロン（Uni-Rectron）」（写真7-14）と，全波整流の「デュオレクトロン（Duo-Rectron）」の2機種が付属品として用意されていました．

搭載された駆動アンプの出力管はUX-210型で，出力1W程度ですが，当時としては十分な音量があったようです．

一方，米ビクターがベル電話研究所からレコードの電気録音方式の特許とともに電気再生方式の権利を買ったため，電気蓄音機の生産にも取り組

7-4 単一コーン振動板による広帯域再生への挑戦

RCA 104型ユニットは天井側に固定

[写真7-15] 米国ビクターのビクトローラ EV12-15型電気蓄音機（1925年）

[写真7-16] RCA 105型スピーカーシステム（1928年）

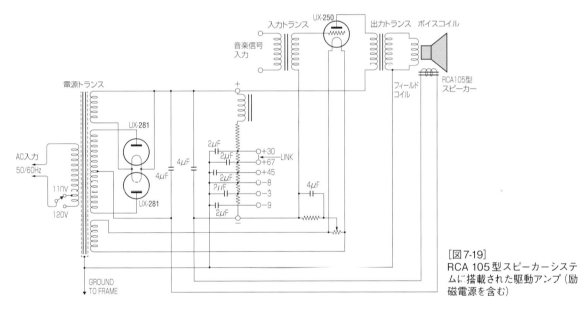

[図7-19] RCA 105型スピーカーシステムに搭載された駆動アンプ（励磁電源を含む）

みました．早速，RCAからR&K型ダイナミックスピーカーの供給を受け，1925年に米国ビクターの「ビクトローラ（Victrola）」EV12-15型電気蓄音機（写真7-15）が発売されました．

わが国には，東京放送局（JOAK）が東京・芝浦から愛宕山に移って本放送を開始した1926年に，このRCA 104型スピーカーシステムが初めて三井物産により3台輸入[7-15]され，内容が検討されました．

また，米国ビクターのビクトローラEV12-15型電気蓄音機も日本に1927年ごろ輸入され，家庭の高級音楽鑑賞用電気蓄音機として販売されました．

RCAは，続いて1928年に「RCA 105型」（写真7-16）を発売しました．この駆動用アンプには，1928年にウェスティングハウス電機製造会社（Westinghouse Electric and Manufactureing；

55

第7章 初期の広帯域再生用直接放射型スピーカーとエンクロージャー

[写真7-17] RCA 105型の背面から見たスピーカー取り付けのようす

[写真7-19] RCA 106型スピーカーシステムにに搭載されたAC型励磁方式のスピーカーユニット

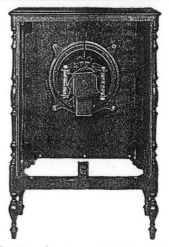

[写真7-18] RCA 106型スピーカーシステム（1929年）

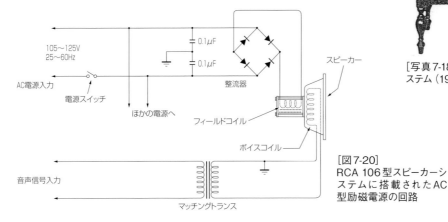

[図7-20] RCA 106型スピーカーシステムに搭載されたAC型励磁電源の回路

WH）が開発したばかりのUX-250型出力管を早速採用し，出力4.6Wと高出力に改良されています（**図7-19**）．このためスピーカーの耐入力が強化され，**写真7-17**の背面写真に見るように，スピーカーの固定方法がアンプのシャシに乗った形になっています．

図7-20に示すように，フィールドコイルへの励磁電流供給は，出力管への供給電源を利用したDC型となっています．

耐入力が強化された105型スピーカーは，1928年の米国ビクターの「エレクトローラ・ラジオラ（Radiola）」9-16型，1929年の「エレクトローラ・ラジオラ」9-18型」11球スーパーヘテロダインラジオ付き電気蓄音機などの高級機種に使用されました．

翌1929年に開発されたスピーカーシステムRCA

56

7-4 単一コーン振動板による広帯域再生への挑戦

[写真7-20] 英国B.T.H.で製造されたパーマネント型R&K型スピーカーを搭載したシステム（1926年）

[写真7-21] B.T.H.の104型パーマネント型スピーカーと裏面から見たユニットの磁気回路

106型（**写真7-18**）は，外観は美しいゴブラン織り仕上げのネットを張ったバッフル面で，内部には口径8インチの新設計のR&K型ダイナミックスピーカー（**写真7-19**）が搭載されました．

このスピーカーの特徴は，電灯線からの交流をスピーカーと一体化した直流整流器で整流してフィールドコイルを励磁するAC型（**図7-20**）を採用していることです．このため，駆動アンプのない，新しいスピーカーシステムになりました．販売価格も下がり，日本にも輸入されて好評を博しました．

当時の高品位再生を目指した高性能スピーカーは，米国国内ではGEのR&K型の単一コーンダイナミックスピーカーが抜きん出ており，広帯域再生スピーカーでは世界をリードしました．

7-4-2 英国B. T. H. 製スピーカーシステム

欧州では，ドイツのシーメンス・ハルスケ（Siemens und Halske，本書では「シーメンス」と略）が取得したダイナミックスピーカーの特許があるため，ダイナミックスピーカーの技術発展は早く行われると思われたのですが，ラジオ放送や電気蓄音機の発展は米国が先行し，欧州の高品位再生用スピーカーの開発は遅れてしまいました．そうした状況にあった英国を含む欧州に大きなインパクトを与えたのが，GEのR&K型ダイナミックスピーカーだったと思われます．

当時の欧州でのスピーカー開発のエポックのひとつが，シーメンスのリッガー（H. Riegger）の平板全面駆動のスピーカーです．R&K型ダイナミックスピーカーの振動板のようにコーンの頂点を駆動する場合，振動板の剛性が弱いために完全なピストン振動をする帯域が狭くなり，高い周波数では分割振動が起こり，均一な再生周波数特性が得られないのではないかと批判をするとともに，リッガーは独自の考えから，平面振動板を全面ピストン振動する全面駆動スピーカーを開発することにしました（第2章4-5項参照）．

一方，英国の技術誌 *Wireless World* で，「米国のホーンレススピーカー」と題した1925年のセントルイスのコンベンションでのデモンストレーションの模様をニュースとして伝えました[7-16]．これを見たB. T. H.（British Thomson-Houston）は，GEの技術協力でR&K型ダイナミックスピーカーをパーマネント型に改良し，英国製104型スピーカ

第7章　初期の広帯域再生用直接放射型スピーカーとエンクロージャー

(a) DC電源から供給を受けて使用する駆動アンプ

(b) AC電源から直接使用できる整流器内蔵型駆動アンプ

[写真7-22]　B. T. H.の104型システム用駆動アンプ

[写真7-23]
英国マルコーニフォンが開発したR&K型スピーカーシステム（1927年）

ーとして製品化し，*Wireless World*の1926年12月号[7-17]に発表しました（**写真7-20**）．このB. T. H.は，1896年にGEの前身のトムソン・ヒューストン（Thomson-Houston Company）の英国支社として設立されたメーカーです．

改良点は，欧州で長年使用されてきたマルコニームービングコイル型マイクロフォンに使用された磁気回路を，大型電磁石の代わりにしたことで，**写真7-21**のように8個の大きな永久磁石を取り付けた外磁型磁気回路にしてパーマネント型スピーカーにしています．これはパーマネント型ダイナミックスピーカーとしては，世界最初の製品ではないかと思われます．このスピーカーは，当時のB. T. H.の技術レベルの高さと，英国人のプライドがGE製品の完全コピーに甘んじることを許さなかったことを示しました．

駆動アンプは，出力管B11をパラレル接続し，外部電池から電流供給を受けるDC型と，整流器を搭載したAC型が用意されました（**写真7-22**）．

業界では1927年10月，英国放送協会BBC（British Broadcastion Corpolation）のスタジオに国際的なラジオ関係者を集めてこのスピーカーの試聴会を開催しました．その結果，小口径のコーン型スピーカーによる性能や音質が確認されました．

こうして広帯域再生を目指して開発されたR&K型ダイナミックスピーカーは，欧州においても高品位再生のスピーカーとして注目され，話題になりました．それとともに，これを広帯域再生を実現できる家庭向けのダイナミックスピーカーの姿とする気運が高まり，この形式のスピーカーの研究開発が進展しました．

英国のオリジナルな高品位再生用スピーカーとしては，1927年9月に発表されたマルコーニフォン（Marconiphone）のR&K型ムービングコイルスピーカーは，**写真7-23**のようなエンクロージャー組み込みの製品が登場する一方，1928年にはオーディオ専門誌に自作用のスピーカーエンクロージャーが紹介されるなど，エンクロージャーを使用したスピーカーシステムの製品が定着していきました．

また，ダイナミックスピーカー関連の技術論文が多く発表されるようになり，理論的考察も進んで，実用化が一段と進みました．

注目されたのは，英国人の応用数学者マックラハラン（N. W. McLachlan）が，1925年ごろから*Wireless World*誌に10回以上にわたって掲載したスピーカー関係の論文が，音響技術者のスピーカー設計の指標として貢献しました．この論文は，1934年2月に*Loudspeaker*[7-18]として上梓され，当時唯一のスピーカー専門書として活用されました．この書籍は，わが国では中井将一の訳で1935年4月に刊行されました[7-19]．

このころの*Wireless World*誌には，ハイネス（F. H. Haynes）が1927年にムービングコイル型スピーカー自作のための詳細なデータを掲載するなど，スピーカー自作の普及に力が入れられました[7-20, 21]．

こうした活動の影響もあってか，英国では1926年から1933年ごろまでに，約30社以上の多くのメーカーがR&K型ムービングコイルスピーカーを製造しています．その代表的なメーカーとしては，1924年に創立されたセレッション（Celestion），フェランティ（Ferranti International plc），エポック（Epoch），英国ローラ（Rola），ワーフェデール（Wharfedale）などがあり，技術的にも進んだ広帯域再生用スピーカーが誕生しました．

この時期の欧州のスピーカーの特徴は，コバルト原料や磁性材料の専門会社があったため，磁気回路に永久磁石を使用したパーマネント型ダイナミックスピーカーが早くから開発でき，普及を促進することができたことが米国の発展と大きく異なっています．

7-4-3　単一コーン振動板の改善による広帯域再生

黎明期のスピーカーの性能に求められた課題の1つは，変換能率を高めて，少しでも大きい音で再生することでした．このため，振動板の軽量化が進められましたが，次第に出力管のパワーアップが進み，スピーカーの音響出力が増加してくると，当時の軽量化した振動板では，耐久性や剛性の不足による問題が発生しました．

軽量な紙製のコーン振動板の剛性をいかに高め

るかの検討が行われた中で，今日まで実用されているのが，振動板自身に多くの襞を付けるコルゲーション付きコーンと，コーン斜面を曲げたカーブドコーンの考案の二つがあります．

振動系の歪み低減については，1931年にはマックラハランによる振動板の高域共振や非軸対称振動の検討，1933年にはスタッフォード（F. R. W. Stafford）の低調波歪み（サブハーモニック歪み）の論文[7-22]が発表されるなど，コーン振動板の振動に対する歪みの発生のメカニズムの解析が進みました．その結果，振動板の剛性の大切さが強調され，1935年にはテレフンケンのスチモラー（F. Schmoller）が，コーン振動板にはカーブドコーンが良いと提案して，カーブドコーンの振動板が誕生しました．

また，1928年にジンマーマン（A. G. Zimmerman）は，コーン振動板の斜面に同心円のコルゲーションを入れることを考案しました．これによってリブ効果が生じて剛性が増し，低調波歪みを抑制する効果があるとして特許を取得しています．

中でもカーブドコーンの曲線は，エクスポーネンシャルカーブとも言われましたが，この考えは1924年の英国特許があり，特許に抵触するおそれがあり，使用は躊躇されました．

こうしたコーン振動板のアイデアを実現させるには，これまでの「貼り合わせコーン」ではなく，継ぎ目なしの「シームレスコーン」の製造技術が必要で，紙を漉き上げる技術を開発する必要がありました．抄紙技術が未発達だった時期には，一部のコーン振動板には布系の「chemically treted cloth」を加工したものが使用されたと言われています．

その後，シームレスコーンの製造ができるようになり，コルゲーションの数や位置を適切に配置したコーン紙や，曲線（指数関数的曲線）を持ったカーブドコーン振動板が作られるようになり，広帯域再生に向かって大きく前進しました（これらの詳細は第17章1項を参照）．

また，RCAのオルソンは，単一コーン振動板にダブルボイスコイルを使用することを考案しました

7-23). これは，1つのコーン振動板のボイスコイルボビンに，低音再生用ボイスコイルと，高音再生用ボイスコイルを巻き，コイルボビンにコルゲーションを設けて高音再生時は高音用ボイスコイルのみが動き，軽量化による広域限界の伸長で特性を改善する方法です．この詳細は第7章3-3項で詳述します．

7-5 複合コーン振動板による広帯域再生

7-5-1 ダブルコーンスピーカーの発明と英国系ダブルコーンスピーカー

英国のダイナミックスピーカー開発で，早くから活躍していたのがフォクト（Paul Gustavus Adolphus Helmuth Voigt）です．彼はわが国ではあまり知られていませんでしたが，英国のブリッグスの著書[7-3]には，ライスとケロッグの名とともに活躍の成果が紹介されており，また，ロンドンのサイエンス・ミュージアムには，ベルの発明した電話機やマルコーニのムービング型マイクロフォンとともに，彼の功績を称えて「フォクトスピーカー」が展示されていました．

フォクト特許会社（Voigt Patents Ltd.）を所有していたフォクトは，1926年から1933年にかけてスピーカー特許を次々と取得しています．先陣を切って1933年に発表したのは「トラクトリックス

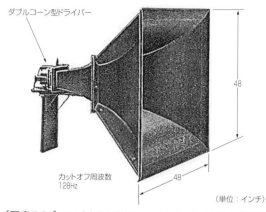

[写真7-24] フォクトのトラクトリックスホーンシステム（1933年）

（Tractrix）ホーン」（**写真7-24**）[7-24] システムのドライバーとして使用するダブルコーン振動板ダイナミック型スピーカーでした．振動板は有効径6インチで，**写真7-25**に示すように，励磁型の大型磁気回路を搭載し，広帯域再生用を狙っていました．

このスピーカーは，能率の向上と広帯域再生のために，大型のフィールドコイルで空隙磁束密度16000～17000ガウスを得るとともに，磁極空隙周辺を磁気飽和させて透磁率 $\mu=1$ を実現させ，ムービングコイルに流れる交流電流が磁気歪みを受けないよう配慮した設計になっています．その構造は，磁極の空隙周辺に通過磁束が集中するように極鉄を絞り込んだ形（**図7-21**）です[7-25]．この効果に

（a）正面　　　（b）裏面

サブコーンは3・5/8インチ
フリーエッジ
糸吊りのセンターダンパー

[写真7-25] フォクトのダブルコーン型スピーカー

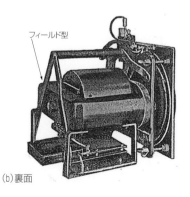

[図7-21] フォクトが開発したフィールド型高磁束密度磁気回路の概略構造

7-5 複合コーン振動板による広帯域再生

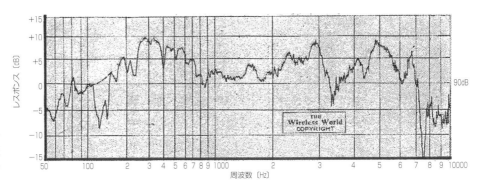

[図7-22] フォクトのトラクトリックスホーンシステム（ダブルコーン型スピーカー搭載）の特性（*Wirelsess World*, May 1938）

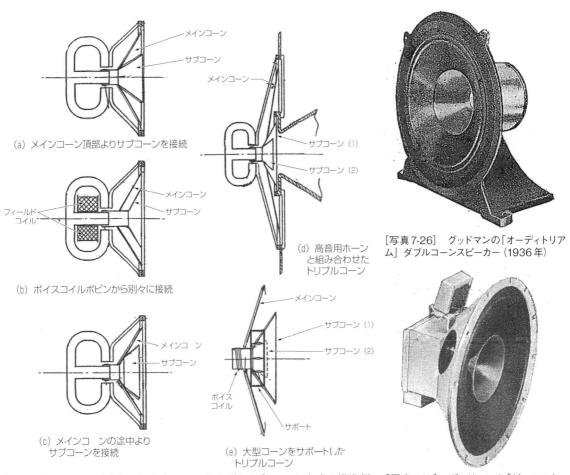

(a) メインコーン頂部よりサブコーンを接続

(b) ボイスコイルボビンから別々に接続

(c) メインコーンの途中よりサブコーンを接続

(d) 高音用ホーンと組み合わせたトリプルコーン

(e) 大型コーンをサポートしたトリプルコーン

[図7-23] フォクトが考案したダブルコーンおよびトリプルコーン方式の構造例（1933年の特許より）

[写真7-26] グッドマンの「オーディトリアム」ダブルコーンスピーカー（1936年）

[写真7-27] グッドマンの「ジュニアオーディトリアム」ダブルコーンスピーカー

よって，ムービングコイルの高音域での電気インピーダンスはインダクタンス分が減少して抵抗分になるので，高音域のレベル改善できるという相乗効果があります．

また，このスピーカーでは，ムービングコイルにアルミ線を使用して軽量化することで高音域の特性を改善するなど，今日の高品位再生スピーカー設計に必要な条件がすでに実用化しており，その後の欧州のスピーカー設計思想に大きい影響を与えました．

第7章　初期の広帯域再生用直接放射型スピーカーとエンクロージャー

［写真7-28］　ハートレイ・ターナーのダブルコーンスピーカー

(a) ニューブロンズ型　　(b) ニューゴールデン型

［写真7-29］　リチャード・アレンのダブルコーンスピーカー（口径20cm）

［写真7-30］　フィリップスのEL-7024/01型ダブルコーンスピーカー（口径20cm）

(a) 9744FM型（口径17cm）　　(b) AD-7062/M8型（口径16cm）　　(c) AD-5061/M8型（口径12cm）

［写真7-31］　フィリップスの小口径ダブルコーンスピーカー

7-5 複合コーン振動板による広帯域再生

(a) ニューブロンズ型

[写真7-32] ラウザーのPM4A型ダブルコーンスピーカー

(b) PM2A型

[写真7-33] ラウザーのダブルコーンスピーカーシリーズ

[写真7-34] グッドマンのアキシオム80型カンチレバー式サスペンションダブルコーンスピーカー（1954年）

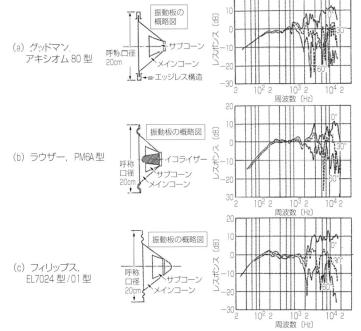

(a) グッドマン，アキシオム80型

(b) ラウザー，PM6A型

(c) フィリップス，EL7024型/01型

[図7-24] 低インダクタンスボイスコイルを採用したヨーロッパ製ダブルコーン方式スピーカーの再生周波数特性

63

第7章 初期の広帯域再生用直接放射型スピーカーとエンクロージャー

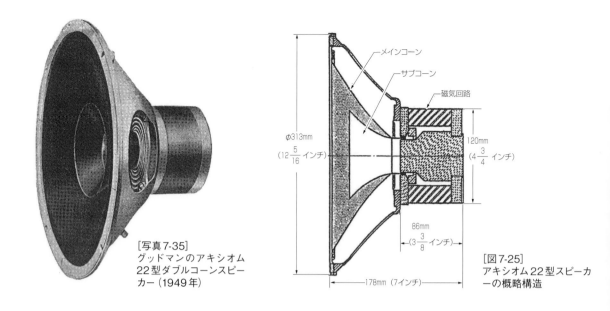

[写真7-35] グッドマンのアキシオム22型ダブルコーンスピーカー(1949年)

[図7-25] アキシオム22型スピーカーの概略構造

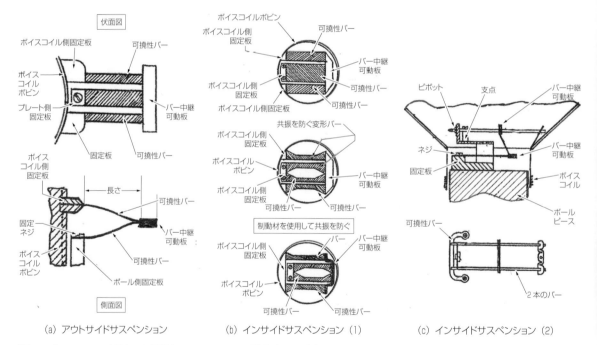

(a) アウトサイドサスペンション　(b) インサイドサスペンション(1)　(c) インサイドサスペンション(2)

[図7-26] フォクトが考案した振動部のサスペンション構造(1934年)

　フォクトの発明したホーンと組み合わせたスピーカーの総合特性は，図7-22に示すように7000Hz付近までレベルが落ちずに伸びています．

　その後，1933年にフォクトは高音域の改善のため各種の構造を考案し，図7-23に示す各種ダブルコーン方式を特許出願[7-26]しています．

　この発明後1936年ごろから，ダブルコーン方式を採用した「ハイクオリティスピーカー」と称する製品が登場し，高音域が6000Hz以上まで伸びた広帯域再生を実現させました．早かった製品として，英国グッドマン(Goodman)の「オーディトリアム(写真7-26)」と「ジュニアオーディトリア

7-5 複合コーン振動板による広帯域再生

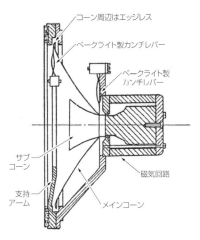

[図7-27] アキシオム80型のカンチレバー式サスペンションの概略構造

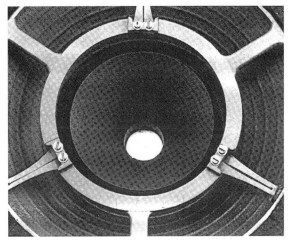

[写真7-36] アキシオム80型のコーンエッジ部のカンチレバー支持構造

[写真7-37] 1940年にグッドマンが発表した「無限大バッフル用」スピーカー

ム（**写真7-27**）」があげられます．

フォクトの考案したダブルコーン方式による広帯域化は，その後ヨーロッパで広く普及し，英国ハートレイ・ターナー（Hartley Turner）のダブルコーン型（**写真7-28**），同リチャード・アレン（Richard Allan Radio Ltd.）のダブルコーン型（**写真7-29**），オランダのフィリップス（Philips）のEL7024/01型（**写真7-30**）や小口径スピーカー各種（**写真7-31**）などが製品化されました．

1940年以降では，英国ラウザー（Lowther）のPM4A型（**写真7-32**）およびその他シリーズ（**写真7-33**），グッドマンのアキシオム（Axiom）80型（**写真7-34**）などが次々と開発され，英国を中心とした欧州の特徴あるスピーカーとなりました．

この中の代表的な3機種の周波数レスポンス（**図7-23**）を見ると，当時の欧州のスピーカーには共通して，高音域が強調された特性傾向を持つということがわかります．

そして，第2次世界大戦争終結後の1949年には，グッドマンのアキシオム22型（**写真7-35**，**図7-25**）が，この系譜を受け継ぎ，代表製品となりました．

一方，低音域再生の拡張にはR&K型のダイナミックスピーカーの考え方が踏襲され，低域共振周波数を低くするために，振動板を支持するサスペンションの柔らかさ（スティフネスまたはコンプラ

イアンス）をどうするか，機械的構造が検討されました．小口径や中口径のスピーカーでは，低域共振周波数 f_0 を可聴域限界近くまで極端に下げるには，振動板の支持部を柔らかくすることが必要であると同時に，横ぶれせずに中心位置を長期間保持する耐久性が問題になります．これらを両立しなければならないため，f_0 は簡単に下げることができません．

フォクトが考案して1934年に特許[7-27]出願した支持部の構造は**図7-26**に示すもので，カンチレバー方式のサスペンションや糸吊りサスペンションは，以後のスピーカー設計に多大な影響を与えました．フォクトの設計思想を受け継いだ代表的な製品が，前述のグッドマンのアキシオム80型（1954年）です．アキシオム80型のエッジレス構造は**図7-27**で，

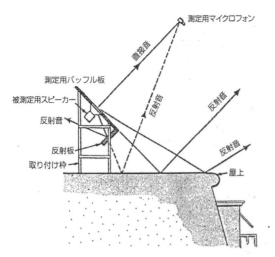

[図7-28] 1935年の*Wireless World*誌に掲載されたスピーカー測定状況の概要[7-30)]

コーン周辺とコーン頂部の2点をカンチレバー方式のサスペンションで支持しています(**写真7-36**). f_0は20Hzと低く, 空隙磁束密度17000ガウス, ダブルコーン方式, 低インダクタンスボイスコイルなど, これまでのフォクトの設計思想が多く盛り込まれています.

このアキシオム80型の原形と思われる「無限大バッフル用(**写真7-37**)」と称するスピーカーの記事[7-28)]が1940年に発表され, アキシオム80発表よりかなり前から, このような構造の研究開発が行われていたと思われます.

このように, 欧州におけるフォクトのスピーカー開発における功績は大きく, コーン型ダイナミックスピーカーの広帯域再生を狙った設計思想は, 英国のスピーカー開発設計に多くの影響を与えました.

7-5-2 欧州でのスピーカーの再生周波数特性の測定

1930年代になって, 欧州のスピーカーはダブルコーン方式や永久磁石の高性能化などで性能を高めてきました. と同時に, スピーカー駆動用アンプがプッシュプル回路になることで高出力が期待できるようになり, 再生に必要な聴取レベルを得るにも余裕ができてきました. このためスピーカー開発は, 高効率化よりも広帯域化の方向に進んでいきました.

そこで必要になったのが, 高性能スピーカーの性能を評価する技術で, 音圧周波数特性を測定し, 低音から高音まで測定データを連続した曲線として描く方法が検討されました.

この分野は, 1932年のフォクトの解説[7-29)], 1935年に*Wireless World*誌に発表された測定装置[7-30)], 1938年に発表されたレコーダーによる測定装置[7-31)]などのように段階的に進展し, やっとスピーカーの音響測定が実施できる状態に至りました.

今日のような無響室はまだなかったので, **図7-28**のように, 屋外に測定用バッフル板を設置して測定が行われました.

当時の測定系全体がどの程度の精度だったのかはわかりませんが, 次々とスピーカーの測定を実施し, その測定結果が, 1935年から1937年に*Wireless World*の誌面に掲載されました[7-32)]. このとき掲載された特性を整理して20機種を**表7-1**にまとめました. このデータを見ると, 当時のスピーカーの再生帯域に注目すると, ラジオ受信機の電波雑音やレコードのスクラッチノイズの低減を狙って, 高音域を6000Hz近辺でカットしたものと, 広帯域化を狙ってダブルコーン方式を採用したものがあることが, 高音域再生特性の大きな違いによってわかります. この時代に広帯域化を狙ったのは, その後に開始されるFM放送などでの高音質再生に備えた動きだったと思われます.

7-5-3 オルソンによる広帯域再生スピーカーの開発

米国におけるスピーカーの広帯域化は, 1930年代後半から1940年代前半にかけて活躍したRCAのオルソン(H. F. Olson)によって大きく進展しました.

1936年, オルソンはマッサ(Frank Massa)と連名で, 単一コーンスピーカーの低音域の改善を行うため, 高音用フロントロードホーンと低音用バ

7-5 複合コーン振動板による広帯域再生

[表7-1] 1935〜37年ごろの欧州製スピーカーの音圧周波数特性の実測結果 (1)

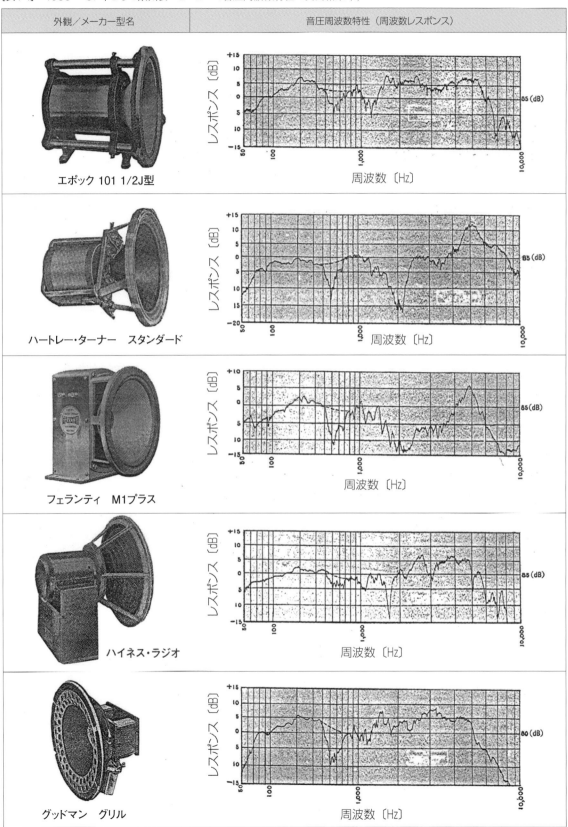

第 7 章　初期の広帯域再生用直接放射型スピーカーとエンクロージャー

［表7-1］　1935～37年ごろの欧州製スピーカーの音圧周波数特性の実測結果（2）

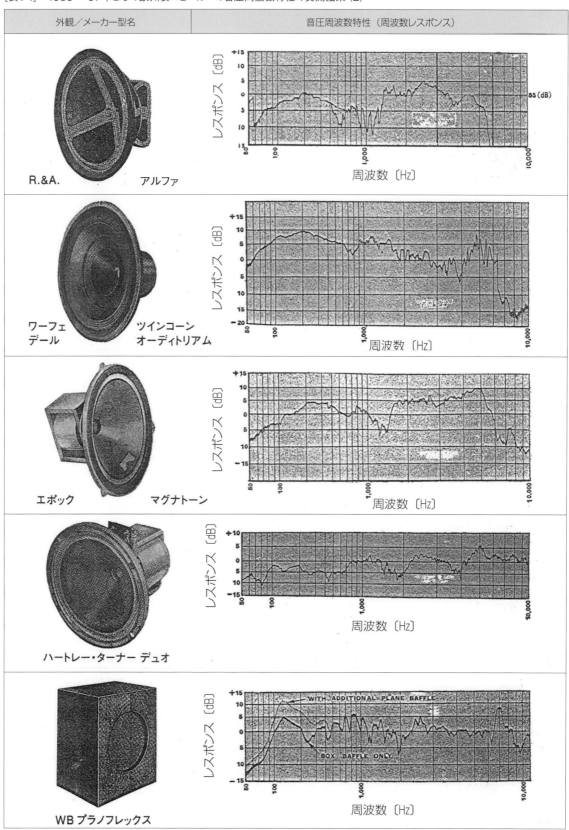

7-5 複合コーン振動板による広帯域再生

[表 7-1] 1935〜37年ごろの欧州製スピーカーの音圧周波数特性の実測結果 (3)

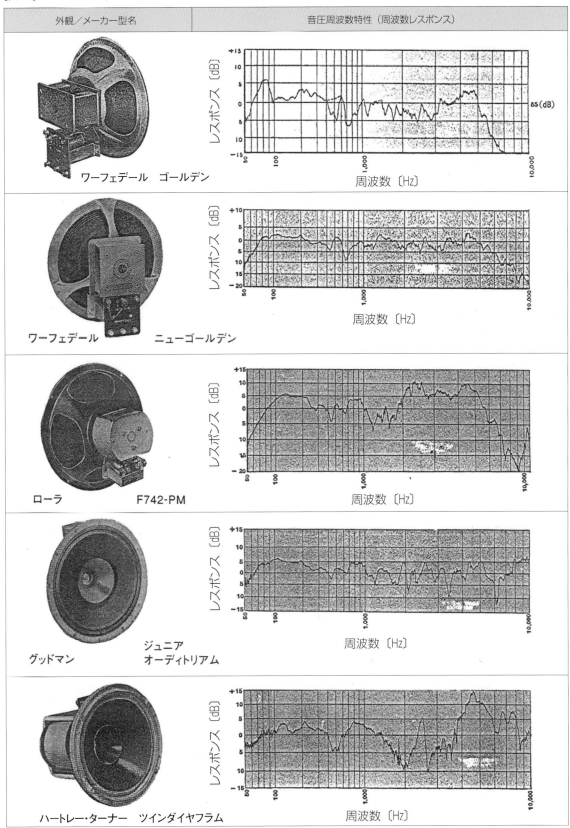

第7章 初期の広帯域再生用直接放射型スピーカーとエンクロージャー

[表7-1] 1935～37年ごろの欧州製スピーカーの音圧周波数特性の実測結果（4）

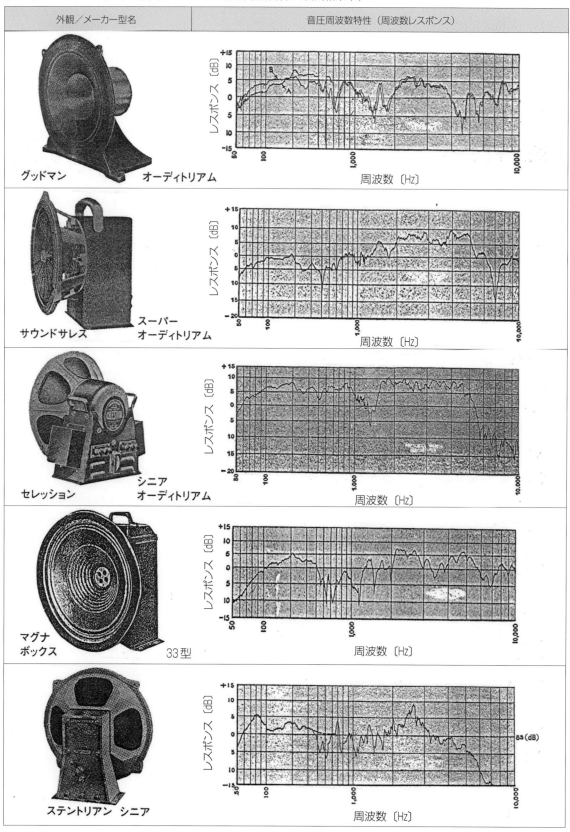

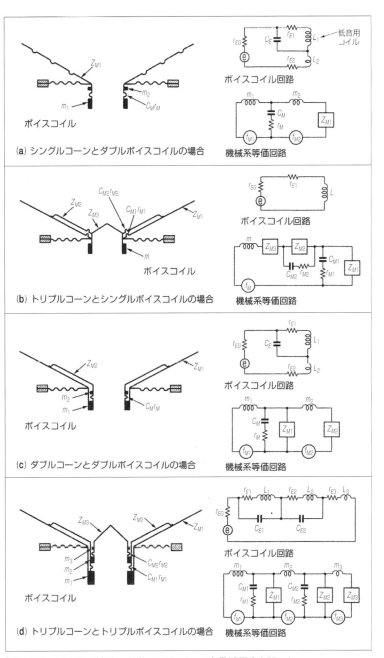
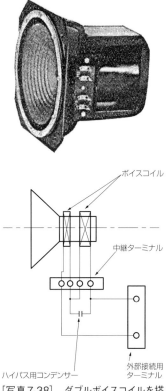

[図7-29] オルソンが考案した単一スピーカーで広帯域再生を狙った振動板とボイスコイルの構造と構成

[写真7-38] ダブルボイスコイルを搭載したRCAのMI-4410型スピーカー（口径8インチ）

ックロードホーンを組み合わせたコンビネーションホーン（combination horn）の一種である「コンパウンドホーン（compound horn）」を考案し，これを使った広帯域スピーカーシステムを開発しました[7-33]．

このエンクロージャーの特徴は，コーン型スピーカーのリア側にフォールデッドホーン（折り返し型バックロードホーン）を設け，50Hzまでの低音を効率良く再生させるとともに，フロント側にストレートのショートホーンを設けて300Hz以上の高音側を再生させる構成で，効率良い広帯域再生用を意図しています．

また，1936年にオルソンとハックレイ（R. A. Hackley）は，新しい構造のバックロード型フォー

第7章 初期の広帯域再生用直接放射型スピーカーとエンクロージャー

[写真7-39]
RCAの広帯域再生型放送用モニタースピーカーシステム

(a) 64-AX型（スピーカーはフィールド型，1939年）　(b) 64-B型（スピーカーはパーマネント型，1940年）

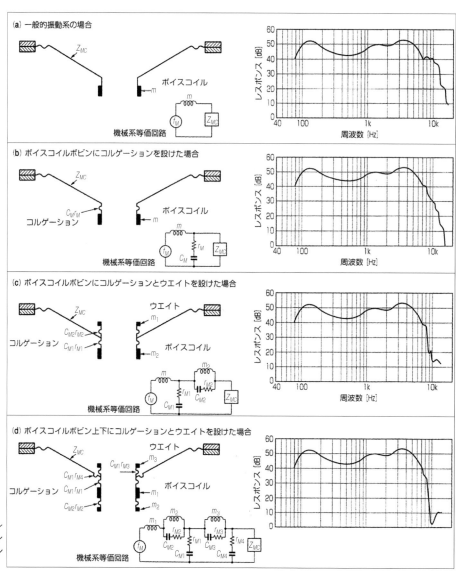

[図7-30]
高音域の再生特性をコントロールするようオルソンが考案したボイスコイル周辺の構造

7-5 複合コーン振動板による広帯域再生

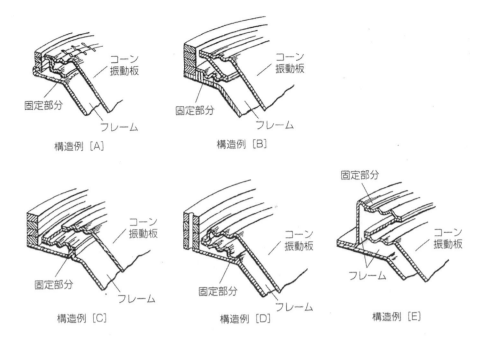

[図7-31] オルソンが「中音の谷」を防ぐために発明したアコーディオンエッジの構造例

ルデッド（折り返し）ホーンを発表するなど，単一コーンスピーカーを搭載した広帯域再生用スピーカーシステムを次々と開発し，低音をまず豊かに再生することを狙いました．

オルソンが最も力を入れていたのは，単一コーンスピーカーで広帯域再生をどこまで実現できるかのチャレンジでした．その背景には，オルソンは直接放射型コーンスピーカーによる高品位再生を行いたいという強い設計思想（デザインフィロソフィー）を持っていたからだと推察されます．

このため，スピーカーユニットの高音域の帯域拡張については，1938年にボイスコイルとコーン振動板の振動系に注力して，まず，ダブルボイスコイルによる高音域の改善を考案しました[7-34]．

高音再生帯域の拡張には振動系の質量を小さくすることが必要で，ボイスコイルを低音用と高音用の2つに分割したのがダブルボイスコイル方式です．高音用にはフォクトの発明したのと同じ小口径振動板を別に設けるダブルコーン方式を採用しました．

図7-29 (a) は，ボイスコイルボビンにコルゲーションを設けて，振動板に近い側に高音用ボイスコイルを巻き，その下側に低音用ボイスコイルを巻い

[写真7-40] アコーディオンエッジ構造を採用したRCAのコーン型スピーカー（口径7インチ）

第7章　初期の広帯域再生用直接放射型スピーカーとエンクロージャー

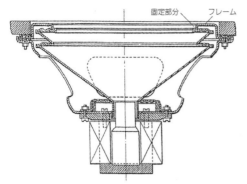

[図7-32]　アコーディオンエッジを持つMI-12460-A型スピーカーの構造

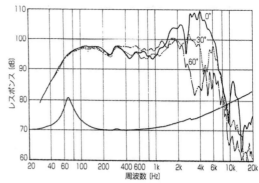

[図7-33]　アコーディオンエッジ構造をもったラジオ用スピーカーの周波数特性例

ています．そして，入力端子側で，低音用ボイスコイルと並列にハイパスコンデンサー C_E を設けて，高音信号が高音用のボイスコイルのみに流れるよう工夫しています．これを製品化したのがMI-4410型フィールド型ダイナミックスピーカー（**写真7-38**）です．

　1939年，このスピーカーを前述のフォールデッドホーンに搭載した放送用モニタースピーカー64-AX型（**写真7-39**（a））が完成しました．これは，単一コーン型スピーカーでありながら広帯域再生のスピーカーシステムとして好評を受けました．続いて，翌1940年には，スピーカーをパーマネント型に改良した64-B型（**写真7-39**（b））を発表しました．

　一方，オルソンは，さらにダブルボイスコイルに関連して，コーン振動板頂部とボイスコイルに注目して，高音再生を抑制する振動系の構造を考案し，特許を取得[7-35]しました．**図7-30**は，その4つの方法を示したもので，スピーカーを希望する特性にコントロールする技術を明確にしています．

　ダブルコーン方式は，1933年のフォクトの特許や彼の製品が先行した関係で，オルソンはこの特許に抵触しないように，サブコーンとの組み合わせやトリプルボイスコイルとトリプル振動板による広帯域化を新たに考案しています．

　また，オルソンは，「中音の谷」と呼ばれる，エッジの共振による特性の乱れを改善するために，**図7-31**に示すような特殊な構造のエッジを考案し，1944年に特許[7-36]を出願しました．**写真7-40**は「アコーディオンエッジ」と呼ばれる構造を採用した製品で，実用化された製品の概略構造を**図7-32**を示します．再生周波数特性例（**図7-33**）でわかるように「中音の谷」を見事に解消し，スピーカーの高性能化を図っています．

7-6 初期の同軸型複合方式スピーカー

7-6-1 複合方式による広帯域再生の変遷

これまでに述べた単一コーンのスピーカーやダブルコーンスピーカーは，再生帯域を一つのスピーカーで受け持っていましたが，これに対して，広い再生帯域を分割して，音域ごとに別のスピーカーで再生する方式が考案されました．

高音域を高音再生専用スピーカー，低音域を低音再生専用スピーカーで受け持ち，両方のスピーカーを組み合わせて広帯域再生を行う方法を「複合方式」と呼び，この方式を採用したスピーカーシステムを「複合型スピーカーシステム」と称します．

複合方式には，高音再生専用スピーカーを低音用スピーカーの中に構造的に収容して音軸を揃える方式と，バッフル板などに近接して別々に設置してやや音軸が離れる方式があります．前者を「同軸型」，後者を「非同軸型」と区別して，複合型スピーカーシステム構成上の重要な違いを表しています．帯域を2つに分割した場合の代表的な構成を図7-34に示します．

複合方式のスピーカーを最初に発明したのは，ベル電話研究所のボストウィック（L. G. Bostwick）で，1929年に図7-35に示す構造の同軸型スピーカーを発明し，1933年に特許[7-37]を取得しました．ボストウィックは，トーキー映画用スピーカーとして活躍していた15A型ホーンシステムの高

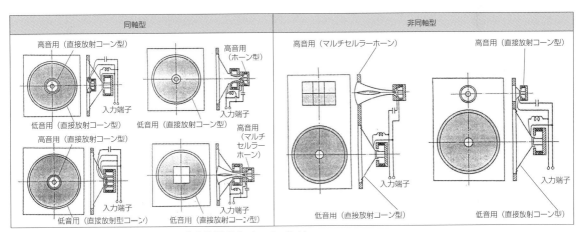

[図7-34] 複合型スピーカーシステムの基本的構成（2ウエイの場合）

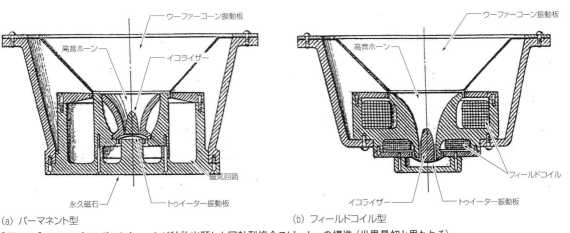

(a) パーマネント型　　　　　　　　　　　　(b) フィールドコイル型

[図7-35] 1929年にボストウィックが特許出願した同軸型複合スピーカーの構造（世界最初と思われる）

第7章 初期の広帯域再生用直接放射型スピーカーとエンクロージャー

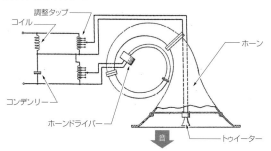

[図7-36] ボストウィックが考案した複合2ウエイ用ネットワーク回路

音域の指向性を改善するために，ホーン口径の小さな高音専用スピーカーを開発して，高音域を受け持たせることを考案し，このために596-A型高音用スピーカーを開発し（第5章5-1項参照），受け持つ帯域を分割するネットワーク回路（図7-36）を考案し，非同軸の複合型2ウエイスピーカーを実現させました．

大型のトーキー映画用スピーカーシステムでの複合方式による広帯域化の成果を受けて，家庭用などの用途に使用するスピーカーシステムに対しても，再生帯域を2つ以上のスピーカーで帯域を分割した構成の広帯域再生用複合スピーカーが研究されるようになりました．

その最初に登場したのは，同じくベル電話研究所のブラットナー（D. G. Blattner）が1933年に考案した図7-37[7-38]や，1936年にハリソン（H. C. Harrison）が考案した図7-38[7-39]といった同軸複合型スピーカーでした．ベル電話研究所は，この特許を生かした広帯域再生用スピーカーの実用的な製品を開発しませんでしたが，これらの発明は，その後の広帯域再生用複合型スピーカーの開発に大きいヒントを与えました．

世界最初に製品とし登場した複合型スピーカーは，1934年に英国のブルースポット（Blue-Spot）が発売した「スーパーデュアル」型直接放射型同軸複合2ウエイスピーカー（写真7-41）でした[7-40]．

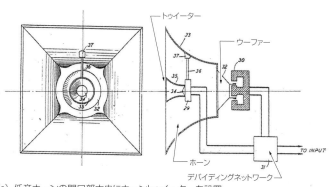

(a) 低音ホーンの開口部中央にホーントゥイーターを設置

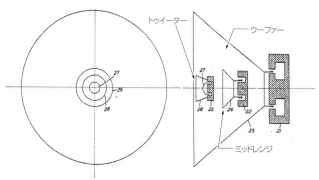

(b) トゥイーターとミッドレンジをウーファーのコーン振動板内に設置した場合

[図7-37] ブラットナーが特許出願した同軸型複合スピーカーの構造（1933年）

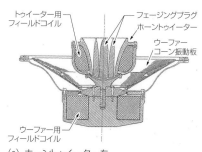

(a) ホーントゥイーターをウーファーコーン振動板頂部に設置

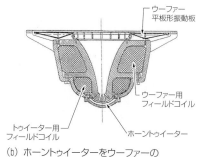

(b) ホーントゥイーターをウーファーの磁気回路後部に設置

[図7-38] ハリソンが特許出願した同軸型複合スピーカーの構造（1936年）

7-6 初期の同軸型複合方式スピーカー

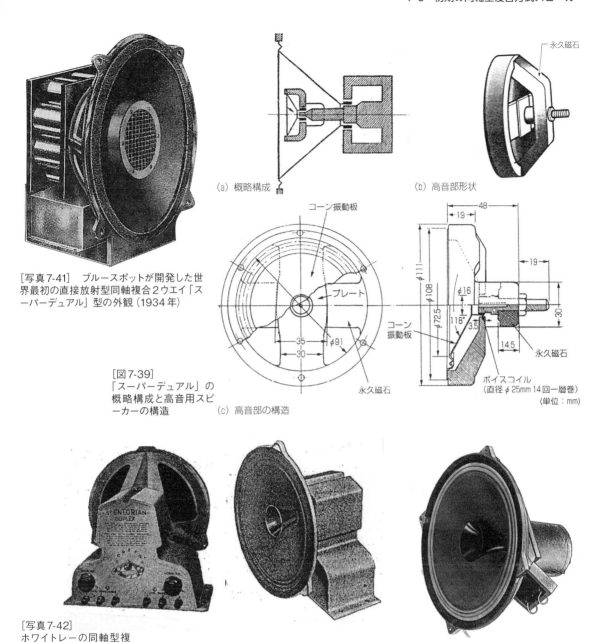

[写真7-41] ブルースポットが開発した世界最初の直接放射型同軸複合2ウエイ「スーパーデュアル」型の外観 (1934年)

[図7-39]「スーパーデュアル」の概略構成と高音用スピーカーの構造

[写真7-42] ホワイトレーの同軸型複合2ウエイスピーカー　(a) フィールド型 (1935年)　　(b) パーマネント型 (1955年ごろ)

低音用スピーカーは口径12インチのコーン型で、このコーン内側に独立した口径4インチの高音用スピーカーを設置した構成 (図7-39) で、永久磁石を使用した磁気回路がフレームを兼用する形になっています。スーパーデュアルの再生帯域は6000Hzから11000Hzが強調されています。日本にも輸入され、性能分析が行われました[7-41]。

続いて1935年に、英国のホワイトレー (Whiteley) の「ステントリアン・デュプレクス (Stentorian Duplex)」(写真7-42) が、高音用にホーンを使用した同軸型複合スピーカーとして開発されました[7-42]。図7-40に示すように、1つの磁気回路に低音用と高音用の磁極空隙を設けて、そのポールピースの中央を高音用ホーンの音道とした非常に斬新なスピーカーです。位相等化器を持つスロート部は、ボストウィックの596型の構造に類似しています。

発表当時は角型の永久磁石で、後部カバー内に

77

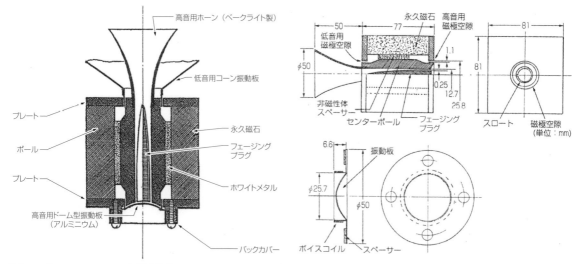

[図7-40] ホワイトレーの同軸型複合2ウエイスピーカーの概略構造

マッチングトランスとレベル調整が付いていましたが,後期にはリング型永久磁石に変わっています(**写真7-42**参照).再生周波数帯域は,メーカーの発表値通り,14000Hzまで伸びています[7-43].

その後,1936年には米国WEとジェンセンの共同開発による「ザ・タブ(The Tub)」,1940年にはジェンセンのJHP-51型といった同軸型2ウエイスピーカーが開発されました.

こうして始まった複合方式のスピーカーシステムは,その後,帯域の分割数を増やして広帯域化を狙う製品が次々と登場するとともに,受け持ち帯域の専用スピーカーの高性能化を図った製品が相次いで開発され,広帯域化を目指してスピーカーメーカーは特徴ある製品を開発してきました.このため本書では,主要メーカーごとに特徴のある製品を解説します.

7-6-2 ジェンセン初期の同軸型複合スピーカー

ジェンセン(Jensen Radio Manufacturing Company)は,1927年にジェンセン(Peter L. Jensen)によって創立された会社です.ジェンセンは1911年にマグナボックス(Magnavox)で世界最初のムービングバー型スピーカーをプリッドハム(E. S. Pridham)とともに開発しましたが,その後,自分の思う高性能スピーカーを目指すために独立し,新しいジャンルを切り拓きました.

ジェンセンが最初に複合方式による広帯域化に取り組んだ製品は,1936年にWEと共同で開発した,口径15インチの同軸型複合2ウエイスピーカー,通称「ザ・タブ」(**写真7-43**)でした.

ザ・タブは,1939年のニューヨーク万国博覧会の会場で高音質のPA用スピーカーとして使用することを目的に開発された製品で,使用したユニットは**写真7-44**です.低音部に使用したジェンセンのTA-4181型スピーカー(口径18インチ)の磁気回路部のポールをくり貫いて高音用の音道(ホーン)とし,後ろ側に高音用のWE 555型ホーンドライバーを取り付けています.フィールドコイルの励磁電流はTA-4181型と555型をシリーズ接続にして,DC24Vを与えています.

ユニットを収容するエンクロージャーは,低音部はフォールデッドホーンで,全体がオールホーンスピーカーシステムになっています(**図7-41**).この後,ザ・タブは小ホールなどの室内拡声用として活躍しました(**写真7-45**)[7-44].

1940年になってジェンセンは,民生用にJHP-51型同軸型複合2ウエイスピーカー(**写真7-46**)製品化しました.口径15インチの低音用コーン振動板の前面中央に高音用スピーカーを鉄板フレーム4本の支柱で固定した構造で,カバーも何もないシンプ

7-6 初期の同軸型複合方式スピーカー

[写真7-43] WEとジェンセンが共同開発した同軸型複合2ウエイスピーカーシステム「ザ・タブ」

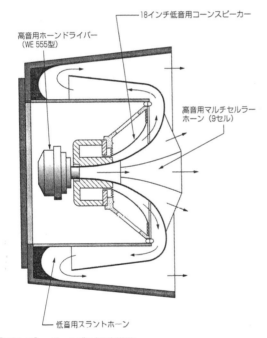

[図7-41] ザ・タブの概略構造

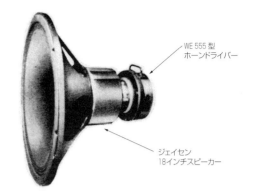

[写真7-44] ザ・タブに搭載された同軸複合型2ウエイスピーカーユニット

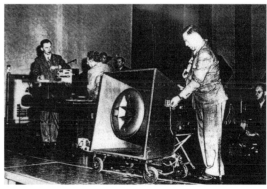

[写真7-45] 1946年5月のIREミーティングで、世界最初の磁気テープの音楽を再生するザ・タブ[7-48]

ルなものでした[7-45]. この後, アルテック・ランシングの604型の影響もあって, 1946年に高音用をホーン型にしたHNP-51型(**写真7-47**)を発表しました.

1950年には, 後世に残る著名なG-610型同軸型複合3ウエイスピーカー(**写真7-48**)を開発しました. G-610型は, **図7-42**に示すように, 中音部は低音用磁気回路の後部に設けたフロントドライブ方式で, ホーンは低音用コーン振動板を利用し, 600～4000Hzを受け持たせています. 4000Hz以上の帯域は, 低音用コーン振動板の前面の凹部に吊り下げて固定した高音用スピーカーが受け持つ構成です[7-46]. G-610型スピーカーの再生周波数特性は, **図7-43**のように優れています[7-47].

第7章 初期の広帯域再生用直接放射型スピーカーとエンクロージャー

[写真7-46] ジェンセンのJHP-51型同軸型複合2ウエイスピーカー（1940年）

[写真7-47] ジェンセンのJNP-51型同軸型複合2ウエイスピーカー（1946年）

[写真7-48] ジェンセンのG-610型同軸型複合3ウエイスピーカー（1950年）

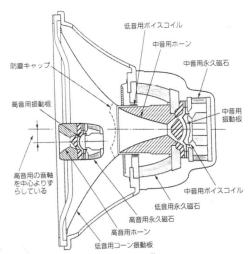
[図7-42] G-610型同軸複合3ウエイスピーカーの概略構造

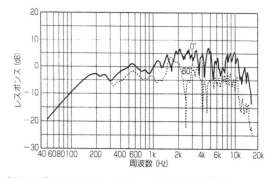
[図7-43] G-610型スピーカーの音圧周波数特性

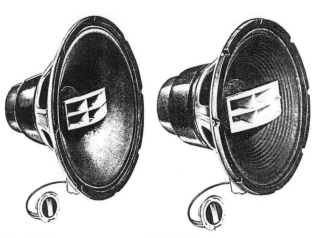
(a) H520型　　　(b) H222型
[写真7-49] ジェンセンの同軸複合2ウエイスピーカー（1954年）

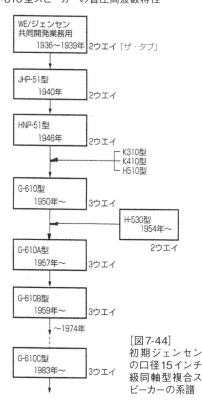
[図7-44] 初期ジェンセンの口径15インチ級同軸型複合スピーカーの系譜

80

その後，G-610型スピーカーは，1957年にネットワークなどを改良したG-610A型になり，さらに1959年には，高音用と中音用の振動板の材料を改善したG-610B型になりました．1974年から9年間，このスピーカーは生産を休止し，1983年からG-610C型として再登場しました．

G-610型系以外の同軸複合2ウエイスピーカーとしては，1954年にH520型やH222型（**写真7-49**）の2機種が開発されています．

図4-44は，初期ジェンセンの口径15インチ級の同軸型複合スピーカーの変遷を示すものです．

7-6-3 アルテック・ランシングの604型同軸型複合2ウエイスピーカー

1941年創立のアルテック・ランシング（ALTEC Lansing Corporation）は，1937年に設立されたWEの子会社であったE. R. P. I.（Electrical Research Products, Incorporated）をルーツとしています．E. R. P. I.はトーキー映画関係の販売が好調で，マーケットシェアが大幅に拡大したために，米国の「独占禁止法」に抵触して解散となりました．残った一部の人たちによって設立された新しい会社「オールテクニカルサービス（All Technical Servide Corporation；ALTEC）」で，これまで販売したトーキー映画用機器の修理，サービスの業務を行っていましたが，事業拡大を考えて，映画用機器だけにとどまらない音響機器の開発製造を行う会社にすることを企てました．

この目的のため，1941年に業界で著名となっていたヒリアード（J. K. Hilliard）とランシング（James Bullough Lansing）を迎え入れて創立されたのがアルテック・ランシングです．

アルテック・ランシングは，上述のようにWE系列なので，ベル電話研究所で保有していたスピーカー関係の特許技術を使用できる権利を持っています．早速このベル電話研究所の特許技術を応用して開発したのが604型系の同軸型複合スピーカーです．

ランシングは1943年，高音用に円環状スリット

入力：25W
ボイスコイルインピーダンス
　高音部：15Ω
　低音部：6Ω
フィールドコイル：2250Ω（直列接続）
励磁電源
　DC電圧：300～337V
　DC電流：133～159mA
クロスオーバー周波数：1200Hz

[写真7-50] アルテックの601型同軸型複合2ウエイスピーカー（1943年）

[写真7-51]
アルテックの604型同軸型複合2ウエイスピーカー（1944年）．ベークライト製の蝶ダンパー使用

型フェージングプラグを使用し，高音用磁気回路を独立して低音用磁気回路の後ろ側に設けた構造にした601型同軸型複合2ウエイスピーカー（**写真7-50**）を開発しました．601型は口径15インチのフィールドタイプで，アルテック・ランシングは「デュプレックス（Duplex）」と命名して宣伝を行い，他社との差別化を図りました．また，このスピーカーをバスレフ型のような「レゾナントバッフル」エンクロージャーに搭載した，602型スピーカーシステムを商品化しました．

第7章 初期の広帯域再生用直接放射型スピーカーとエンクロージャー

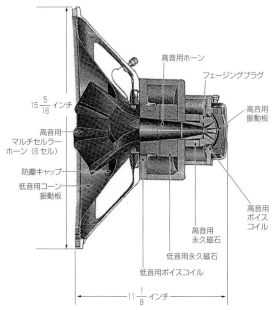

[図7-45] 604型の基本的な構造

翌1944年に，永久磁石を使用したパーマネント型の604型同軸型複合2ウエイスピーカー（**写真7-51**）を開発したランシングは，早速米国映画技術者協会（Society of Motion Picture Engineers；SMPE，後のSMPTE）のコンファレンスで自ら発表しました[7-48]．また，これに関連してアルニコ磁石を使用したパーマネント型スピーカー群を次々と発表しています[7-49]．

604型は，低音用と高音用の磁気回路のセンターポールの中を高音用ホーンの音道として利用したリアドライブ方式です（**図7-45**）．クロスオーバー周波数は2000Hzで，ボイスコイルインピーダンスは20Ωでした．

このスピーカーは，最初はウエストレックス（Westrex）のトーキー映画用スピーカーシステム「Aシリーズ」のA-6型に使用されていましたが，その後，放送用や録音スタジオ用モニタースピーカーに使用されるようになり，好評を受けて604型はロングラン商品となり，次々と改良されて1943年から長期にわたり生産され，時代に対応して変化していきました（**表7-2**）[7-50]．

代表的な604E型（**写真7-52**）は8年間の長期にわたって生産されました．再生周波数特性は図7-46で，帯域分割用ネットワークの回路（**図7-47**）で，-12dB/octの減衰特性を持っています．

604型シリーズは，1973年には604-8G型（**写真7-53**），1981年には604-8K型（**写真7-54**）などの改善が進められ，1998年に生産完了するまでの53年間にわたり存続し，ロングライフスピーカーの記録を作りました．そして，2003年に再び生産が開始されました．

[表7-2] アルテック・ランシングの604型同軸型複合2ウエイスピーカーの系譜

機種名	開発年	入力〔W〕	ボイスコイルインピーダンス〔Ω〕	クロスオーバー周波数〔Hz〕	特徴
601（元祖）	1943	25	15/6	1200	フィールドコイル（DC約300V/160mA）
604	1944	20	20	2000	パーマネント化 トーキー用A-6型に使用
604B	1948	30	16	1000	N1000型ネットワーク使用
604C	1952	35	16	1600	レコーディングモニターに使用 フェノール処理布ダンパー 6年間に50000台以上生産
604D	1958	35	16	1600	低音側がフリーエッジ
604E	1965	35	8/16	1500	高音側がタンジェンシャルエッジになる
604-8G	1973	50	8	1500	耐入力アップ 外観デザイン変更
604-HPLN	—	80/15	8/16	—	バイアンプ用（ネットワークなし）
604-8H	1980	65	8	1500	高音側がマンタレイホーン 高音側にタンジェリン型フェージングプラグ
604-168X	—	100/10	8/16	—	バイアンプ用（ネットワークなし）
604-8K	1981	75	8	1500	フェライト磁石に変更 高音側にタンジェリン型フェージングプラグ
1998年，シリーズの生産完了					
604-8L	2003	75	8	1500	再生産品 内容は604-8Kにほぼ同じ

7-6 初期の同軸型複合方式スピーカー

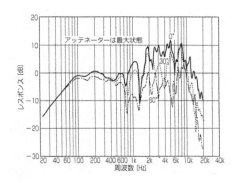

［図7-46］ 604E型の音圧周波数特性

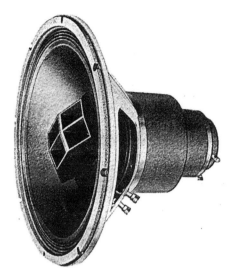

［写真7-52］ 1965年に改良された604E型同軸型複合2ウエイスピーカー

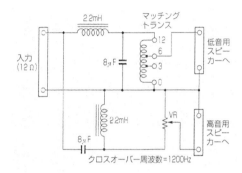

［図7-47］ 604E型用ネットワーク回路

［写真7-53］ 1973年に改良された604-8G型同軸型複合2ウエイスピーカー

［写真7-54］ マンタレーホーンを搭載した604-8K型同軸型複合2ウエイスピーカー（1981年）

7-6-4 タンノイの同軸型複合2ウエイスピーカー

英国のタンノイ（Tannoy）の創立は1926年で，最初の事業でタンタル合金（Tantalum-alloy）の整流器を製造したことにちなんで，「Tannoy」の商標が誕生したと言われています．初期には業務用の音響機器を手がけ，フォクトが考案したトラクリックスホーンを使用したPA用スピーカーなどの生産も行ったこともあります．

Hi-Fi再生時代の初頭1947年に，タンノイのファンテン（Guy R. Fountain）とラッカム（Ronald H. Rackham）によって，口径15インチの「モニター15型」（正式の型名はLSU/HF/15L型で，通称「モニターブラック」）同軸型複合2ウエイスピーカー（写真7-55）を開発しました．タンノイは，同軸型複合型2ウエイスピーカーを「デュアルコンセントリック（DC）」スピーカーと称しています．

この駆動系の構造は，1935年に発表されたホワイトレーのステントリアン・デュプレックス（写真7-42，図7-40参照）の駆動系磁気回路と類似しており，1つの磁気回路に低音用と高音用の磁極空隙

83

第7章 初期の広帯域再生用直接放射型スピーカーとエンクロージャー

[写真7-55] タンノイのLSU/HF/15L型同軸型複合2ウエイ（デュアルコンセントリック）スピーカー（1947年）

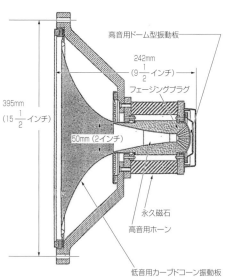

[図7-48] タンノイの同軸型複合2ウエイ（デュアルコンセントリック）スピーカーの基本的構造

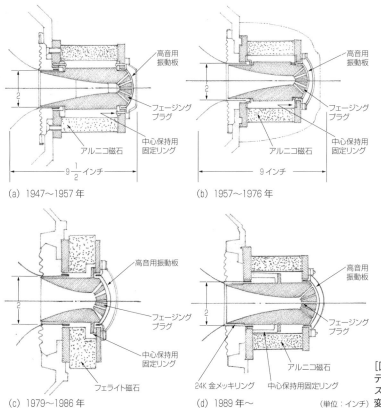

(a) タンノイのマルチホール型フェージングプラグ

(b) WE系の円環状スリット型フェージングプラグ

[写真7-56] タンノイとWEの高音部フェージングプラグの比較

[図7-49] デュアルコンセントリックスピーカーの駆動機構の変遷

84

7-6 初期の同軸型複合方式スピーカー

[写真7-57] 1953年に改良された「モニターシルバー」同軸型複合2ウエイスピーカー

[写真7-58] 1956年に改良された「モニターレッド」同軸型複合2ウエイスピーカー

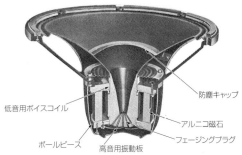
[図7-50] モニターレッドの断面

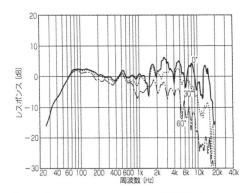
[図7-51] モニターレッドの再生周波数特性

[写真7-59] 1967年に改良された「モニターゴールド」同軸型複合2ウエイスピーカー

を設けた構造ですが，高音用の振動板はリア側にフェージングプラグを設けて音放射するリアドライブ方式になっています（図7-48）．構造的にはホワイトレーの製品とは違い，性能や機能でも異なった特徴ある駆動構造になっているといえます．

その概略構造は，図7-49（a）に示すように，1つの磁気回路で低音用の空隙磁束密度は12000ガウス，高音用は18000ガウスを得ており，高音用の振動板は口径2インチの硬質アルミニウム合金のプレス成形品で，リアドライブ方式です．フェージングプラグは，米国WE系の円環状スリット型の特許を避けて，写真7-56のように丸孔を多数あけた「マルチホール型」構造です．ボイスコイルはアルミ線です．

高音用ホーンの音道となるホーンのフレアは低音用コーンが代用した構造で，クロスオーバー周波数を1000Hzに設定しています．

1947年，モニターブラックは民生用の市場を狙って，外観のフレームの形状を4点止めから8点止めの円形フレームに変更し，磁気回路を覆うカバーを付け，色調をブラックからシルバーのハンマートーン仕上げた「モニターシルバー」（写真7-57）になりました．

この年，モニターシルバー専用として，低音用バックロードホーンとフロント側に中音用ストレートロードホーンを組み合わせた複合ホーンを新しいエンクロージャーとして開発し，「オートグラフ」の商品名で発売しました．オートグラフは同年，ニューヨークのオーディオフェアに出品して一躍有名になりました（第10章4-1項参照）．

1956年には，ユニットのヨークカバーの色調をレッドのハンマートーン仕上げに変えた「モニターレッド」（写真7-58）に改良されました．その改良

第 7 章　初期の広帯域再生用直接放射型スピーカーとエンクロージャー

(a) 低音用コーンに貼り付けられたガードアコースティック　　(b) ガードアコースティックの拡大

(c) 治具を使用した貼り付けの模様　　(d) 製造の状況

[写真 7-60]　ハイパワー化のため低音用コーンを強化する「ガードアコースティック」(1974 年)

[写真 7-61]　ガードアコースティック付き HPD385 型同軸型複合 2 ウエイスピーカー (1974 年)

[写真 7-62]　フェライト磁石になった DC386 型同軸型複合 2 ウエイスピーカー (1979 年)

[写真 7-63]　エッジ材料などを改良した K3808 型同軸型複合 2 ウエイスピーカー (1979 年)

7-6　初期の同軸型複合方式スピーカー

[表7-3]　タンノイの口径15インチ級同軸型複合2ウエイスピーカーの系譜

機種名	販売期間〔年〕	入力〔W〕	ボイスコイルインピーダンス〔Ω〕	f_0〔Hz〕	クロスオーバー周波数〔Hz〕	駆動系	磁気回路
LSU/HF15/L モニターブラック	1947 ～ 1953	20	15	40	1000	図7-49 (a)	アルニコ磁石
LSU/HF/15/L モニターシルバー	1953 ～ 1957	25	15	32	1000	図7-49 (a)	アルニコ磁石
LSU/HF/15/L モニターレッド	1957 ～ 1967	50	15	32	1000	図7-49 (b)	アルニコ磁石
LSU/HF/15/8 モニターゴールド	1967 ～ 1974	50	8	26	1000	図7-49 (b)	アルニコ磁石
HPD（ガードアコースティック付き）							
HPD385	1974	85	8	20	1000	図7-49 (b)	アルニコ磁石
HPD385A	1976	85	8	20	1000	図7-49 (b)	アルニコ磁石
HPD386	1979	85	8	20	1000	図7-49 (c)	フェライト磁石
DC（ガードアコースティック付き）							
DC386	1979	85	8	20	1000	図7-49 (c)	フェライト磁石
Kシリーズ							
K3808	1979	120	8	35	1000	図7-49 (c)	フェライト磁石
K3838	1979	120	8	22	1000	図7-49 (c)	フェライト磁石
3839W	1982	120	8	—	1000	図7-49 (c)	フェライト磁石
3839R	1986	120	8	—	1000	図7-49 (c)	フェライト磁石
3839M	1981	120	8	—	1000	図7-49 (c)	フェライト磁石
アルコマックス（ALCOMAX）シリーズ（ガードアコースティック付き）							
ALCOMAX-III	1989	135	8	—	1000	図7-49 (d)	アルニコ磁石

点は，低音部の空隙磁束密度を13000ガウスに増強し，耐入力が25Wから50Wに強化されました．駆動系は，**図7-49** (b) のように，磁石の高性能化とポールの中心保持などが変わりました．また，ユニットの断面（**図7-50**）は，ホーンフレアは高音部のスロートからきれいにつながったホーン形状で，**図7-50**のような優れた広帯域特性を持っています．

1967年には「モニターゴールド（LSU/HF/15/8）」（**写真7-59**）に変わりました．トランジスターアンプへの対応のためにボイスコイルインピーダンスは16Ωから8Ωに変更され，32Hzだった最低共振周波数が26Hzに下げられたハイコンプライアンス型になりました．

1974年にはハイパワー化への対策として，低音用のコーン振動板の裏側に「ガードアコースティック（**写真7-60**）」と称する8本のリブを貼り付けて機械的剛性を増した「HPD（High Preformance Dual）」シリーズのHPD385型（**写真7-61**），HPD385A型，HPD386型を開発しました．耐入力は向上し，85Wになっています．

1979年から新しい駆動系「DC（Dual Concentric）」構成（**図7-49** (c)）に変わり，磁気回路

にフェライト磁石を使用し，ガードアコースティック付きの振動板を搭載したDC386型（**写真7-62**）を開発し，このユニットを各種のエンクロージャーに組み込んだシステムが次々と発売されました．

同年の途中から，ボイスコイルの耐熱性を高める処理を行い，耐入力を120Wと大幅に向上した強力型に改良するとともに，エッジの材質と形状を改善し，耐久性を高めました．駆動系の構造は同じく**図7-49** (c) で，5機種のスピーカーユニットが開発されました．**写真7-63**はその中のK3808型スピーカーです．

その後1989年に，再びアルニコ磁石を使用し，**図7-49** (d) の駆動系の構造を持ったALCOMAX-III型が開発されました．

このように，タンノイは独自の駆動構造の技術を粘り強く守り，これをベースに次々と改良を重ね，口径15インチの同軸型複合2ウエイ「モニター」シリーズのユニットの製造を42年間継続してきました．

表7-3は1947年から1989年までの機種群の変遷です．

7-6-5　RCAの同軸型複合2ウエイスピーカー

　米国RCAの高性能複合型スピーカーとしては，オルソンが設計し，1946年に完成した同軸型複合2ウエイスピーカー「LC1型」(**写真7-64**，**図7-52**)が著名です[7-51～54]．このスピーカーは，オルソンのデザインフィロソフィーによるところが大きく，低音用も高音用も直接放射型のコーン型振動板に徹しています．

　LC1型は，RCAの事業であったFM放送用機器やスタジオの新設の需要に対応して，音質監視用の高忠実度再生モニタースピーカーを開発する必要から生まれました．また，家庭での高忠実度再生スピーカーとしての需要も見込まれていました．

　この目的のために，さまざまな構成の複合型2ウエイスピーカーを実験的に試作し，検討した結果，高音用と低音用ユニットの音源点の位置のズレによるタイムアラインメントの違いで，クロスオーバー周波数付近の位相特性や指向性パターンが悪化することに注目しました．

　オルソンは，音楽再生に必要な再生帯域を忠実に再生するには，周波数範囲として40～15000Hzが必要と考え，この両端の周波数帯域を中音域と同等のレベルで再生できることが必要と考えていました．そのため，低音域では主として放射抵抗が小さいことに起因する効率低下を防ぐため，大口径の15インチ振動板を採用し，高音域では主に質量リアクタンス分が大きいために効率が低下するので，小口径の2インチ振動板を採用し，ボイスコイルにアルミニウム線を使用して軽量化を図るという基本構想を練り上げました．

　これに彼の哲学である「紙を使ったフラットコーン振動板」を採用し，これらを基本条件として設計が行われました(**図7-53**)[7-55]．

　総合的な特性としては，特に高音域での指向特性がシャープにならないよう，その対策に重点を置いています．高忠実度再生の条件として指向特性は少なくても90°（±45°）の範囲で，周波数に依存しない特性が望ましいと考えました．

　オルソンは，フラットコーンの頂角を変えたとき

[写真7-64]　RCAのLC1型直接放射型の同軸型複合2ウエイスピーカー（1946年）

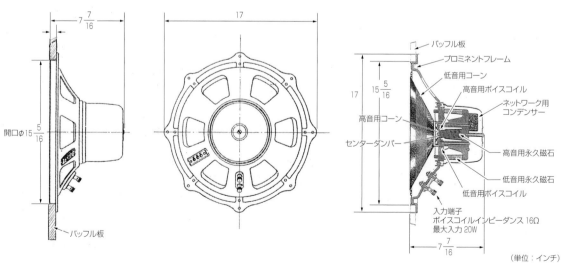

[図7-52]　LC1型同軸型複合2ウエイスピーカーの概略構造と特性

の指向パターンの違いに注目して,口径4インチコーン振動板の頂角を100～130°に変化させて特性を測定し,120°近くが最適であるとしました.この結果に基づいて低音用振動板の頂角を120°にし,この線上に高音用振動板の角度を揃えて配置し(図7-54),クロスオーバー周波数付近での指向性パターンを揃えています.このため,LC1型は,2つのコーン振動板が受け持つクロスオーバー周波数付近でも一体となってコーン振動板が振動しているようなふるまいとなり,タイムアラインメントを完全に揃えることができています.

再生周波数特性(図7-55)を見ると,クロスオーバー周波数付近では,低音側は振動系のメカニカルカットによって緩やかな減衰特性になっていて,デバイディングネットワークを必要としない設計です.高音用は,低音信号をカットするように直列に入れたコンデンサーのみ(－6dB/oct)のローカットフィルターとなっています.このため,広い帯域でオーバーラップでき,音像の移動やつながりの良い音質となっており,近距離で聴いても,良い音になるようまとめています.

また,LC1型は高忠実度再生に必要なダイナミックレンジを確保するため,大音量再生時の非直線歪みを問題視しており,実用上モニターの聴取時の平均入力が100～200mWであることから,10W入力で3%以下の高調波歪みになるよう設計されています.

LC1型の完成後,1947年に米国マサチューセッツ州のタングルウッドで,生のオーケストラ演奏と,あらかじめ録音しておいた演奏のLC1型12台による再生を切り替えて聴く実験が試みられました.その結果,生演奏との切り替えが聴衆には判別できなかったことが評判となり,一躍このスピーカーが注目されました.

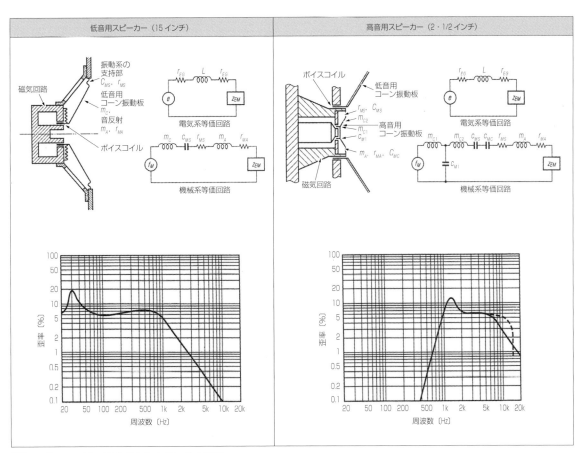

[図7-53] LC1型の低音部と高音部の基本設計

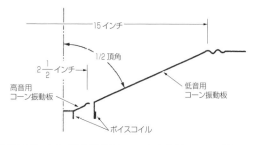

［図7-54］ LC1型の低音用コーンと高音用コーンの望ましい位置関係

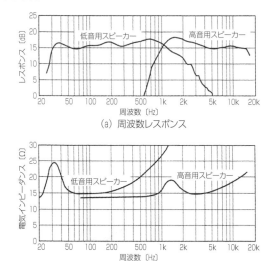

［図7-55］ 発表されたLC1型の低音部と高音部の再生周波数特性と電気インピーダンス特性

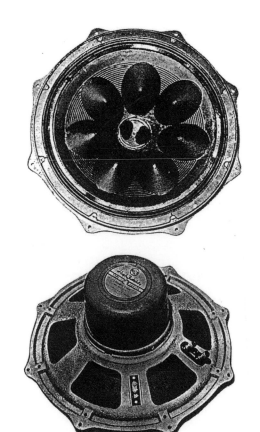

［写真7-65］ LC1型を1947年に改良したLC1A型同軸型複合2ウエイスピーカー

　1948年になって，LPレコードが米国CBSコロンビアから発表され，レコードの音質が著しく向上し，本格的なHi-Fi再生の時代へと大きな転換期を迎えました．この時代の流れを察知してか，オルソンは現状のLC1型スピーカーの性能をさらに向上させるよう，1947年に改良型「LC1A型」（**写真7-65**）を開発しました[7-56]．

　LC1型との違いは，低音用振動板と高音用振動板の形状です（**図7-56**）．低音用は，振動板の前面に楕円錐ドームを7個放射状にランダムに貼り付けた，これまでにない新しい形状のコーンになりました．この楕円錐ドームの効果は，オルソンの論文[7-54]によると，

①低音コーンの対称性が失われ，音が伝播する路長がいろいろに異なるとともに音波の伝播速度が減り，低音の指向特性がブロードになる

②高音用スピーカーの音放射面の角度が狭くなり，音圧の増加につながる（**図7-57**）

③高音用スピーカーから放射された音波が，非対称に配置された楕円錐ドームによって分散と反射をする（**図7-58**）

④高い周波数では，楕円錐ドームによって音が分散する（**図7-59**）

などの効果があるとされていますが，この7個の楕円錐状ドームの重量が振動板に付加されるため，効率の低下につながったことや，振動系のQの上昇に関する内容は述べられていません．

　高音用スピーカーの改良では，振動板前には2枚の反射板（**写真7-66**）が取り付けられ，反射板によって音を拡散して，超高音域の指向特性改善を狙っています．

　高品位再生のスピーカーシステムとして著名にな

7-6　初期の同軸型複合方式スピーカー

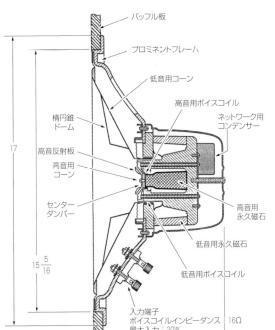

[図7-56]　LC1A型の概略構造

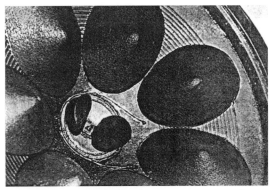

[図7-57]　LC1A型で改良された低音用コーンと高音用コーンの位置関係

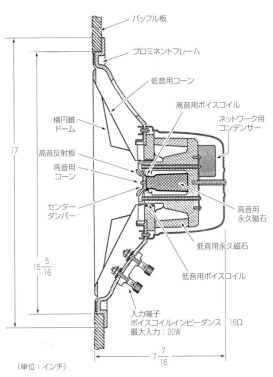

[写真7-66]　高音用振動板の前に付けられた双葉形状の反射板と楕円錐ドーム

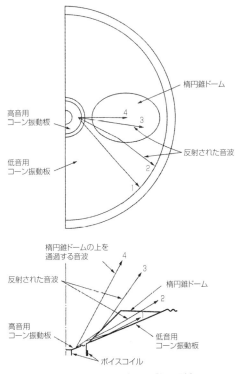

[図7-58]　楕円錐ドームによる音の分散と反射

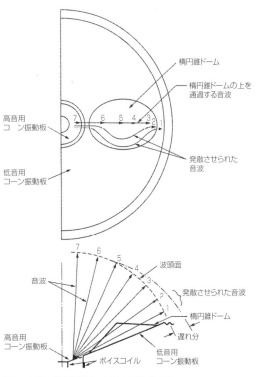

[図7-59]　楕円錐ドームによる音の分散

91

ったLC1A型は，LPレコードの出現で放送局の放送品質が著しく向上した放送用のモニタースピーカーとして広く採用されました．

7-6-6 著名な初期の同軸型複合スピーカー

オーディオ界で取り扱う音楽ソフトの品質がLPレコードの出現で大きく変わり，広帯域再生用スピーカーの需要が大きくなり，メーカーの開発競争が活発化しました．このため，ここまでに紹介したメーカー以外に，時代を代表する同軸型複合スピーカーが数多く登場しました．ここでは，その中から12項目13機種に限定して紹介ます．

[1] コンスキ・クリューガーの015型

外形寸法：H935×W700×D390mm（床からの高さ1400mm）

[写真7-67] コンスキ・クリューガーの015型同軸型複合2ウエイスピーカー（1943年）を搭載したラジオ用モニタースピーカーシステム

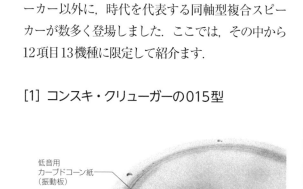

口径：30cm
クロスオーバー周波数：2000Hz
ボイスコイルインピーダンス：12.5Ω

[写真7-68] 前面の格子ガードを取り外した015型の前面

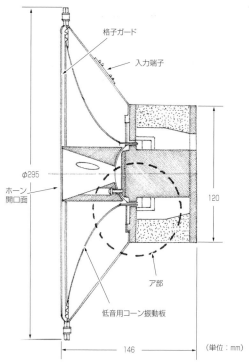

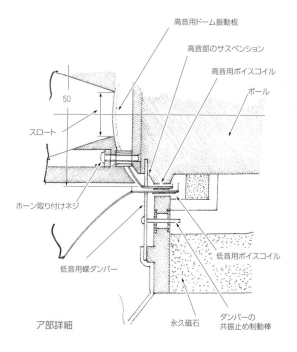

[図7-60] 015型スピーカーの概略構造寸法

7-6 初期の同軸型複合方式スピーカー

ドイツ（ベルリン）のシーメンス系メーカーであるコンスキ・クリューガー（Konski & Kruger）が1943年に開発した015型同軸型2ウエイスピーカーは，ラジオ局のモニタースピーカーなどにも使用された製品で，このスピーカーを搭載したシステムの外観を写真7-67に示します．015型の前面には格子ガードがありますが，この格子ガードを取り外すと高音用ホーンが突出しています（写真7-68）．このスピーカーは，図7-60に示すように1つの空隙磁極に高音用と低音用のボイスコイルをそれぞれ独立して懸垂している特別な構造が特徴です．

高音用ホーンは，口径5cmのメタルドームの高音用振動板の3か所に貫通した孔をあけて，ポール側にボルトで固定しています．ポール側の内側に高音のボイスコイルを懸垂させており，内部の支持部でポールピースに固定されています．低音用のボイスコイルはプレート側の外側に懸垂し，アウトサイドダンパーで支持してフレームに固定されています．このように，それぞれ独立した駆動系を持っ

[写真7-69]
015型を1950年に改良した015a dyn型同軸2ウエイスピーカー（フィールド型）

てます．この発明の特許は1941年に出願され，1943年に登録[7-57]されています．

ただ，この構造では高音用振動板に孔が3つあるので，コンプレッションドライバーとしての機能があったのか，また，2つのボイスコイルが近接して懸垂しているのでコイル間の相互誘導による影響がなかったのか，高品位再生という面では疑問が残ります．

015型は，その後1950年に改良され，フィール

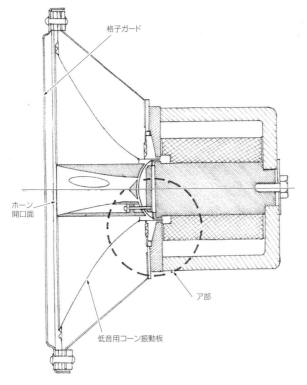

[図7-61] 015a dyn型スピーカーの概略構造

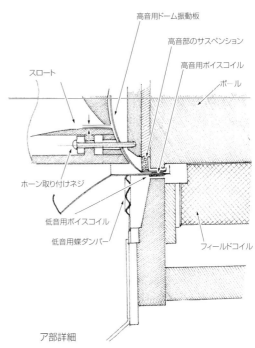

第7章　初期の広帯域再生用直接放射型スピーカーとエンクロージャー

高音部：口径10cmコーン型
低音部：口径30cmコーン型
ボイスコイルインピーダンス：4/16Ω

[写真7-70]　イソフォン製「オーケストラ」型同軸2ウエイスピーカー（1966年ごろ）

高音部：口径10cmコーン型
低音部：口径21cm×32cm楕円コーンスピーカー（角型フレーム）
ボイスコイルインピーダンス：4Ω

[写真7-71]　イソフォンのPH2132E型同軸2ウエイスピーカー

高音部：口径2.5cmドーム型
低音部：口径30cmコーン型
ボイスコイルインピーダンス：4Ω

[写真7-72]　イソフォンのオーケストラ2000型同軸2ウエイスピーカー

ド形磁気回路の015a dyn型（写真7-69，図7-61）になりました．
このスピーカーは，1993年にベルリンで開催されたAESコンベンション[7-58]で，歴史的製品として紹介されました．

[2] イソフォンのオーケストラ

ドイツのイソフォン（Isophon）の「オーケストラ（Orchester）」（写真7-70）は，口径30cmの低音用スピーカーと口径約4インチのコーン型高音用スピーカーを組み合わせた同軸型で，1966年ごろには日本にも輸入されていました．また，楕円型の低音用スピーカーと組み合わせたPH2132E型同軸型2ウエイスピーカー（写真7-71）も開発されています．

その後，1979年ごろに販売されたオーケストラ2000型（写真7-72）は，高音部に口径2.5cmのドームコーンを使用し，前面にディフューザーを付けた構造です．

[3] ステフェンスのトゥルーソニック

米国のステフェンス（Stephens Tru-Sonic, Inc.）は，WEの特許を使用した民生用製品を販売する目的で創立された会社と言われており，同社のトゥルーソニック（Tru-Sonic）206AX型同軸2ウエイスピーカー（写真7-73）は，アルテックの604系統に非常によく似た外観で見間違えるほどです．

1954年に登場したトゥルーソニック206AX型は，先代の106AX型の磁気回路を強力化したもので，ヨークも角型から円弧状になっています[7-59]．

7-6 初期の同軸型複合方式スピーカー

口径：15インチ
f_0：35Hz
ボイスコイルインピーダンス：
16/500Ω

［写真7-73］ ステフェンスのトゥルーソニック206AX型同軸型複合2ウエイスピーカー（1954年）

［写真7-74］ ユタの口径15インチ直接放射型同軸型複合2ウエイスピーカー

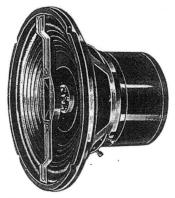

(a) 15TRX型

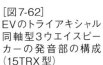

［図7-62］
EVのトライアキシャル同軸型3ウエイスピーカーの発音部の構成（15TRX型）

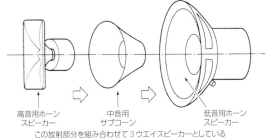

高音用ホーンスピーカー　中音用サブコーン　低音用ホーンスピーカー
この放射部分を組み合わせて3ウエイスピーカーとしている

(b) 12TRX型
［写真7-75］ EVのトライアキシャル同軸型複合3ウエイスピーカー

[4] ユタの直接放射型同軸型2ウエイスピーカー

　米国インディアナ州のユタ（Utah）の口径15インチ同軸型2ウエイスピーカー（**写真7-74**）は，1940年中ごろの同軸型スピーカーの流行のころに作られたものと思います．外観はジェンセンのJHP-51型に類似しています．

　どちらかといえばラジオ用スピーカーを中心に製造する会社なので，FM放送による高品位再生に対応したと思われます．

[5] エレクトロボイスのトライアキシャル同軸型3ウエイスピーカー

　米国エレクトロボイス（Electro-Voice）の同軸型スピーカーは，低音用コーン振動板にサブコーンを付けてメカニカル2ウエイとし，3500Hz以上をコーン中心に設けた高音用ホーンスピーカーと組み合わせた3ウエイ構成（**図7-62**）とした製品で，1952年に開発されました．

　この方式を「トライアキシャル（Triaxial）」3ウエイスピーカーと命名され，口径15インチの15TRX型と，口径12インチの12TRX型の2機種（**写真7-75**）が発売されました[7-60]．当時の市場において，他社との差別化を考えて生まれたアイデアと言えます．

[6] ユニバーシティのディフューズコーンとディファキシャル

　米国ユニバーシティ（University Sound）の「ディフューズコーン（Diffusicone）」は，一見同軸型2ウエイに見える外観のメカニカル2ウエイスピーカーで，1952年に口径12インチシングルコーンス

95

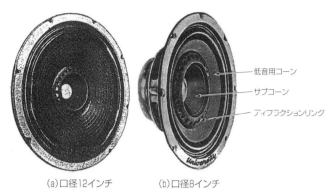

(a) 口径12インチ　　(b) 口径8インチ

[写真7-76] ディフューズコーンを搭載したユニバーシティのメカニカル2ウエイスピーカー

[写真7-77] ユニバーシティのディファキシャル315型3ウエイスピーカー

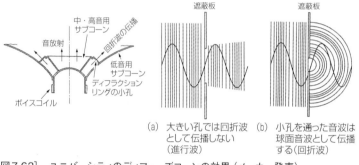

[図7-63] ユニバーシティのディフューズコーンの効果（メーカー発表）

[写真7-78] ボザークのB-207A型同軸型複合2ウエイスピーカー

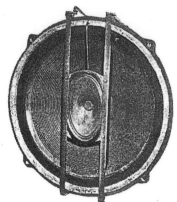

[写真7-79] GEのAI-400型同軸型複合2ウエイスピーカー

[写真7-80] プレッシーのCP73021/2型同軸型複合2ウエイスピーカー

ピーカーと姉妹機の口径8インチが発売されました（**写真7-76**）[7-61]．

この動作は**図7-63**に示すように，コーン周辺に貼り付けた孔付きのディフラクションリングでセンタードームの音放射を回折させ，その回折波の放射によって高音の指向特性を改善することを宣伝したスピーカーです．

その後，センターに高音用ホーンスピーカーを取り付けた315型同軸型「ディファキシャル（Diffaxial）」3ウエイスピーカー（**写真7-77**）を発表しました．

[7] ボザークの同軸型複合2ウエイスピーカー

1954年に登場した米国ボザーク（Bozak）のB-207A型同軸2ウエイスピーカー（**写真7-78**）[7-62]は，もともと単品としてあったB-199A型低音用スピー

7-6 初期の同軸型複合方式スピーカー

(a) 初期のLE12C型

(b) 1974年ごろからのLE12C型

[写真7-81] 1967年にJBLが初めて開発したLE12C型同軸型複合2ウエイスピーカー

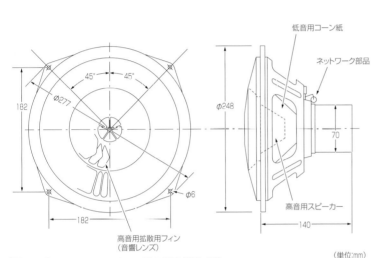

[図7-64] C72233-A10-A7型の概略構造寸法

[写真7-82] シーメンスのC72233-A10-A7型同軸型複合2ウエイスピーカー

口径：25cm
入力：10W
ボイスコイルインピーダンス：15Ω
低域共振周波数：65Hz
色調
　C72233-A10-A6：グレイ
　C72233-A10-A7：黒

カーとB-200X型高音用スピーカーを組み合わせて同軸型複合2ウエイの構成にしたものです.

口径は15インチ（振動板は12インチ相当）で，クロスオーバー周波数2000Hz，ボイスコイルインピーダンス8Ωの仕様で，これは自社のスピーカーシステムB-310型に組み込まれて使用されました.

[8] GEのAI-401型同軸型複合2ウエイスピーカー

GEのゴールデンAI-401型同軸型複合2ウエイスピーカー（写真7-79）は，1955年ごろ開発されました[7-63].

低音用は口径12インチ，高音用は口径2・1/2インチのコーン型スピーカーで，低音用の前面に格子状の音響的フィルターを付けて高音をカットし，1500Hzでクロスオーバーしている，特徴あるスピーカーです.

このスピーカーは，自社のディストリビューテッドポート型エンクロージャー（第10章6-1項参照）を使ったスピーカーシステム用に開発されたものです.

[9] プレッシーの同軸型複合2ウエイスピーカー

英国プレッシー（Plessey）のCP73021/2型同軸型複合2ウエイスピーカー（写真7-80）は，口径15インチの低音用と，6×4インチの楕円型高音用スピーカーの構成で，当時としては珍しいスピーカーといえます.

ほかに，低音用が12インチのCP73025/12/7型がありました[7-64].

97

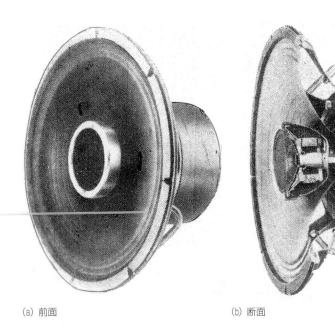

(a) 前面　　　(b) 断面

口径：12インチ
入力：10W
ボイスコイルインピーダンス：16Ω
クロスオーバー周波数：3000Hz

[写真7-83]
パイオニアのPAX-12 A型同軸型複合2ウエイスピーカー（1953年）

口径
高音：3×4·3/4インチ（楕円）
低音：12インチ
ボイスコイルインピーダンス：15Ω
クロスオーバー周波数：2000Hz

[写真7-84]
ゼネラルのHPD-1201型同軸型複合2ウエイスピーカー（1953年）

[10] JBLの同軸型2ウエイスピーカー

　米国JBLは，1967年に初めての同軸型2ウエイスピーカー LE12C型（**写真7-81**）を開発しました．口径30cmで，振動板には白色の塗布剤ランプラス（Lans-a-Plas）をコーティングしており，高音用スピーカーはLE20型の流れを汲む製品が使用されています．

　このスピーカーは，「プロフェショナル」シリーズとなって，型名が2145型となって継続されましたが，薄型で奥行き11cmの特徴を生かして，壁埋め込み用などに使用されました．

[11] シーメンスの同軸型複合2ウエイスピーカー

　ドイツのシーメンス（Siemens und Halske）は，1970年ごろから室内の拡声装置に使用する業務用の新しいスピーカーの一つとしてC72233-A10-A7型（色調は黒，**写真7-82**）の同軸型複合2ウエイスピーカーを開発しました．

　このスピーカーは3個縦一列に配置（$H950 \times W380 \times D170$mmのバッフルに固定）して，水平面の指向性を重視したカラムスピーカーとして使用されました．

　ユニットの口径は25cmで，低音用スピーカー前面にはスリットの入った前面カバーがあり，この中央には「高域拡散音響レンズ」と呼ばれる風車のようなフィンのあるスリットを持っており，その内側に口径8.5cmのコーン型高音用スピーカーが取

り付けられています（図7-64）.

[12] 日本の同軸型複合スピーカー

わが国における高品位再生用同軸型複合スピーカーの初期の製品としては，1953年のパイオニア（福音電機）のPAX-12A型同軸型複合2ウエイスピーカー（**写真7-83**）があります．口径12インチの低音用スピーカーのセンターポールに高音用スピーカーを取り付けた構造で，クロスオーバー周波数は3000Hzに設定されています．

また，1953年にNHKの放送用モニタースピーカーとして採用されたゼネラル（八欧無線）のPM-121型モニタースピーカーに搭載したHPD-1201型同軸型複合2ウエイスピーカー（**写真7-84**）があります．高音用に3×4・3/4インチ楕円コーン型スピーカーを使用しています．

7-7　初期の非同軸型複合方式スピーカー

7-7-1　中型クラスの非同軸型複合方式システムの商品化の背景

非同軸型複合方式は，低音専用スピーカーと高音専用スピーカーを分離して配置し，これを組み合わせて広帯域再生用を行うスピーカーシステムの方式で，1930年から1934年ごろにトーキー映画用スピーカーとして早くから採用されました．

この方式はWEのワイドレンジシリーズの3ウエイ方式や，クラングフィルム系オイロッパの2ウエイ方式，MGMのシャラーホーンシステムなどの大型スピーカーシステムで実用化されてきました．

一方で，映画の編集作業やレコード制作の技術の進展によって，形状が小さい高品質再生のできるモニタースピーカーの需要が高まりました．その

[表7-4]　ランシング・マニファクチャリングの通信販売用カタログに掲載された機種群（1935年ごろ）

型名	口径	フィールドコイル		ボイスコイルインピーダンス〔Ω〕	備考
		インピーダンス〔Ω〕	直流電流〔mA〕		
A-110	5	2500	40	3	
B-110	5	2500	45	3	
A-176	6・1/4	1500	80	3	
B-176	6・1/4	2350	60	3	
A-195	6・1/4	1500	60	3	
B-195	6・1/4	2350	50	3	
A-175	8	1500	80	3	
B-175	8	1500	80	3	プッシュプル用
C-175	8	2350	60	3	
D-175	8	2350	60	3	
175-X	8	10000	37	3	
A-163	8	2500	65	3	
B-163	8	特注品			
112-S	12	10000	37		
112	12	3	2000	不明	
112	12	1000	120		
112	12	1500	95		
A-15X	15	1000	175	12	
B-15X	15	1800	125	12	
C-15X	15	750	200	12	
C-15X	15	AC型	—	12	

第7章　初期の広帯域再生用直接放射型スピーカーとエンクロージャー

[写真7-85] ランシング・マニファクチャリングで1935年ごろ販売されていたスピーカーユニット

ため，広帯域再生が可能な非同軸型複合方式のスピーカーシステムをいかにして小型化するかという課題が生じました．

非同軸型複合方式の欠点は，低音専用スピーカーと高音専用スピーカーを近接配置しても，それぞれの音軸が異なるため，スピーカーに近づいて聴くと音の高さに応じて音像が移動するということです．しかし，聴取距離がユニットの配列の間隔より数倍以上離れていると，こうした問題は少ないことがわかってきました．

一方，高音部のスピーカーユニットの大きさに制限がなくなり，自由度の高い設計ができ，さまざまな方式のユニットが使用できるという長所もあります．特に，クロスオーバー周波数を低くして，高音用に大型のマルチセルラーホーンなどが使用できるのは大きな利点です．

家庭用などとして使用できる中型クラスの広帯域再生用の非同軸複合型2ウエイスピーカーシステムの商品化に最初に取り組んだのは，米国のJ. B. ランシング（1902～1949年）でした．

ランシングは，1927年に米国ロサンゼルスで自分の経営する「ランシング・マニファクチャリング（Lansing Manufacturing Company）」を設立し，スピーカー事業を行っていました．初期の製品は，ラジオ受信機用スピーカーや一般拡声器用スピーカーで，これを通信販売によって米国内に販売していました[7-65]．

1930年代初期には全米に大恐慌があり，経営的な苦労もありましたが，1935年ごろの通信販売用カタログに掲載された機種群は，表7-4のようなもので，その代表的な製品は，写真7-85のように各

(a) 500-A型　　外形寸法：W48×D28・1/2×H53インチ

(b) 500-B型　　外形寸法：W48×D24×H36インチ

[写真7-86] シャラーホーンシステムの小型版として開発された500系モニタースピーカー

100

7-7 初期の非同軸型複合方式スピーカー

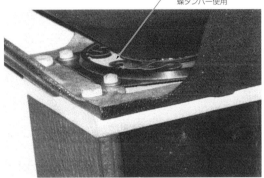

[写真7-87] 口径15インチ15Xs型低音用スピーカー

(a) 外観

再生周波数帯域幅：300〜10000Hz
ボイスコイルインピーダンス：22Ω

(b) 分解したダイヤフラムの付いたプレート側とポール側のフェージングプラグ

[写真7-88] 高音用284型ホーンドライバー（フィールド型）

セル数：8 (2×4)
概略寸法：W26×D18×H14インチ
指向角度：水平80°，垂直40°
適用クロスオーバー周波数：500Hz
適用スロート径：1.4インチ

[写真7-89] 805型マルチセルラーホーン

出力電圧：DC220V　最大出力電流：DC360mA
入力：AC105〜120V (180W$_{max}$)
使用真空管：5Z3 (2)
概略寸法：W19×D8・1/2×H5・1/4インチ

[写真7-90] 500系モニタースピーカーのフィールドコイル励磁用500型電源装置

種口径が揃っており，この中には後日活躍する口径15インチの15X型もありました．

ちょうど，映画産業が活発な時期で，地の利を生かして映画館や劇場でのトーキー映画用スピーカーの故障時の修理などを引き受けていたランシングの技術は，業界内で高く評価されていました．

1934年，興行成績の良かった映画会社MGM（Metro-Goldwyn-Mayer Studios）が，高性能のトーキー映画用スピーカーシステムの自社開発を決意し，開発プロジェクトを設立することになりまし

第7章　初期の広帯域再生用直接放射型スピーカーとエンクロージャー

801型ホーンドライバー

セル数：8（2×4）
概略寸法：W16·1/2×D12·1/2×H8·1/2インチ
指向角度：水平80°，垂直40°
適用クロスオーバー周波数：800Hz
適用スロート径：1インチ

808型マルチセルラーホーン

［写真7-91］　高音用の808型マルチセルラーホーンと801型ホーンドライバー

た．リーダー格のヒリアードは，早速ランシングに呼びかけて，このプロジェクトに参加させました．ヒリアードは，このプロジェクトで最も重要なホーンドライバーの開発をランシングに託することを考えていました．

開発目標の一つに，ベル電話研究所のウエントらが開発して「フレッチャーシステム」に使用されていたフェージングプラグ付きリアドライブ方式のホーンドライバー（594型の原型）と類似したホーンドライバーを作ることがありました．

結果的にはヒリアードの提案で，振動板面積が594型の1/2でありながら高性能な284型とともに，ベル電話研究所の特許を回避するためにフェージングプラグの構造の変えた285型という，2種のホーンドライバーを開発しました．これらは，MGMの「シャラーホーンシステム」を成功に導き，1936年にはトーキー映画用スピーカーシステムを完成させることができました．この功績によってランシングは高く評価され，一躍有名になりました．

一方，ランシングは1936年に，シャラーホーンシステムの音質を継続した映画編集スタジオ用の小型音声モニタースピーカーシステムを自社で開発する余力も持っていました．

最初に開発したのは，500-A型，500-B型および500-D型の非同軸型複合型2ウエイオールホーンスピーカーシステム3機種です（写真7-86）．

これら500系の低音部エンクロージャーは，シャラーホーンシステムと同じ構造を小型化したW形フォールデッドフロントロードホーンで，自社の低音用口径15インチユニットを改良した15Xs型（写真7-87）が2台搭載されました．また，高音部は，MGMのプロジェクトで開発した284型ホーンドライバー（写真7-88）を使用するため，スロート径1.4インチ用の8セルのマルチセルラーホーン805型（写真7-89）を開発して搭載しました．

フィールドコイルの励磁用電源には，整流管5Z3を2本使用した500型（写真7-90）を自社開発して使用しました．

500系は，低音部のホーン開口部が小さいために再生帯域は80～10000Hzで，クロスオーバー周波数500Hz，入力30Wで，1200席くらいのシアターに適応する再生能力を持っていました．しかし，モニター用として使用するにはまだ大きく，低音再生に不満があり，MGMのプロジェクトメンバーであったブラックバーン（J. F. Blackbum）といった関係者の評価意見と助言を参考に，ランシングは低音部を位相反転型のエンクロージャーに変更することにしました．

また，ランシングは，振動板面積を284型や285型のさらに半分（振動板径1·3/4インチ）に小型化した高音用ホーンドライバーとして，特許に抵触しないようラジアルスリットのフェージングプラグを付けた801型コンプレッションホーンドライバーを開発しました[7-66]．同時にスロート径1インチの新しく8セルのマルチセルラーホーン808型を開発し，これと組み合わせて800Hz以上を再生する高音用スピーカー（写真7-91）を完成させました．

102

7-7-2 ランシングの「アイコニック」非同軸型複合2ウエイスピーカーシステム

1937年，ついにランシングは中型クラスの広帯域再生用の非同軸型複合2ウエイ方式スピーカーシステムを完成させることができました．完成した非同軸型複合2ウエイ方式のスピーカーシステムは，低音部に位相反転型（ランシングは「レゾナントバッフル」と呼んだ）エンクロージャーに，これにマッチした新しい口径15インチの815型低音用スピーカー（**写真7-92**）を開発して搭載したものでした．フィールドコイルは1600Ωで，励磁電圧はDC220Vです．高音部は，ホーンドライバー801型と808型マルチセルラーホーンを組み合わせたものでした．クロスオーバー周波数は800Hzで，直列型－12dB/octの800型ネットワーク（**写真7-93，図7-65**）を使用しています．

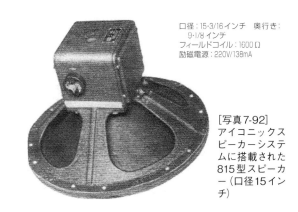

[写真7-92] アイコニックスピーカーシステムに搭載された815型スピーカー（口径15インチ）

[写真7-93] 812型アイコニックスピーカーシステム用800型ネットワーク

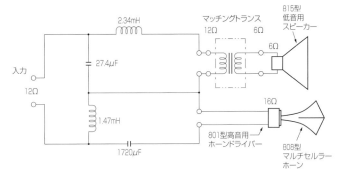

[図7-65] 800型ネットワークの回路

[写真7-94] 1937年に完成した初期型の812型アイコニックスピーカーシステム[7-71]

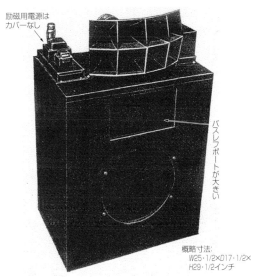

[写真7-95] 外観が変更された812型アイコニックスピーカーシステム（広告に掲載されたもの）

第7章 初期の広帯域再生用直接放射型スピーカーとエンクロージャー

こうして1937年に，非同軸型複合2ウエイスピーカーシステム812型は完成しました．そしてランシングは，このスピーカーに「アイコニック（Iconic；聖像画）」の商品名を付与しました．外観は最初，写真7-94のように，バスレフポートの開口孔は小さいものでした．この外観はランシング・マニファクチャリングの広報資料や雑誌広告にも掲載されています．これが，中型クラスの業務用非同軸複合型の高性能モニタースピーカーシステムの最初の製品となりました．

しかし，その後の広報資料では写真7-95のように，バスレフポートの開口が大きくなり，フィールドコイルの励磁用電源のカバーがないものに変わっています．

この時点の820型励磁用電源は，出力電圧は310Vになり（500型は220V），図7-66のように低音部と高音部を直列接続しています．電源側はDC310Vで，それぞれのコイルに規定の電圧が配分されるようにフィールドコイルインピーダンスを設定して，DC138mAが供給されるようになっています．

1939年には，バッフル面にネットを張った新しい外観（写真7-96）に改良され，図7-67に示すようなエンクロージャーとなりました．ここまでの3タイプの型名は，すべて同じ812型アイコニックで，ほかに駆動用アンプを内蔵した814型と814-S型が作られました．また，キット製品も販売されました．

この812型アイコニックは，米国のNBC，CBSなどでプレイバックモニタースピーカーとして活躍しただけでなく，著名なギタリストのレス・ポール（Les Paul）も，スタジオの壁にかけて愛用していたことで知られています（写真7-97）．

一方，民生用を狙ったデザインのコンソール型の製品は，1937年に810型（写真7-98），続いて1939年に816型（写真7-99）の2機種を開発しました．

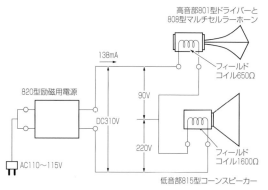

[図7-66] 812型アイコニックスピーカーシステムのフィールドコイル励磁用電源からの電源供給

概略寸法：W25·1/2×D17·1/2×H29·1/2インチ

[写真7-96] 前面の外観を改良した812型アイコニックスピーカーシステム（1939年）

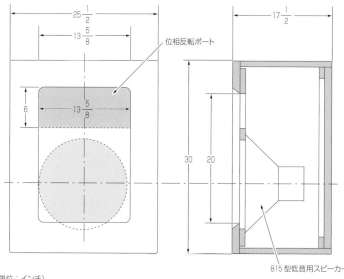

（単位：インチ）

[図7-67] 812型「アイコニック」スピーカーシステムの低音用エンクロージャーの概略構造寸法図

7-7 初期の非同軸型複合方式スピーカー

[写真7-97] レス・ポールが自分のスタジオでモニターとして使用していた812型アイコニックスピーカーシステム

概略寸法：W31×D19-1/2×H43-1/2インチ
[写真7-98] 民生用810型アイコニックスピーカーシステム（1937年）

概略寸法：W34×D20×H35インチ
[写真7-99] サロンタイプの民生用816型アイコニックスピーカーシステム（1939年）

後者の816型は，駆動アンプをビルトインした817型と817-S型が商品化され，通信販売会社のルートで全米に販売しました．

このアイコニックスピーカーシステムは，ランシングがこよなく愛した製品で，彼が1941年にアルテック・ランシングの副社長に就任した後も，この新会社で812型と816型を販売し，1943年にはユニットをパーマネント型にした812-PM型と816-PM型を商品化しています．

また，このアイコニックスピーカーシステムはアルテック・ランシングの技術的母体となって，1949年には800型が開発されるなど，基幹製品としての役割を果たしました．

その後，1946年にランシングがアルテック・ランシングを退社した後，自分で設立した会社で再度アイコニックスピーカーに取り組み，販売しようと計画しました．しかし，このスピーカーの商品名や権限は，アルテック・ランシングに入社する際に譲渡していたため，逆に警告を受け，使用・販売できませんでした．このため，ランシングはとうとうアイコニックの商品名を後期のJBLでは使用することなく終わってしまいました．

7-7-3　WEの700系統非同軸型複合スピーカーシステム

WEが1940年ごろから開発を開始した中型クラスの非同軸型複合スピーカーシステムとして700系統があります．民生用ではなく，FM放送用機器の設備の一環として使用する業務用で，高品位再生用を目指したモニタースピーカーシステムでした．

700系統は，ベル電話研究所のホプキンス（H. F. Hopkins）が中心となって，トーキー映画用スピーカーシステム用，劇場などの音響設備用などを含めた多用途に使用できるスピーカーユニットとホーンとして開発されたもので，これについては第5章10項で詳述しました．

このユニットを搭載したのが753シリーズのモニタースピーカーシステムで，753A型，753B型，753C型があります（表7-3）．エンクロージャーの外観は3機種ともに写真7-100で，寸法や意匠は同じですが，スピーカー構成とバッフル板の配置が違っています．

この3機種で，広帯域再生に優れていたのは非同軸型複合2ウエイの753C型でした．高音用ホーンドライバーはホプキンスが新設計した振動板径2-1/16インチのリアドライブのコンプレッションドライバー713系（図7-68）で，これを新開発のL

[表 7-5] WE のスタジオモニター用非同軸複合型スピーカーシステムの概略仕様

型名	753A	753B	753C	757A
開発年	1940	1940	1940	1946
再生周波数〔Hz〕	60～15000	60～6500	60～15000	60～15000
ボイスコイルインピーダンス〔Ω〕	16	16	16	4
構成	3ウエイ	2ウエイ	2ウエイ	2ウエイ
低音	KS-12004型（15インチ）	KS-12004型（15インチ）	KS-12004型（15インチ）	728B型（12インチ）
中音	722A型ドライバー 32A型ホーン	—	—	—
高音	752A型	722A型ドライバー 32A型ホーン	713A型ドライバー 32A型ホーン	713C型ドライバー KS-12027型ホーン
ネットワーク	D173049/D173048	D173048	D173048	702A型

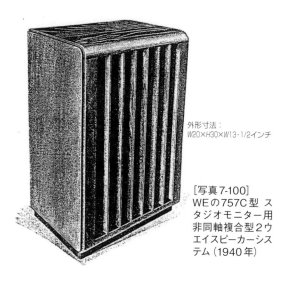

[写真7-100] WEの757C型 スタジオモニター用非同軸複合型2ウエイスピーカーシステム（1940年）

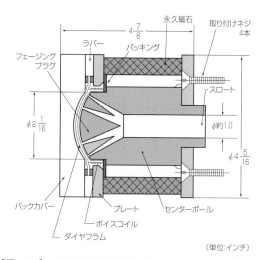

[図7-68] WEの713系のコンプレッションホーンドライバーの概略構造寸法

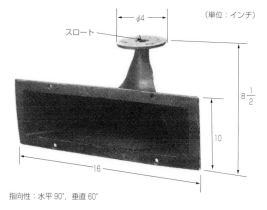

[写真7-101] 700系統用に開発された32A型ホーンの形状と概略寸法

字形に屈曲した32A型ホーン（**写真7-101**）と組み合わせて搭載しました．

1946年ごろに後継機種として開発されたのが，757A型非同軸複合型2ウエイスピーカーシステムです．**写真7-102**のように横幅の広い形状で，高さ20インチ，幅30・1/2インチ，奥行き13・3/4インチと，753系統を横置きにしたような寸法です．**図7-69**に示すように，高音部は屈曲したホーンのKS-12027型と713C型ホーンドライバーを組み合わせて搭載し，低音部は728B型12インチスピーカーが使用されています．

その後，WEはスピーカー関係の製造をアルテッ

7-7 初期の非同軸型複合方式スピーカー

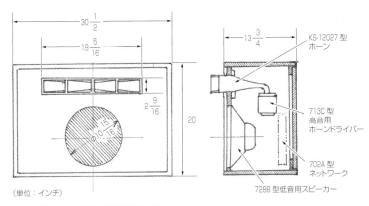

[図7-69] 757A型の概略構造寸法

[写真7-102] 開発した757A型スタジオモニター用スピーカーシステム（1946年ごろ）

[写真7-103] アルテック・ランシングの844型非同軸複合2ウエイスタジオモニタースピーカーシステム（1965年）

ク・ランシングに譲渡したため，このモニタースピーカーシステムの流れとしては，1965年にアルテック・ランシングが後継機種の844A型を開発しました（**写真7-103**）．そしてこのシリーズのモニタースピーカーシステムは長く継続されました（第15章6項参照）．

7-7-4　テレフンケンのELaS401型非同軸型複合スピーカーシステム

欧州では，米国の動向とは別に，1935年にテレフンケン（Telefunken）が，低音用と高音用にコーン型スピーカーを使用した非同軸型複合2ウエイスピーカーシステムを開発しました．

テレフンケン報告書NR.74/Seite 31によると，初期のユニットはフィールド型（**写真7-104**）でし

たが，日本に輸入されNHK放送博物館に所蔵されているELaS401型は，低音用にパーマネント型のElaL35型が搭載されています（**写真7-105**）．高音用は口径7インチのコーン型スピーカーで，アルミ製の大きなディフューザーが付いていて，初期のものと同じようです．

図7-70のように，当時の欧州ではL型アングルで立てる形態のバッフル板にユニットを配置し，壁やウイングに取り付けて使用するのが一般的で，エンクロージャーにユニットを収容したものは少なかったようです．

このスピーカーは，わが国でも音質評価は高く，放送業務用のモニタースピーカーとして使用されたようです．

107

第7章 初期の広帯域再生用直接放射型スピーカーとエンクロージャー

[写真7-104]
テレフンケンが初期に開発したELaS401型非同軸複合2ウエイスピーカーシステム

[写真7-105]
日本に輸入されたELaS401型2ウエイスピーカーシステム（NHK放送博物館蔵）

　このように，1940年代以降，広帯域再生スピーカーシステムとして非同軸複合方式が広く普及し，近年に至っては，高性能スピーカーシステムの大部分がこの形式を採用しています．
　また，同軸型複合方式は取り扱いに便利で，コンパクトに使用できることから，市場に根強く残っています．

7-7 初期の非同軸型複合方式スピーカー

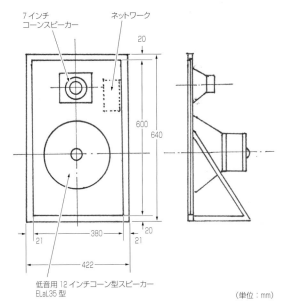

[図7-70] ELaS401型の概略構造寸法

参考文献

7-1) 日本特許公告11108号（1925年）

7-2) C. W. Rice and E. W. Kellogg：Notes on the Development of a New Type of Hornless Loud Speaker, *A. I. E. E.*, April, 1925

7-3) Gilbert A. Briggs with R. E. Cooke：*Loudspeakers*, Bradford：Rank Wharfedale, 5th ed., 1958（1st ed., 1948）

7-4) Harry. F. Olson：*Acoustical Engineering*, D. Van Nostrand, 1957

7-5) ditto

7-6) L. L. Beranek：Acoustics, McGraw-Hill Book, 1954, p. 221

7-7) 米国特許1,869,178号（1930年出願）

7-8) 米国特許1,969,704号（1934年出願）

7-9) C. E. Hoekstra：Vented Speaker Enclosure, *Electronics*, March, 1940

7-10) C. T. Chapman：Vented Loudspeaker Cabinets, *Wireless Would*, Oct. 1949

7-11) 中島平太郎, 山本武夫：位相反転型スピーカー・キャビネットの設計法, NHK技術研究, 第27号, 1956年8月

7-12) R. H. Small：Vented-Box Loudspeaker Systems,（Part-1）*J. A. E. S.*, No. 5, Jun. 1973,（Part-2）*J. A. E. S.*, No. 6, July 1973,（Part-3）*J. A. E. S.*, No. 7, Aug. 1973,（Part-4）J. A. E. S., No. 8, Sep. 1973

7-13) H. F. Olson：*Acoustical Engineering*, D. Van Nostrand, 1957

7-14) H. F. Olson：Direct Radiator Loudspeaker Enclosure, *J. A. E. S.*, Vol. 17, No. 1, 1950

7-15) 三井物産陳列所：RCAラジオラ104号高声器（広告）, ラヂオの日本, 1927年9月号

7-16) An American Hornless Loudspeaker, *Wireless World*, 12th, Aug. 1925

7-17) The R. K. Loudspeaker, *Wireless World*, 8th, Dec. 1926

7-18) N. W. McLachlan：*Loud Speakers*, Dover Publications, 1934

7-19) マックラハラン著, 中井将一訳：拡声器, コロナ社, 1935年4月

7-20) 例えば, A. R. Turpin：A Cabinet Moving-coil Loud Speaker, *Wireless World*, Aug. 1927

7-21) 例えば, F. H. Haynes：Coil Drive Loudspeaker, *Wirless World*, Sept. 1927

7-22) F. R. W. Stafford：*Wireless Engineer*, May 1933

7-23) H. F. Olson：Multiple Coil, Multiple Cone, J. A. S. A., April 1939

7-24) 英国特許278,098号（1927年）

7-25) 英国特許331,209号

7-26) 英国特許413,758号

7-27) 英国特許435,042号

7-28) Goodmans Infinite Baffle Loud Speaker, *Wireless World*, June 1940

7-29) P. G. A. H. Voigt：Loud Speaker Curves and their Interpretation, *Wireless World*, Dec. 1932

7-30) Loud Speaker Response Curves, *Wireless*

World, May 1935

7-31）W. N. Weeden：Tracing Loud Speaker Curves, *Wireless World*, May 1938

7-32）Some Representative Loudspeakers and their Curves, *Wireless World,* March 1935

7-33）H. F. Olson and Frank Massa：A Compound Horn Loudspeaker, *J. A. S. A.,* July 1936

Frank Massa：Loudspeakers for High-Fidelity Large Scale Reproduction of Sound, *J. A. S. A.,* Oct. 1936

7-34）H. F. Olson：Multiple Coil, Multiple Cone Loudspeakers, *J. A. S. A.,* April 1939

7-35）米国特許2,318,517号

7-36）米国特許2,439,666号

7-37）米国特許1,907,723号

7-38）米国特許1,965,405号

7-39）米国特許2,077,170号

7-40）The Loud Speaker, *Wireless World*, 10th Aug., 1934

7-41）青山嘉彦，北沢正人：英国製新型可動線輪型高声器の構造と特性について［Ⅴ］Blue-Spot super-dual高声器，技術参考資料第29号，日本放送協会技術研究所，1937年8月

7-42）Modern Loudspeaker, Wireless World, Dec. 1934, p. 484

7-43）青山嘉彦，北沢正人：英国ホワイトレー会社製ステントリアンデュプレックス高声器試験成績，日本放送協会技術研究所，1938年9月

7-44）*High Fidelity*, April 1976

7-45）L. L. Beranek：Loudspeaker and Microphones, *J. A. S. A.,* Sept., 1954

7-46）D. J. Plach and P. B. Williams：A New Loudspeaker of Advanced Design, *Audio Engineering,* Oct. 1950

7-47）中島平太郎：内外の著名スピーカーの特性を調べてみて，無線と実験，1949年

7-48）J. B. Lansing：The Duplex Loudspeaker, *J. S. M. P. E.,* Sept. 1944

7-49）J. B. Lansing：New Permanent Magnet Public Address Loudspeaker, *J. S. M. P. E.,* 1946

7-50）森本雅記：604同軸型スピーカーユニットの歴史，MJ無線と実験，2005年3月号

7-51）H. F. Olson and J. Preston：Wide Renge Loudspeaker Developments, *RCA Review*, Vol. 7, No. 2, 1946

7-52）H. F. Olson, J. Preston and D. H. Cunningham：DUO-Cone Speaker, RCA Review, Dec. 1949

7-53）H. F. Olson and J. Preston：A New Line of Hi-Fi Speakers, Radio & Television News, Feb. 1954

7-54）H. F. Olson, J. Preston and E. G. May：Recent Developments in Direct-Radiator High-Fidelity Loudspeakers, Journal of the A. E. S., Vol. 2, No. 4, Oct. 1954

7-55）米国特許2,426,948号

7-56）米国特許2,734,591号および米国特許2,815,823号

7-57）スイス特許227181号

7-58）Martin Schidbach：Headphones and Loudspeakers, 94th AES Convention, Berlin, March 1993

7-59）Stephens Tru-sonic Model 206AX, *High-Fidelity*, June 1954

7-60）Electro-Voice 15TRX Speaker, *High-Fidelity*, June 1954, p. 76

7-61）A. B. Cohen：HiFi Loudspeaker Design, *Radio & Television News*, Dec.1952

7-62）Bozak B-207A 2way Speaker, *High-Fidelity*, Oct. 1954

7-63）GE 12" Golden Co-ax Speaker AI-401, *Hi-Fi Equipment Year-book* 1957

7-64）Plessey 15-in Dual High-quality Loudspeaker, *Wireless World*, July 1957

7-65）http：//www.audioheritage.org/より

7-66) 佐伯多門：スピーカー技術の100年　コンプレッションホーンドライバーとJ. B. ランシング (2)，MJ無線と実験，2015年6月号

第8章

日本のスピーカーの誕生から終戦（1945年）まで

8-1　日本のスピーカーの黎明期

　日本のスピーカー誕生にはさまざまな背景がありますが，ここでは最初に明治時代の日本の電気関連会社の生い立ちをたどりながら，スピーカー誕生に至るまでのルーツの部分について述べます．

　1883年，わが国の最初の重電機工場として設立されたのは三吉工場で，直流発電機を製造し，東京銀行に初めて白熱電灯を灯しました．そして，1887年に東京電灯会社が誕生し，送電を開始しました．

　また，1893年には三井銀行の支援で芝浦製作所が創立され，1909年には米国のGE（General Electric）と技術提携を結びました．同社は後にライスとケロッグが発明したR&K型ダイナミックスピーカーの日本での特許[8-1]の管理業務を代行し，多大な影響力を持ちました．また，「マツダ」のマークを使用した真空管を製造していた東京電気株式会社と合併し，1939年に東京芝浦電気（現・東芝）になりました．

　一方，日立製作所は，日立鉱山の修理工場から1910年に発足，三菱電機は三菱造船の電機製作所から1921年に発足，1923年にWH（Westinghouse Electric and Manufacturing Company，ウェスティングハウス電機製造会社）と技術提携し，主として強電関係の技術導入をさかんに行いました．

　家庭用電気製品という面では，松下幸之助によって1918（大正7）年に創業した松下電気器具製作所（現・パナソニック）が，1937年にスピーカーの製造を開始，早川徳次が1924年に創業した早川金属工業研究所（現・シャープ）は，1929年ご

ろにスピーカーの製造を開始しています．

　日本におけるオーディオは，1904（明治37）～1905年の日露戦争終結後の1909年に，日米蓄音機製造が国産初の円盤レコード（片面）を製造したころに始まり，その後第1次世界大戦（1914～1918年）がありましたが，その影響は少なく，日精蓄音器（横浜），大阪蓄音器（大阪），東京蓄音器（東京），弥満登音影（東京），東洋蓄音器（京都）など，続々と設立されました．

　また，RCAビクター系では，1927（昭和2）年に設立された日本ビクター蓄音器がレコードの輸入を開始し，1928年には国産プレスのレコードを発売，海外からの動向に追随するかのように国産化が進みました．

　日本のスピーカー事業は，国内での放送開始に伴うラジオ受信機の普及で，スピーカーの需要が増加したことで急速に発展しました．日本のラジオ放送は，米国WHが1920年に世界最初の放送を開始してから4年遅れた1924（大正13）年3月，東京放送局（JOAK）が芝浦の仮放送所から試験電波を発射し，その年の7月に愛宕山から本放送を開始したことに端を発します．また，1925年には大阪放送局（JOBK）と名古屋放送局（JOCK）でも放送を開始しました．そして，これを統一した日本放送協会（NHK）が1926年8月に設立されました．

　ところが，これを受信するラジオ（無線電話機）は，1916（大正5）年に公布された逓信省令第50号電気用品試験規則のために，型式証明を受けなければ製造することができませんでした．この法令では，電気用品の型式証明を受けると，官報に告示されるようになっていました．

　電気用品としてスピーカーが最初に逓信省の型式証明を受けたのは1924年で，**表8-1**の機種があ

形式 証明番号	発行日	内容 （スピーカー）	申請者
第37号	1925年4月10日	クリヤフォンA型	クリヤフォン会社（東京）
第41号	1925年4月20日	マグナボックスR-3型	芦田健　アシダカンパニー（大阪）
第46号	1925年5月8日	RCAラジオラU21325型	東京電気（川崎）
第47号	1925年5月8日	テレフンケンFH-329型	日本無線電信電話（東京）
第48号	1925年5月8日	スターリングベビー高声器	田辺綾夫　田辺商店（東京）

[表8-1]
ラジオ放送開始当時の逓信省の形式証明済みスピーカー一覧（官報より）

[写真8-1] マグナボックスのテレメガホンPAシステム
(a) 増幅器がない時代のPAシステム
(b) レコードが電気再生できなかった時代のPAシステム

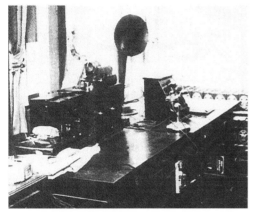
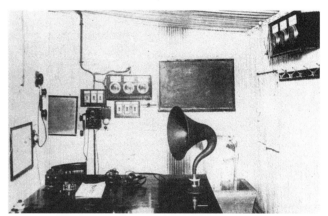

(a) 東京愛宕山に設置されていた放送設備（写真提供：NHK放送博物館）
(b) 大阪三越呉服店屋上に設置された放送設備[8-4]

[写真8-2] 放送局に付属品として輸入されたモニタースピーカーの使用例

りましたが，すべて輸入商品でした．

こうした制度は1925年まで続きましたが，この年の10月以降にはなくなったようです[8-2]．その影響で，商社による海外からの輸入や，国内での生産が活発になりました．

しかし，多くの商品の中には粗悪品もあり，知識のない一般の人は，高額商品を購入するに当たって，性能品質が水準にあるか否か，その信頼性の裏付けを求めました．

このためNHKでは1928年から，提出された見本品の認定試験を行い，条件を満足したラジオ受信機を認定品として公表するように指導しました．このおかげで，販売店も業者も認定品を販売することで，粗悪品の撲滅に効果を上げました．

こうして日本のスピーカーメーカーは，米国，欧州で製造された拡声器用スピーカー，ラジオ送信機の付属品のモニター用スピーカー，ラジオ受信器用スピーカーなどのさまざまな用途のスピーカーを入手して，スピーカーの構造の違いや音質の違いなどを体験的に学びながら，その模倣品を製作することから始まりました．

日本に最も早く登場した輸入スピーカーは，1920年ごろ，今日の「電気メガホン」に相当するカーボンマイクとホーンスピーカーを組み合わせた拡声器です．**写真8-1**は，1920年に製作されたマグナボックスの「テレメガホン（Telemegafone）」PA（Public Address）システム[8-3]でした．これは品川駅や明治神宮の競技会場で，しばしば使用されたと言

われています．まだ，真空管による増幅のアンプが出現する以前のことで，当時としては最先端の機器を使用したことになります．しかし，まだこの段階では用途も少なく，国産の開発品や模倣品を作る段階ではありませんでした．

日本でラジオ用スピーカーとして最初に登場したのは，ラジオの試験放送が開始された1924年ごろからで，輸入された送信機の付属品のモニター用スピーカーと思われます（写真8-2）．

受信者側では，最初は鉱石ラジオにレシーバー（ヘッドフォン）という組み合わせが多く，乾電池を使用した2球式ラジオ受信機などが使用されるようになって，初めてラッパ型スピーカーが使われ，順次高性能化の方向に進展しました．このころ創刊された日本の無線技術誌は，『ラヂオ』が1922年で最も早く，次いで『無線と実験（現・MJ無線と実験）』が1924年，1925年には『ラヂオの日本』があり，これらの雑誌の創刊を機会に，ラジオ受信機を自作する人が増え，技術誌は指導的役割を果たしてきました．

当時は，輸入された高価な受信機本体と組み合わせるスピーカーの音質が受信機の総合的な評価を左右するため，人気のあるスピーカーは価格を高くしていたようです．このため輸入商社はスピーカーの価値に着目し，資金を提供して小さい工場で模倣品のスピーカーを安く製作させ，これを輸入した受信機と組み合わせて販売するという手段を考えたようです．このおかげで，町工場的な小さいスピーカー工場が誕生し，その中から次第に力を付けて本格的なスピーカー工場に育った会社も出てきました．こうして，日本のスピーカー産業は産声を上げました．

研究熱心な学識者は，渡航して海外の技術を学び帰国していち早く生産したり，海外の技術雑誌などを通じてスピーカー製作記事を収集したりして，類似品を製作するようになりました．そして，スピーカー専門工場としての企業が生まれ，需要に対応した，技術的にも優れた製品が作れるようになりました．

もう一つの流れが資本力です．海外のメーカーと技術提携してスピーカー技術を導入し，発展するわが国の施設に対応した業務用スピーカーの設計，生産の体制を整えたメーカーもあります．

大学では，スピーカー工学よりももっと関連の広い音響工学として研究する要素が多く，海外の研究機関などに留学して，新しい技術の導入に力を注いでいました．

一方，逓信省の電気試験所や中央放送局（後のNHK）の技術研究所では，海外の特徴あるラジオ受信機を購入し，その技術に関連してスピーカーの技術動向調査や製品の分析などを行い，技術資料として発行し，業界の指導的役割を果たしてきました．

このように日本のスピーカー産業の誕生前夜には，さまざまな面からの胎動がありましたが，日本製スピーカーとして公言するには特許問題などあったため，黎明期には水中下の動きが多く，その中からいくつかのメーカーが次第に頭角を現してきました．以下にそれぞれ項目を設けて述べます．

8-2 黎明期に輸入されたスピーカーの機種とその販売で活躍した代表的輸入商社

国内のラジオ放送開始後，ラジオ受信機の需要は急激な増加に対応して，輸入ビジネスが活発化し，輸入商社や総代理店などが数多く創設されました．主として米国，欧州から製品を輸入して販売しました．その当時の代表的な商社には，田辺商店，アシダカンパニー，ローラ・カンパニーがあります．

8-2-1 田辺商店

1924年に東京・神田に店を構えた田辺商店（田辺綾夫）は，英国のスターリング（Sterling）（図8-1）の「オーディボックス（Audivox）」「ドーム（Dome）」「ベイビー（Baby）」を輸入して販売（図8-2）しました[8-4]．

中でも，電気スタンドのようなドーム（写真8-3）は珍しい形のデザインであり，「オーディボックス」は，1920年代に欧州で起こったアールデコ芸術運

8-2 黎明期に輸入されたスピーカーの機種とその販売で活躍した代表的輸入商社

[図8-1] スターリングのロゴマーク

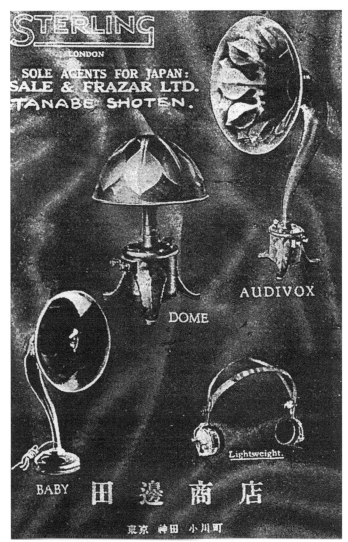

[図8-2] 田辺商店が輸入した機種の広告例（『無線と実験』1925年2月号より）

[写真8-3] 電気スタンドタイプの「ドーム」ホーンスピーカー（1924年ごろ）．ホーンドライバーを上向きにし，傘形の反射板で音を折り曲げて放射する

　動の影響を受けた花模様がホーン開口面のゴールドの下地に描かれたデザインで，非常に特徴のあるラッパ型マグネチックスピーカー（**写真8-4**）でした．

　ところが，電灯線を使用したエリミネーター付きラジオの普及に伴なって，出力の大きい出力管が開発され，スピーカー事情が変わってきました．これまでスピーカーは感度（能率）を高めることが求められていましたが，可動鉄片（リード）型では，入力の増大によって振幅が大きくなりすぎ，大きい音ではビリ付きが生じるようになりました．このため可動鉄片型は敬遠されるようになり，平衡接極子

[写真8-4]
花模様の入った「オーディボックス」小型ホーンスピーカー（安西和夫氏蔵）

117

第8章 日本のスピーカーの誕生から終戦（1945年）まで

[図8-3] マグナボックスのロゴマーク．ラテン語 Magnavoxを英語にするとGreat Voiceとなる

[表8-2] 日本で発売されたマグナボックスのスピーカーの製品系列

分類	製品	口径〔インチ〕	仕様	輸入年
ホーン型	R-2	ホーン	ダイナミック型	
	R-3	ホーン	ダイナミック型	1925
	R-4	ホーン	ダイナミック型	
	M-3	ホーン	マグネチック型	
	M-4	ホーン	マグネチック型	
小口径	165	5		
	135	5		
	195	5		
DC励磁型	150	6・1/2	2500Ω	1932
	154	8・1/4	2500Ω	
	152	10	2500Ω	
	158	8・1/4	154型のフィールドを大型化	1930
	160	10	152型のフィールドを大型化	1934
	162	12	フィールドを大型化	
	132	12	143型の改良	
	302	12	カーブドコーン	
	305	15	1000/30000Ω	
	143	11・1/2	コーンガード付き	1933
薄型	146	6	薄型2500Ω	
	188	8		
永久磁石型	250	6	パーマネントコバルト磁石	
	254	8・1/4	パーマネントコバルト磁石	
	252	10	パーマネントコバルト磁石	
AC励磁型	401AC	12	亜酸化銅整流器	1929
	305AC	15	280型整流管	
	302AC	12	280型整流管	
	312AC	12	80型整流管	
	332AC	12	80型整流管	
	505AC	15	280型整流管，517AC型の新型	1934
	512AC	12	280型整流管	
	517AC	12	280型整流管	
	152AC	10	280型整流管	
	160C	10	280型整流管	
	132AC	12	280型整流管	
	162AC	12	280型整流管	
	143AC	11・1/2	280型整流管，$F_c=1000Ω$	

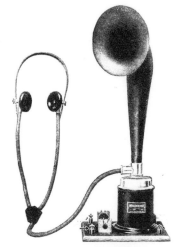

[写真8-5] 1919年ごろのラジオ受信機用ホーンスピーカー

[写真8-6] マグナボックスのR-2型ダイナミック型ホーンスピーカー（1920年）

[写真8-7] マグナボックスのバランスドアーマチュア型マグネチックスピーカー（NHK放送博物館蔵）

（バランスドアーマチュア）型の直接放射型スピーカーが使用されるようになり，その後に音質の良いダイナミック型スピーカーが登場して，市場は大きく変わっていきました．

田辺商店は，この変化によって輸入品に見切りを付けたのか，1930年ごろから国内で坂本製作所を使って生産を始めました．ブランド名は「Condor（コンドル）」で，国産のラジオ受信機「コンドル

8-2 黎明期に輸入されたスピーカーの機種とその販売で活躍した代表的輸入商社

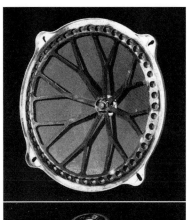

[写真8-8] 口径12インチの401型亜酸化銅整流器付きAC励磁型スピーカー（1929年，NHK放送博物館蔵）

[写真8-9] 口径11インチの143型パーマネント型ダイナミックスピーカー（1933年，NHK放送博物館蔵）

[写真8-10] NHKの放送用モニタースピーカーに使用された口径10インチの160型スピーカー（NHK放送博物館蔵）

360-D型」や「コンドル360-AD型」などの製品を販売し，活躍しましたが，最終的には東芝に吸収されました．

8-2-2 アシダカンパニー

大阪・東区にあった「アシダカンパニー」（芦田健）は，ダイナミック型スピーカーの元祖である米国「マグナボックス（Magnavox）」の製品を輸入する米国マグナボックス東洋総代理店として，1924年ごろから活動を開始しました．

マグナボックスの有名なライオンのマーク（図8-3）は日本でも好評で，同ブランドを代表する「R-3型」をはじめ，各種ダイナミックスピーカーを輸入販売しました．

その機種数は多く，系列概要を表8-2に示すように，著名な製品も多くあり，日本のスピーカーに多大な影響を与えました．

マグナボックスは，自社のダイナミック型ホーンドライバーがマグネチック型に比較して音質が良いことから，写真8-5のようなコンパクトなホーンスピーカーや，大きなホーンを取り付けたR-2型（写真8-6）を開発し，高い評価を得ました．

一方，他社との競争のために，珍しいバランスドアーマチュア型マグネチック型コーンスピーカー（写真8-7）も発売しています．

1929年には，ラジオ用ではなく一般拡声に使用する口径12インチのAC励磁型の401型ダイナミックスピーカー（写真8-8）を開発しました．1933年に発売された，コーン振動板の前に鉄の格子を設けたために通称「鉄仮面」と呼ばれていた口径11インチの143型ダイナミックスピーカー（写真8-9）は話題になりました．

日本で好評を得た代表機種は，口径10インチの160型（写真8-10）および口径8インチの158型（写真8-11）で，いずれも単一コーンフルレンジスピーカーです．これらは戦前のNHKの放送用モニター

119

第8章　日本のスピーカーの誕生から終戦（1945年）まで

[写真8-11]
NHKの放送用モニタースピーカーに使用された口径8インチの158型スピーカー（NHK放送博物館蔵）

[写真8-12]　室内拡声に用いられた口径12インチのAC励磁型の312AC型スピーカー

スピーカーとして使用されました．

　その後，室内拡声に使用するAC励磁型のコーン型スピーカーが多機種輸入されましたが，好評であったのは口径12インチの312AC型（**写真8-12**）でした．

　これらの機種は，日本のスピーカー開発の手本となり，多くの類似品が作られました．しかし，アシダカンパニーは第2次世界大戦中に製品を米国から輸入ができなくなったため，経営的な変革を迎えることとなり，芦田健は，技術系の師弟関係にあった柳川春雄に経営を移譲し，1942年に柳川が設立した「東京拡声器研究所」がアシダカンパニーを継承した形で活動を開始しました．そして，純日本的なパーマネント型ダイナミックスピーカーの開発という難関を突破する一方，戦中は中島飛行機の協力工場としてスピーカーを生産し，ピンチを凌ぎました．

　戦後の1947年，柳川は日本のスピーカー界の先覚者である社主の芦田健の名を冠した，国産スピーカーメーカー「アシダ音響」を創立し，今日に至っています．

8-2-3　ローラ・カンパニー

　もう一つ，海外からの輸入商社として著名な会社に「日米商会」（渡辺重夫）があります．この商社は神戸市にあって，米国ローラ（Rola）の代理店として活躍し，最初にラッパ型の「A型」（**写真8-13**）と，これより少し小型の「B型」を販売しました．価格は高かったのですが音質が良く，好評を得たため，この製造権を譲り受けて国産化して販売したようです．一方で，ローラC型マグネチック型コーンスピーカー（**写真8-14**）も輸入販売しました．

　この売れ行きに対して，「ヴィーナス」のブランドでスピーカーを製造していた高木鉄工所は，神玉商会の下請けとしてローラの模造品を「F2型」として1937年ごろまで販売したと言われています．これらの関係は不明ですが，市場では混乱があったようです．

　その後，日米商会は「ローラ・カンパニー」に社名を変更し，ラッパ型の将来を見越して，次の製品として，1929年にダイナミックコーン型スピーカーを輸入販売しました．

　ローラ・カンパニーには，業務用向けの室内拡声用のダイナミックコーンスピーカーのAC型励磁方式の機種もありました．これには**写真8-15**のようにセレン整流器を搭載したスピーカーや，整流管によるAC励磁式のローラR-AC型（口径11イン

8-2 黎明期に輸入されたスピーカーの機種とその販売で活躍した代表的輸入商社

[写真8-13] 1923年に輸入されたローラのA型ホーンスピーカー（安西和夫氏蔵）

[写真8-14] ローラのC型マグネチックコーンスピーカー（安西和夫氏蔵）

[写真8-15] 室内拡声用口径11インチのローラJ110型亜酸化銅整流器付きAC励磁式スピーカー（NHK放送博物館蔵）

[写真8-16] 整流管使用，口径11インチのローラR-AC型AC励磁式スピーカー

[写真8-17] 1935年に輸入された口径8インチのPM-8型パーマネントダイナミックスピーカー．永久磁石にタングステン鋼を使用

チ）スピーカー（写真8-16）がありました．

このように多くの機種を揃えるとともに，ローラ・カンパニーは，ラジオ受信機用や電気蓄音機用のシャシーやフォノモーター，ピックアップをオプションとして組み合わせ，価格に対応した高級機種をセットアップして販売しました．

時代の最先端の製品として輸入されたのが，口径8インチのパーマネント型ダイナミックスピーカ

ーPM-8型（写真8-17）でした．その大型の永久磁石は驚きをもって迎えられ，注目されました．

その後，ローラ・カンパニーはトーキー映画関係機器の販売へと進みました．

121

8-3 NHK技術研究所のラジオ機器認定制度

ラジオ放送の開始以来，受信加入者は急激に増加し，1926（大正15年）に成立した日本放送協会（後にNHKと略称．本書では戦前の日本放送協会も便宜的にNHKと表記）は，1931年には加入者数100万件を突破する状況で，ラジオ受信機の需要は大きく伸びました．

放送開始当初は，ラジオ受信機を海外から調達していましたが，国産化も急激に進みました．スピーカーにおいても，輸入品で需要に対応したのは初期の段階で，やがて国産スピーカーが誕生したのは当然の流れであろうと思います．しかし，その技術をどのように取得したのかは，特許に抵触する問題などから，その成果を発表することができなかったため，全貌を把握する記録資料が残っていません．

当時の輸入業者は，前述のようにラジオ受信機と別に組み合わされる外付けのスピーカーに目を付けて，国産の完全な類似品を作ることを考え，電気メーカーとは関係のない，器用な職人のいる町工場で製造させていたと思われます．このため，表立って国産品と呼べなかった製品が多々あったため，日本の国産スピーカーの歴史の最初は漠然としています．

その後，コーン紙やフレーム，ヨークなどの部品専門メーカーが関西方面を中心に発足し，これを集めて組み立てるアッセンブリーメーカーが増加し，需要に対応しました．こうした組み立てられたスピーカーには粗悪品も多く，これが市場に流れました．そのため国産スピーカーは，販売後に発生する不良問題やクレームによって，需要層から不信の目で見られていたため，業界としては購入者への信頼を取り戻すための品質管理が課題となりました．

こうした流れの中で注目されるのは，日本放送協会技術研究所（後のNHK技術研究所）が，聴取用受信機と部品に対して品質基準を定めた認定制度「ラジオ機器認定試験」を1928年から開始したことです．そして，試験に合格した製品には認定品として協会認定マーク（図8-4）を付けて差別化しました．

NHK技術研究所は，1930年6月に新しい建屋（写真8-18）を建設し，防音室でレイリー盤を使用して，スピーカーなどの音響的な特性の測定を行うなどによって品質基準に鋭い目を光らせるとともに，合格した後も認定機器監査試験を行い，品質低下を防ぎました．

それだけに，認定を受けたメーカーは優れた技術力と完成度の高い製品を作る実力を持つメーカーと評価され，信用を高めました．ユーザーにとって，安心して購入できる受信機やスピーカーの保証として，大きな成果を上げました．

当時の認定リストを見ると，黎明期に活躍した日本のスピーカーメーカーを知る手がかりとなり，当時のスピーカーメーカーの実力が垣間見えてきます．1928年の最初の認定品リスト（表8-3）と1931年の認定品（表8-4）を見ると，当時のメーカーと機

(a) 1928年から

(b) 1935年ごろから

[図8-4] 日本放送協会の認定マーク

[写真8-18] 1930年6月に開所した日本放送協会技術研究所

8-3 NHK技術研究所のラジオ機器認定制度

[表8-3] 1928年度の日本放送協会認定ラジオ機器（高声器の部）

(a) ホーン（ラッパ型）スピーカー

品名型名	交流抵抗〔Ω〕(1000Hz)	外形寸法 高さ×口径〔cm〕	製造者名
ダイヤモンド1号型	18000	47×26.8	山中無線電機製作所
ジュノラH2号型	16000	49.5×28.0	芝浦製作所
フラワーボックスNHC型	20000	48.5×28.0	七欧無線電気商会
フラワーボックスNH2型	18000	46.0×28.0	七欧無線電気商会
フラワーボックスNH5型	19000	24.0×16.0	七欧無線電気商会
フラワーボックスNH6型	33000	28.0×26.2	七欧無線電気商会
フラワーボックスNH7型	12000	43.3×22.8	七欧無線電気商会
テレフンケン クライン	23000	33.7×19.7	日本無線電信電話（株）
ダイヤモンド3号型	11000	47.0×29.3	山中無線電機製作所

(b) 直接放射型（マグネチックコーン）スピーカー

品名型名	交流抵抗〔Ω〕(1000Hz)	外形寸法 高さ×幅〔cm〕	製造者名
ワルツ1号型	13000	30.5×34.5	村上研究所
センター 30号型	12000	口径23	島製作所
ワルツ25号型	11000	口径23	村上研究所
テレビアン25号型	7000	25.5×25.0	山中無線電機製作所
テレビアン18号型	15000	30.5×31.8	山中無線電機製作所
コンドル	16000	口径23	田辺商店
ニプコーン	10000	27.0×29.0	日本無線電信電話（株）

[表8-4] 1931年度の日本放送協会認定ラジオ機器（高声器の部）．1931年10月から1932年9月までの1年間．ホーンスピーカーはなし

品名型名	交流抵抗〔Ω〕(1000Hz)	売価〔円〕	製造者名	
テレビアン25型（外箱入）	7000	12.00	東京	山中無線電機製作所
ハドソン8号型	12000	5.00	東京	湯川電機製作所
センター 50号型	14000	6.50	大阪	島安太郎
オリオン20号型	15000	6.00	大阪	戸根源製作所

種が明確となり，そのブランド名とともに技術力も知ることができます．

ホーン型では，「ダイヤモンド」ブランドの山中無線電機製作所（山中栄太郎），「ジュノラ」ブランドの芝浦製作所，「フラワーボックス」ブランドの七欧無線電気商会（七尾菊良）があります．また，直接放射型のコーン型では，「ワルツ」ブランドの村上研究所（村上得三），「センター」ブランドの島製作所，「テレビアン」ブランドの山中無線電機製作所があります．また「コンドル」ブランドの田辺商店は，坂本製作所で製作したものを販売（前述），「ニプコーン」ブランドは日本無線電信電話株式会社（JRC）が販売していました[8-5]．

1931年には「オリオン」の戸根源製作所（戸根源輔），「センター」のセンター電機製作所（松沢和市），センター電機製品の販売は島商会（島安太郎），「ハドソン」の湯川電機製作所など，新しいメーカーの顔が認定品として登場してきました[8-6]．

NHK技術研究所は，こうした国産のラジオ機器の認定試験を行うとともに，一方で世界のラジオ機器の動向を調査し，多くの分析資料を公表し，日本の技術レベル向上の中心的役割を果たしました．

123

8-4 三田無線電話研究所の「デリカ」スピーカー

商標「デリカ」で著名な三田無線電話研究所（茨木悟）は，国産スピーカーを最初に生産したメーカーです．

茨木悟は，1920年ごろ，ラジオ放送が始まったばかりの米国に留学し，ラジオ受信機技術の研究や調査を行い，それを日本に持ち帰り，早速東京の芝区三田小川町1番地に1924年に事業所を開設し，事業を開始しました．こうして設立されたのが三田無線電話研究所で，茨木は，日本のラジオ受信機の草分け的存在の人となりました．スピーカーにおいても発明特許[8-7]をいくつか持っており，1926年に『無線と実験』[8-8]誌上で，製作面からみた最新のスピーカーの動向を解説するなど，受信機の開発のみならず，スピーカー技術にも精通していました．

ラジオ受信機用のスピーカーの最初の製品として，1925年に陣笠スタイルをイメージしたマグネチックスピーカー「ファミリーコン」が発売され，1927年には「メロヂコン」が発売されました（写真8-19）．これらは，海外製のクロスレーの「ミュージコン（Musicone）」（1925年）に類似した形状のマグネチック型スピーカーで，バッフル板もない裸の状態で設置して使用しました．1928年の自社製のAC電源使用のエリミネーター方式ラジオ受信機の広告写真（写真8-20）を見ると，ラジオ上部に設置されているので，ラジオ受信機と組み合わせて販売されたと思われます．

こうして日本製のラジオ受信機の誕生とともに，三田無線電話研究所は1929年初頭から商標に「デリカ（Delica）」を使用するようになり，開発する製品規模も順次大きくなりました．茨木は，さらに将来的にラジオ受信機がエリミネーター方式のミゼット型になる傾向にあることを察知してか，組み合わせるスピーカーとして，1929年に口径9.1/2インチの「デリカ」ダイナミック型コーンスピーカーを開発しました．これは『無線と実験』1929年4月号のグラビアページに掲載されましたが，これが日本製のダイナミック型コーンスピーカーとして最初に公表された製品と思われます．

完成した製品は，翌1930年の『無線と実験』6，7月号のグラビアに，9.1/HD型（F型）ダイナミックスピーカー（写真8-21）とK型が掲載されました．これらの磁気回路には，米国で見られたスワン型ヨークの形状を取り入れ，国産品としては非常に進んだ開発を行っていたことが伺えます．また，同年にはスピーカー工場で生産している状況（写真8-22）が掲載されています[8-9]．

三田無線電話研究所は，事業拡大のためピックアップ，パワーアンプ，フォノモーターなども製品化を始め，電気蓄音機付きラジオ受信機の製品化へと発展しました．また，スピーカー事業も拡大し，

[写真8-19]
三田無線が開発した陣笠スタイルスピーカー

(a) ファミリーコン（1925年）
口径12インチ，マグネチック型

(b) メロヂコン（1927年）
口径12インチ，マグネチック型（安西和夫氏蔵）

8-4 三田無線電話研究所の「デリカ」スピーカー

[写真8-20]
1928年開発のエリミネーター式ラジオ受信機に搭載したスピーカー

(a) 3球式「バタリーレス」ラジオ受信機と「メロヂコン」スピーカー

(b) 5球式「スーパーバタリーレス」ラジオ受信機と「ファミリーコン」スピーカー

(a) ダイナミックスピーカーのボイスコイルの巻線加工

[写真8-21] デリカの口径9・1/2インチの9.1/HD型ダイナミックスピーカー（1930年）

(b) ダイナミックスピーカーのアウトサイダーダンパーとボイスコイルの接着加工

[写真8-22] デリカのスピーカー生産工場風景

125

第8章 日本のスピーカーの誕生から終戦（1945年）まで

(a) デリカS型
口径8インチ，フィールドコイル2500Ω

(b) デリカF型
口径8インチ，フィールドコイル2500Ω，4700Ω，2700Ω

(c) デリカK型
口径11インチ，フィールドコイル2500Ω，4700Ω，2700Ω

[写真8-23] デリカのダイナミックスピーカー

(a) DC励磁型

(b) AC励磁型

[写真8-24] デリカの電気蓄音機用HD型ダイナミックスピーカー

「デリカS型」，「デリカF型」，「デリカK型」スピーカー（写真8-23）や，「デリカコンサート」と呼ばれる電気蓄音機用を狙ったHD型スピーカー（写真8-24）などの機種が揃いました．

しかし，三田無線電話研究所は，スピーカー単品の販売にはあまり力を入れなかったようで，もっぱらスーパーヘテロダイン方式の高級ラジオ受信機の販売が中心だったようです．

日本のスピーカーの歴史を見るとき，黎明期に海外のさまざまな技術を早くから導入し，指導的役割をした三田無線電話研究所の貢献は大きかったと言えます．

8-5　村上研究所の「ワルツ」スピーカー

戦前の著名なスピーカーメーカーの一つである「村上研究所」（村上得三）は，ブランド名を「ワルツ」と称し，国産スピーカーメーカーとして早くから創業した，日本の草分けの一つです．ブランドの「ワルツ（Waltz）」のロゴマーク（図8-5）には英文字が使われました．

創業者の村上得三は，村上家の習慣で歴代襲名してきた「得三」と名乗っていますが，幼年期は村上元一といいました．父親の村上得三が大阪の船

8-5 村上研究所の「ワルツ」スピーカー

(a) 1929年ごろ使用していたもの

(b) 1935年ごろ以降使用していたもの

[図8-5] 「ワルツ」のロゴマーク

(a) 口径10インチ,
高さ18.5インチ
(NHK認定品)
(b) 口径12インチ,
高さ20インチ
(c) 口径14インチ,
高さ21インチ

[写真8-25] 村上研究所が開発した振動板にマイカやジュラルミンを使ったホーンスピーカー．ホーンドライバーはバランスドアーマチュア型マグネチックタイプ

[図8-6] 防湿コーン振動板を搭載したワルツ25号型マグネチックスピーカー（1926年）．口径23cm，馬蹄形永久磁石使用（『大阪朝日新聞』1930年12月27日付広告より）

概略寸法：W11・1/2×D6×H11インチ

[図8-7] ワルツの18号A型スピーカーボックス（1931年）

[写真8-26] B型バッフル板に取り付けられたワルツ16号スピーカー（NHK放送博物館蔵）

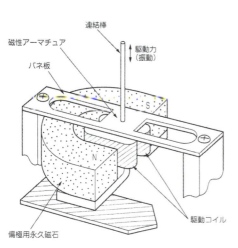

[図8-8] ワルツ16号のマグネチック型ブリッジバー式駆動部の概略構造

[写真8-27] ワルツ16号のブリッジバー式駆動部の内部構造

場の高麗橋筋で金物問屋兼貿易商をしていた関係から，英国シェフィールドのスチールメーカーの日本総代理店になっていました．取り引きの関係で，1923年に英国から送られてきた強力なコバルト磁石の販売用途を考えた結果，磁石を使った新ビジ

第8章 日本のスピーカーの誕生から終戦（1945年）まで

(a) A型

(b) F型

[図8-9] ワルツ16号のA型バッフル板とF型ボックスの外観（1930年）

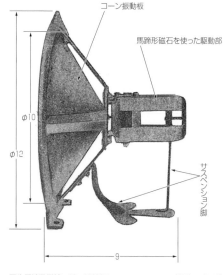

[写真8-28] 口径12インチのワルツ50号型インダクタースピーカー（1930年）

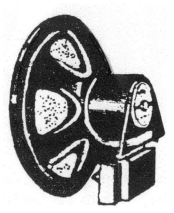

[図8-10] 1931年にワルツが最初に開発した口径9インチの55号型ダイナミックスピーカー（『大阪朝日新聞』1931年5月26日付広告より）

(a) 前面

(b) 後面

[写真8-29] メタリックキャビネットを使用して完全防湿型にしたワルツ26号型（1931年）

ネスとして，スピーカーの研究を開始したといわれています．

1925年に村上研究所を設立し，最初に「グランドボックス」の商品名でマグネチック型のホーンスピーカーを開発しました．早速，NHKの認定試験を受け，1928年に中型のホーンスピーカー（**写真8-25**(a)）が認定されました．また，**写真8-25**の中・大型タイプは，鉄道省や海軍省ご用達品として納入されました．口径12インチと14インチの2機種があり，振動板にマイカやジュラルミンが使用されていました．

「ワルツ」の商標で開発された，最初の直接放射型のスピーカーは「ワルツ1号」で，これとともに「ワルツ25号」（**図8-6**）[8-10]が開発され，これは1928年度のNHK認定品となりました．

ワルツ1号は高さ305mm，幅345mmのバッフル板付きです．また，ワルツ25号は口径23cmの振動板に防湿処理をして対候性を向上させ，駆動部は馬蹄形永久磁石を使用したバランスドアーマチュア型マグネチックスピーカーです．このワルツ25号スピーカーは，18号A型ボックス（**図8-7**）と組み合わせて販売されました．

同時期に開発された「ワルツ16型」スピーカー（**写真8-26**）は，口径12インチの可動鉄片型マグネチック型コーンスピーカーで，これを搭載したB型バッフル板寸法は，高さ370mm，幅360mmです．このワルツ16型は，駆動系がブリッジバー式のマグネチック型（**図8-8**，**写真8-27**）で，後部中央にあるネジでギャップ調整して，感度とビリつきを調整できる特徴を持っていました．当時は電池式の真空管で出力が小さかったので，こうした機構が

8-5 村上研究所の「ワルツ」スピーカー

[写真8-30] ワルツのダイナミックスピーカー群（1936年）

使われましたが，このギャップ調整を不安要素として，NHKの認定が受けられなかったようです．しかし，このスピーカーのためにA型バッフル板とF型ボックス（図8-9）を開発し，ラジオ受信機と組み合わせて使用できるバリエーションを狙った製品として販売されました．

村上研究所がスピーカー技術力を見せ付けたのは，1930年に開発した口径12インチ「ワルツ50号」（写真8-28）でした．このスピーカーは，駆動機構にインダクター型（第2章3-2項参照）を採用し，優れた低音再生を狙ったものです．しかし，ダイナミック型スピーカー時代の直前の短い期間であったことと，馬蹄型永久磁石を使用した複雑な構造だったため，わが国では後にも先にも，このスピーカーが唯一の製品となりました．

村上研究所の工場は，当時大阪の東淀川区中津

浜にありましたが，規模拡大のためか東成区中浜町に移り，電気蓄音機のピックアップやフォノモーター，エリミネーター用乾式電解コンデンサーなどを生産し，ラジオパーツメーカーとして製品を増やして活躍しました．

同社のマグネチックスピーカーからダイナミックスピーカーの開発への方向転換は，特許の関係があったのか，他社に比べて1年ほど遅れた1931年でした．最初に，口径9インチの「ワルツ55号」（図8-10）を開発し，金属ケースに入れた「ワルツ26号」（写真8-29）として発売しました．当時のラジオ受信機の一つの流れとしての金属ケース入り受信機があり，これにマッチした製品として販売しました．

その後，1934年に「ワルツ59号」，「ワルツ60号」，「ワルツ62号」，「ワルツ66号」の4機種を発表し，

129

第 8 章　日本のスピーカーの誕生から終戦（1945 年）まで

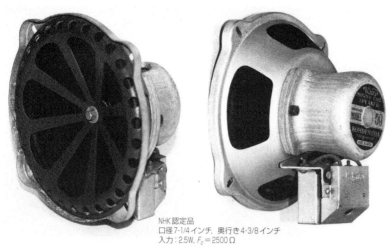

NHK認定品
口径7・1/4インチ，奥行き4・3/8インチ
入力：2.5W，F_c＝2500Ω

[写真8-31]　コーン振動板の前に取り付けたガードのあるワルツ59号型ダイナミックスピーカー（NHK放送博物館蔵）

口径14インチ
入力：20W，整流管：KX-80
(a) ワルツ64号型

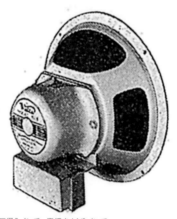

口径10インチ，奥行き6・1/2インチ
入力：8W，F_c＝2500Ω
(a) ワルツ73号型

口径8インチ，奥行き4・1/2インチ
入力：4W，F_c＝2500Ω
(b) ワルツ63号型

[写真8-32]　ワルツの新型ダイナミックスピーカー

口径8・7/8インチ，奥行き4・1/2インチ
整流管：KX-112B
(b) ワルツ61号型

[写真8-33]
ワルツの強力型AC励磁型ダイナミックスピーカー

　1936年にこの4機種が揃って国産ダイナミック型で最初のNHK認定品となりました（写真8-30）．これは第8章9項で述べるGEのスピーカー特許権利が消滅したことから，日本のダイナミックスピーカー製品が公の場で登場したことを意味するものと思われます．
　ワルツのスピーカーの中でも著名なのが「ワルツ59号」（写真8-31）で，コーン振動板の前にガードが付いた特徴ある外観です．このガードに音響的な効果は少なかったようですが，マグナボックスの143型（写真8-9参照）に類似した製品といわれ，その外観と音質が高く評価されました．また，前面のガードの色には赤色のものと黒色のものがあり，

マグナボックス143号同様「鉄仮面」と呼ばれて親しみを持って受け入れられたため，次第に売れ行きもよく，ワルツの知名度を一段と高め，1940年ごろまでロングセラー商品として販売されました．
　1936年には，磁気回路のヨークにスワン型を取り入れたラジオ用の口径8インチの「ワルツ63号」と，電気蓄音機用の口径10インチの「ワルツ73型」を発表（写真8-32）する一方，業務用の拡声用やトーキー用として強力型の「ワルツ61号」と「ワルツ64号」（写真8-33）を開発し，需要に対応しました．
　販売面では，東京の神田美土代町に事務所（細井末次郎）を設立し，関東方面を中心にワルツ製

口径6・1/2インチ
入力：5W，V_c＝3.5Ω
再生周波数帯域：74～10000Hz

[写真8-34] 戦後に登場したワルツP-6.5S型パーマネントスピーカー

入力：1.5W，V_c＝3.5Ω
再生周波数帯域：100～6000Hz

[写真8-35] 戦後，ラジオ用スピーカーとして好評を得たワルツP-43型パーマネントスピーカー

8-6　七欧無線電気商会の「フラワーボックス」スピーカー

　日本のスピーカーの黎明期に活躍したメーカーの一つに「七欧無線電気商会」（七尾菊良）があります．同社の創業は1919（大正8）年5月と古く，所在地は東京の目黒区中目黒でした．日本のラジオ放送開始のころからスピーカーの研究を始め，1928年ごろから発売を開始しています．ラジオ受信機には「ナナオラ」，スピーカーには「フラワーボックス」のブランドが使用されました．　同社は1928（昭和3）年の最初のNHK認定で，ラッパ型（ホーン型）スピーカーを一度に5機種合格させるという偉業を成し遂げ，業界を驚かせました．

　最初は，電話の受話器と同じ構造をした単極のマグネチック型で，振動板には薄い鉄板が使われたホーンスピーカーでした．その後，バランスドアーマチュア型で，振動板にジュラルミンを使ったホーンスピーカーを発売，音質の改善のためローラのスピーカーで好評を得ていたマイカ振動板を使用した「フラワーA型」や「NH12型」を開発しました．

　最初のNHK認定品の5機種のラッパ型スピーカーは，「NHC型」，「NH2型」，「NH5型」，「NH6型」，「NH7型」で，中でも特徴あるNH5型を写真8-36に示します．

品を販売しました．途中1932年に事務所を神田松永町に移し，「明星洋行社」としています．

　戦後，工場が戦災に遭ったため，京都・伏見市に工場を移し，社名も「ワルツ通信工業株式会社」と改名するとともに，細井末次郎が専務取締役に就任し，細井商店として東日本での販売を展開しました．

　戦後は，口径6・1/2インチのP-6.5S型（**写真8-34**），口径4インチのP-43型（**写真8-35**）がヒットとするなど，ラジオ用，テレビ用スピーカーで業績を上げました．

　1952年の第1回全日本オーディオフェアには出展して，戦前派の老舗スピーカーメーカーの貫禄を見せました．

第 8 章　日本のスピーカーの誕生から終戦（1945 年）まで

(a) 正面（下部がホーンドライバー）　(b) 外装カバーを外してホーン開口部を見る

[写真 8-36]　フラワーボックス NH5 型ホーン型スピーカー（NHK 放送博物館蔵）

幅33×高さ45cm
(a) 18号A型（木製バッフル板付き）

高さ25.5cm
(b) 18号B型（鋳鉄製ケース入り）

[写真 8-37]　フラワーボックスの直接放射型マグネチックスピーカーを使用した製品

外径22×高さ23cm　　　　　　　　　高さ30cm
(a) 24型（鋳鉄製ケース入り，小型）　(b) 20号型（鋳鉄製ケース入り）

[写真 8-38]　フラワーボックスのラジオ受信機用マグネチックスピーカー

　直接放射型のコーン型マグネチックスピーカーは，昭和5（1930）年にバッフルボート付きの「18号A型」と鋳鉄製ケース入りの「18号B型」（**写真 8-37**）を発表し，続いて1933年にラジオ受信機用スピーカーとして，24号型と20号型の2機種（**写真 8-38**）を発売しました．

　また，同時期に口径19cmの「21号型」と，お洒落な外装をした口径22.5cmの「25号型」の単品マグネチックスピーカー（**写真 8-39**）を販売し，好評を博しました．1935（昭和10）年には，25号型と同様に駆動部にカバーを付けた姉妹機種のマグネチックスピーカー「26号型」，「28号型」，「29号型」の3機種（**写真 8-40**）を発売しました．このうち28号型と29号型は，1937年のNHK認定品に選ばれました[8-11]．

口径19cm　　　　　　　　口径22.5cm
(a) 21号型　　　　　　　(b) 25号型

[写真 8-39]　フラワーボックスの単品マグネチックスピーカーユニット

　七欧無線電気商会のマグネチックスピーカーの特徴は，特許を持つカンチレバーの構造にあります[8-12]．信号によって発生した振動の駆動力を連結棒を通じてカンチレバーに伝えますが，カンチレバーの剛性が小さいと屈曲してコーン振動板に十分な振動

8-6 七欧無線電気商会の「フラワーボックス」スピーカー

口径9インチ
(a) 29号型(NHK認定品)

口径8インチ
(b) 28号型(NHK認定品)

口径6インチ
(c) 26号型

[写真8-40] 1935年に発売されたフラワーボックスのマグネチックスピーカーユニット

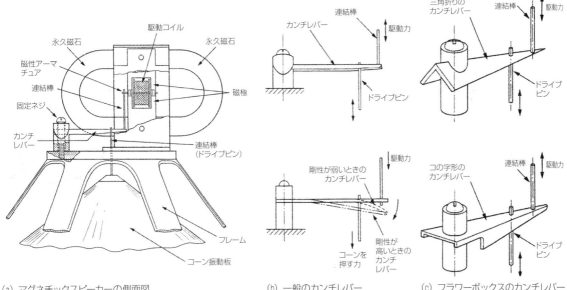

(a) マグネチックスピーカーの側面図　　(b) 一般のカンチレバー　　(c) フラワーボックスのカンチレバー

[図8-11] フラワーボックスの高剛性カンチレバーの形状

973型(973P型は5極管用)は口径12インチ, F_c=1200Ω
983型(983P型は5極管用)は口径12インチ, F_c=2500Ω

[写真8-41] フラワーボックスの983型と973型フィールド型ダイナミックスピーカーの外観(形状は2機種とも同じ)

が伝わりません。カンチレバーを高い剛性を持つように，コの字形に曲げた構造にして駆動力を高めています（**図8-11**）。しかし，七欧無線電気商会は時代の流れを察知して，次第にダイナミックスピーカーに主力を置くようになり，1933年に「983型」，「973型」，「482型」，「383型」，「912型」の5機種を単品として販売しました。983型，973型は口径12インチでフィールドコイルの磁気回路をバンドで固定した特徴ある外観（**写真8-41**）にし，フィールドコイルが2500Ω(48～80mA)を983型，フィールドコイル1200Ω(75～150mA)を973型と別型名にしています。また，出力管が3極管と5極

133

第8章 日本のスピーカーの誕生から終戦（1945年）まで

(a) 912型
口径12インチ，
金属整流器を搭載した
AC励磁型

(b) 383型
口径6インチ，DC励磁型

[写真8-42] フラワーボックスのフィールド型ダイナミックスピーカー

口径8インチ，$F_c=2500\,\Omega$
482P型は5極管用

[写真8-43] フラワーボックス482型フィールド型ダイナミックスピーカー（NHK認定品）

[写真8-44] 七欧無線電気商会の工場でのミゼット型ラジオ用キャビネットの製造風景

[写真8-45] 七欧無線電気商会の工場でのスピーカーの検査などの風景

[表8-5] 1940年ごろのフラワーボックススピーカー

型名	口径〔インチ〕	備考
マグネチックスピーカー		
18号	(7)	不明
21号	7・1/2	
25号	9	
27号	7	
36号	6	
37号	7	
38号	8	
26号	6	
28号	8	NHK認定品
29号	9	NHK認定品
ダイナミックスピーカー（フィールド型）		
184	5	DC2500Ω40mA
184P	5	5極管用
383	6	DC2500Ω50mA
383P	6	5極管用
650	6・1/2	
482	8	DC2500Ω60mA
482P	8	5極管用
674	10	DC1200Ω85mA
674P	10	5極管用
684	10	DC2500Ω60mA
684P	10	5極管用
694	10	DC2000Ω70mA
973	12	DC1000Ω150mA
983	12	DC2500Ω80mA
983P	12	5極管用
912	12	AC
912P	12	5極管用

管によってスピーカー型番を変えています．詳細は不明ですが，音質的な配慮があったとは思えません．
業務用を狙った口径12インチの912型強力型スピーカーは，金属整流器を搭載したAC励磁型で，383型は口径6インチのDC励磁型です（写真8-42）．
フラワーボックスのダイナミックスピーカーとしては，昭和12（1937）年に開発された口径8インチの482型がNHKの認定品として選ばれています

(写真8-43).

1933年には，この時代としては珍しい工場の生産風景（写真8-44）[8-13] や，スピーカー組み立て試験の写真（写真8-45）を公表しています．

1940（昭和15）年ごろのフラワーボックス製品を表8-5に示します．このように，多くのスピーカー機種が揃っていました．

しかし，七欧無線電気商会の経営的な主力は「ナナオラ」ブランドのラジオ受信機の製造販売であり，多くの受信機と電気蓄音機の販売およびその半完成シャシー組み立て品の外販でした．また，ラジオ用部品としてスピーカー以外にマイクロフォン，ピックアップ，フォノモーター，電源トランス，コンデンサーなど幅広く製造し，ラジオの総合電気メーカーとして市場に大きく貢献していました．

1936（昭和11）年ごろ，NHKは全国主要都市に放送局を開局したため，ラジオの聴取者はうなぎのぼりに増加し，ラジオ受信機の需要も伸びて，関西も関東もラジオメーカーが増加してきました．また，政府は輸出品の品質向上を目的に指定工場制を採ったり，業者間で工業組合を作らせたりする行政指導をしています．

ところが1937（昭和12）年の日中戦争（支那事変）の勃発や，翌1938年の第2次世界大戦によって，ラジオ放送の存在は，大衆の娯楽から，情報伝達の手段へと大きく変化していきました．

七欧無線電気商会もこうした情勢の影響を受けるとともに，その後の第2次世界大戦中は，軍の要望で軍需用無線機器を生産するなど，事業の運営は四苦八苦でした．

そして戦後は，ラジオ受信機の課税の関係などによる需要の落ち込みで大打撃を受け，大幅な内部整理が行われました．最終的に，同社は東芝に吸収されたと聞いています．

8-7　センター電機製作所の「センター」スピーカー

大阪の外布施町東足代にあった「センター電機製作所」（島安太郎，3代目大島佐平，4代目松沢和市）は，1925（大正14）年ごろ創業し，「センター」のブランド（図8-12）でスピーカーを生産，販売しました．

NHKの認定品としては，初年度の1928年に認定された直接放射型マグネチックコーンスピーカー「30型」（写真8-46）があります．これを収容した据え置き型の「30型」木製キャビネットと「33型」金属キャビネット（写真8-47）を販売しました．次いで1931年には，きれいな塗装仕上げの「50型」スピーカー（写真8-48）がNHK認定品となり，1937年には姉妹機種の「35型」と「53型」（写真8-49）の2機種がNHKの認定品に選ばれました．

センターのバランスドアーマチュア型のマグネチックスピーカーの特徴は，少しでも低音を良く再生するためにカンチレバーを軟らかくした設計です．このため，使用中に振動するアーマチュアが片寄って磁極に接触する恐れがありました．この対策として，ビリつきを起こしたときは駆動部に付いているノブを回してセンター調整できる構造が採られています．

一般のバランスドアーマチュア型のマグネチックスピーカーは，バランスが崩れて音がビリつかないようカンチレバーを硬くして偏心を防いでいます．カンチレバーを硬くすると，低音の共振周波数もQも高くなり，再生周波数帯域が狭くなって，音質的には好ましい方向ではありません．

「センター」のスピーカーは少しでも音を良くし

[図8-12]　センターのロゴマーク

第8章 日本のスピーカーの誕生から終戦（1945年）まで

(a) 30型（木製キャビネット）

(b) 33型（金属製キャビネット）

[写真8-47] センターの30型スピーカー用キャビネット2機種

[写真8-46] NHKの認定品となったセンター30型マグネチックスピーカー（1928年）

[写真8-48] 1931年にNHKに認定されたセンター50型マグネチックスピーカー（NHK放送博物館蔵）

(a) 53型

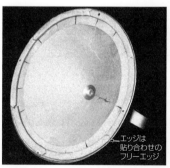

[写真8-50] 1935年にNHKに認定されたセンター51型マグネチックスピーカー（口径8インチ，NHK放送博物館蔵）

(b) 35型

[写真8-49] NHK認定品のセンターのマグネチックスピーカー（口径8インチ）

ようと，工夫してこの違いを商品のメリットとしていたように思われます．

また，センターのスピーカーでは，貼り合わせのコーン振動板のエッジにフリーエッジのように放射状に切れ目を入れて軟らかくしたという特徴的な支持部を持ったスピーカーもあります．例えば，先に示した50型（写真8-48）や51型（写真8-50）のエッジは放射状に切れ目が入っており，軟らかい支持部になっています．

口径9インチの55型マグネチックスピーカー（写

136

8-7 センター電機製作所の「センター」スピーカー

[写真8-51] センターのダイナミックスピーカー代用マグネチックスピーカー55型（口径9インチ）．マッチングトランス付きの低インピーダンス型（NHK放送博物館蔵）

口径8インチ
(a) 100型

口径5インチ
(b) 101型

口径6・1/2インチ
(c) 102型

口径10インチ
(d) 103型

[写真8-52] センターのフィールド型（DC励磁）ダイナミックスピーカー100番シリーズ

口径8インチ
(a) 200型

口径10インチ
(b) 300型

口径12インチ
(c) 600型

[写真8-53] センターのフィールド型（DC励磁）強力型ダイナミックスピーカー（1936年）．いずれもフィールドコイルが2500Ωと1000Ωの製品がある

真8-51）は，ダイナミックスピーカーの代用品として使用できる特殊なスピーカーで，マッチングトランスを使用して入力側のインピーダンスを下げ，ボイスコイルインピーダンスに相当する低インピーダンスで駆動できるようになっています．これはダイナミックスピーカーが主力の時代に，励磁用フィールド電流の要らないマグネチックスピーカーとして，生き残りを賭けた製品でした．今日から見ると，この低インピーダンスのマグネチックスピーカーは貴重な存在といえます．

137

第8章 日本のスピーカーの誕生から終戦（1945年）まで

口径12インチ，入力：15W
(a) 800型

口径10インチ，入力：10W
(b) 700型

[写真8-54] センターのフィールド型（AC励磁）超強力型ダイナミックスピーカー（1938年）

[表8-6] 1938年ごろのセンタースピーカーの機種一覧

型名	口径〔インチ〕	備考
マグネチックスピーカー		
30	9	NHK認定品
小型30	7	
33	7	
35	8	NHK認定品
50	7・1/2	NHK認定品
53	8	NHK認定品
54	9	
55	9	ダイナミック代用
56	5	
57	6・1/2	
58	6	
59	5	
80	8	
130	8	ダイナミック代用
500	9	
501	8	
502	7	
510	9	
520	8	普及品
530	7	普及品
ダイナミックスピーカー（フィールド型）		
100	8	DC
101	5	DC
102	6・1/2	DC
103	10	DC
120	8	DC
150	6・1/2	DC2500Ω40mA
160	7	DC2500Ω30mA
180	8	DC2500Ω40mA
200	8	DC1000Ω100mA
	8	DC2500Ω45mA
300	10	DC1000Ω110mA
	10	DC2500Ω60mA
600	12	DC1000Ω
	12	DC2500Ω
700	10	AC型
800	12	AC型

　センターでも特許の問題があってか，ダイナミック型の開発は出遅れ，1935（昭和10）年になって口径8インチの「100型」，口径5インチの「101型」，口径6・1/2インチの「102型」，口径10インチの「103型」の機種揃えをして発表しました（写真8-52）．次いで翌年の1936年には，強力型と称して3桁番号の，口径8インチの「200型」，口径10インチの「300型」および口径12インチの「600型」の3機種（写真8-53）を発表し，市場への販売とともに，ラジオメーカーへのOEM供給をさかんに行いました．

　さらに劇場用，拡声用として，超強力型ダイナミックスピーカー（写真8-54）を開発し，意欲的な展開を図りました．そして，1938年ごろのセンタースピーカーの機種系列は，表8-6のように充実したものでした．

　戦後におけるセンターの活動は，戦災やその後の需要の低迷による危機などあって，消息は掴めないままになっています．

8-8　山中電機の「テレビアン」スピーカー

　山中電機は，1921（大正11）年に最初は社名を「山中製作所」（代表者山中栄太郎）として，東京府荏原郡入新井町に創立されました．創立当時は東京電気（後の東芝）の下請け工場として，サイモホン受信機の部品を加工する工場でした．

　1925（大正15）年には，自社製の電池式ラジオ受信機「ダイヤモンド」を開発し，販売しました．続いて1927年には3球式のエリミネーター式のラジオ受信機を「テレビアン」ブランドで発売しました．このため，スピーカーメーカーとしても古い歴史を持っています．

　同社は，ブランド名を2つ使い分けていました．ダイヤモンドブランドは，ラジオ受信機を含めた電池式製品に使用し，テレビアンブランドはエリミネーター式製品に使用しました．このため，スピーカーのブランドも用途により使い分けられています．NHKの最初の認定品の中に，山中無線電機製作所製のスピーカーもありました（表8-3参照）．

　その後，1928年から1931年にかけて開発したのが，ラッパ型マグネチックスピーカーの認定品の「ダイヤモンド3号型」（写真8-55）と，キャビネット付きの直接放射型マグネチックスピーカーの「テレビアン18号型」（写真8-56）と，「テレビアン25号型」（写真8-57）の3機種です．

　1929年，この事業に本腰を入れるため社名を「山中無線電機製作所」と改名するとともに，名古屋放送局（JOCK）の技術者の加賀左金吾を招き，ラジオ受信機の開発に本格的に取り組みました．工場は，東京の大森区大森3丁目に建設し，出張所を東京，大阪，福岡，札幌に置き，自社の手で販売できるよう万全を期しました．

　地方の農村では昼間送電がないため困っていることを知った同社は，昼間もラジオが聴けるように，各地の電力会社と連携して，電灯線を引き込んだ契約のある家庭にエリミネーター式のラジオ受信機を売り込むとともに，テレビアンのラジオを購入した顧客には，地方の電力会社が昼間の送電の電気代金をサービスするといったユニークな販売法で，大幅に売上を伸ばしたと言われています．

　こうして売り上げを伸ばした成果，1931年に株式会社組織に変更して社名を「山中電機株式会社」に改名し，関東のラジオメーカーとしての地位を築き上げました．また，西川製作所を協力会社にして，ラジオの生産を行っています．

　同じく1931年には，斬新なデザインの形状のスピーカー「テレビアン20号」（写真8-58）を発売し，話題になりました．また，1933年11月の広告（図8-13）を見ると，高級電気蓄音機の製品も開発しており，事業規模を大きくしていることがうかがえます．

　その後，スピーカーでは，1937（昭和12）年ご

NHK認定品
ホーン開口径12インチ，高さ19インチ
電気インピーダンス：11000Ω

[写真8-55]
ダイヤモンド3号型ホーンスピーカー（1928年）

NHK認定品
マホガニー仕上げの木製キャビネット付き
高さ12インチ，幅12・1/2インチ，奥行き7インチ

[写真8-56]　テレビアン18号型スピーカー

NHK認定品
金属製キャビネット付き
高さ10インチ，幅10インチ，奥行き5・1/2インチ

[写真8-57]　テレビアン25号型スピーカー

第8章 日本のスピーカーの誕生から終戦（1945年）まで

[写真8-58] 口径10インチ，マグネチック型のテレビアン20号型スピーカー

ろまでに「テレビアン32号型」，「テレビアン34号型」，「テレビアン35号型」などを開発し，次々にNHK認定品に選ばれています．

その後，山中電機は1942（昭和17）年には，軍需の無線通信機製造に切り換えて終戦まで指定工場として生産しました．戦後は再びラジオ受信機の生産も行いましたが，最終的には東芝との関係が強くなったようです．

8-9 GEのダイナミックスピーカーの特許問題

日本の家庭では，1931（昭和6）年ごろからエリミネーター付きラジオが普及し，これによって真空管の出力が大きくなり，マグネチックスピーカーに替わって，音質の良いダイナミックスピーカーが求められるようになりました．このため，ダイナミックスピーカーを国内の各メーカーが一斉に主力製品として生産しました．

ところが，このダイナミックスピーカーは，1925年にゼネラル・エレクトリック（General Electric；GE）のライス（Chester W. Rice）とケロッグ（Edward Washburn Kellogg）の両者が発明したもの（R&Kスピーカー）で，その特許が日本でも申請され，特許出願公告第11108号として大正15（1925）年12月8日に公告されています（図8-14）．

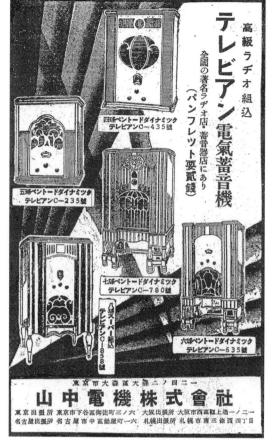

[図8-13] 山中電機の電気蓄音機用各種製品（1933年11月の広告より）

この日本における出願人は株式会社芝浦製作所です．同社はGEとさまざまな電気機器の製造で契約を多く結んでおり，芝浦製作所自身も「ジュノラ」スピーカーの開発生産を行っています（ジュノラスピーカーについては後述）．そして，芝浦製作所はダイナミックスピーカーの国内特許の権利を持っていました．

1933（昭和8）年7月15日の『無線タイムス』誌によると，芝浦製作所から各スピーカーメーカーに対して，ダイナミックスピーカーの特許侵害に関する警告書を発信し，受け取ったメーカーは驚きとともに深刻な問題として受け止め，業界が騒ぎ始めたと報じています．この時点の芝浦製作所は「ロイヤリティを払っても製作を許さない」という強硬な態度であったため，各メーカーは生産を打ち切るような騒ぎになったようです．

140

特にスピーカーメーカーの多かった関西地区では，大阪拡声器組合（組合長：戸根源次郎）が，その対策に苦労したようです．

特許の内容は，
①ライスとケロッグが発明した基本的なダイナミックスピーカーの構造
②特許67981は，使用するエンクロージャーに関係した特許（図8-15）
③特許67984は，慣性制御に関係して振動系の支持を軟らかくして低域共振周波数を再生限界の下限に設定する特許
④特許70960と71246は，振動板支持部のエッジ，ダンパーの可撓性の構造（図8-16）

であり，ほかにも実用新案117834などがあって，ダイナミックスピーカーの主要箇所が当時の特許に抵触していました．

GEだけでなく，日本でスピーカーを国産化する際には，ウエスタンエレクトリック（Western

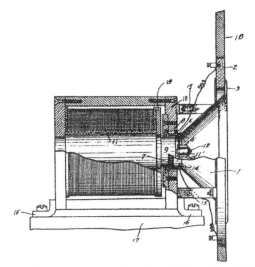

[図8-14] ライス＆ケロッグが日本で出願した特許の説明図より（特許出願広告第11108号）．特許の請求範囲は「ボイスコイルとコーン振動板を持つスピーカー」と広い

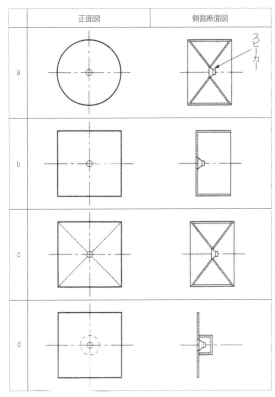

[図8-15] R&Kスピーカーを使用するためのエンクロージャーの特許の説明．特許番号67981の請求範囲は「スピーカーとバッフル効果による音波再生装置」

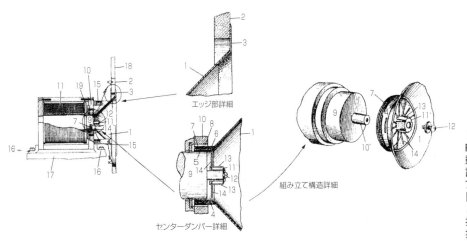

[図8-16] R&Kスピーカーの振動系支持部の特許の説明．特許番号71246の請求範囲は「コーンエッジおよびダンパーが一体となって振動活動ができる支持部」

Electric；WE）やマグナボックスの特許にも，主要部分が抵触しないよう対策する必要がありました．

前述のように，日本のスピーカーの開発製造は基礎技術がなかったため，海外製品の物真似をしたところから始まったことと，当時の日本のスピーカーメーカー自身が特許に対する関心が低かったことが原因となって，対応が遅れてしまったようです．

これも日本のスピーカー開発の歴史の中で，一つの重要な出来事として記録に残っています．

8-10　関西におけるスピーカー部品製造

戦前のスピーカー生産活動は関西が非常に強力で，1933（昭和8）年ごろのダイナミックスピーカーの生産は，関東勢の田辺商店，七欧無線電気商会の2社に対し，関西勢はワルツ，ハミルトン，ラジオン，ナショナル，シャープなど，多くのメーカー（ブランド）がありました．

これは，大阪を中心にラジオメーカーが多数あったため，隣接するスピーカー製造も活発になったからで，これらのスピーカーメーカーは，ラジオの特徴を作る陰の主役を演じ，「スピーカーの大阪」と言われるほどに発展しました．この背景には，スピーカー部品の供給を分業化するネットワークが生まれていたことを示しています．

[1] 豊国機工（豊国プレス工業）

スピーカーの金属部品の製造メーカーとしては，大阪の天王寺区南日東町にある「豊国機工株式会社」（代表者徳永義治）があります．この会社は，ラジオ事業の将来性を見て，1927年に，近くにあった永野金属製作所（永野豊吉）と提携してラジオ用スピーカー部分品のフレーム，ヨーク，ポールピースなどの製造を開始しました．そして，わが国のスピーカー関係の需要の80％近い金属部分品を生産し，スピーカーメーカーに納入し（図8-17），戦前におけるスピーカー業界の台所を賄ってきました．

1940（昭和15）年，豊国機工はさらなる発展を願って新工場を住吉区北加賀町に建設し，「豊国プレス工業株式会社」を創立して積極的な躍進を図りました．また，戦後の1948（昭和23）年には，「ピジョン」のブランド名で電響社よりスピーカーも販売しました．

[2] 新谷工業廠

スピーカーの振動板であるコーン紙を専門に生産した「新谷工業廠」（新谷俊夫）があります．会

[図8-17]
永野金属製作所の広告の例（『ラジオ公論』昭和11年10月10日付に掲載）

8-10 関西におけるスピーカー部品製造

[図8-18]
新谷印刷紙工廠の広告の例（『ラジオ公論』昭和11年1月1日付に掲載）

社創立は1922（大正12）年ごろと出遅れましたが，大阪の浪速区桜川の工場をメインにして，松下電器（現・パナソニック），早川金属工業研究所（早川金属工業，現・シャープ），ビクター，日本コロムビア（日蓄工業），山中電機，七欧無線電気商会，原口電機製作所などに納入し，非常に活躍した会社です．

新谷俊夫は，独立した当初は新谷印刷として印刷業で活動していましたが，たまたま注文を取りに行った客先で，テレフンケンのスピーカーの傷んだコーン紙の修理を頼まれたことから，スピーカー部品製造を手がけるという意外な展開となりました．印刷業だったので紙の知識は多少持っていましたが，コーン紙に適した紙を収集し，苦心して代替品を探しました．このことでスピーカーのコーン紙に興味を持った新谷は，自分で紙質や硬度，重量，厚みなどを調べ，分析して資料を作り，ラジオ界に精通した人に尋ねたところ，コーン紙販売は商売になることを察知しました．

そこで新谷は，福井県敦賀市高野の製紙工場にコーン紙の分析資料を送り，コーン紙を発注しました．このコーン紙を早速，山中電機，七欧無線電

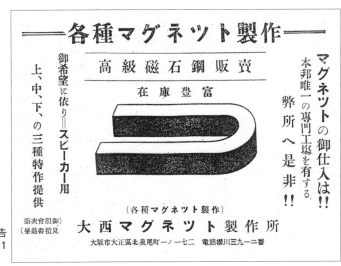

[図8-19]
大西マグネット製作所の広告の例（『ラジオ公論』昭和11年1月1日付に掲載）

143

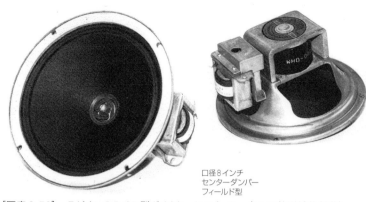

口径8インチ
センターダンパー
フィールド型

[写真8-59] ラジオンのD-8P型ダイナミックスピーカー（NHK放送博物館蔵）

口径8インチ
アウトサイダーダンパー
フィールド型

[写真8-61] ラジオンK-8型ダイナミックスピーカー

口径10インチ
アウトサイダーダンパー
フィールド型

[写真8-60] ラジオンD-10P型ダイナミックスピーカー（NHK放送博物館蔵）

気商会，原口電機製作所などに売り込んだところ，強い反応を得たので，新谷は高野の製紙会社と共同で事業を開始しました．会社名を「新谷印刷紙工廠」として新聞などにも広告を出し，注文を受けました（図8-18）．業界では次第に信用を得て多くの注文を受け，コーン紙とともにヨーク，マグネットの製造も行うようになりました．

その後，1937（昭和12）年に「新谷工業廠」に社名を変更しました．

この会社について特筆すべきは，戦中，資材の統制時代を迎え，鉄材の不足からスピーカーが生産困難になったとき，鉄フレームに代わる材料として，ボロや紙屑をパルプにしたものをフレームの形状の型に流し込んで圧搾して成形するという圧搾硬質紙のフレームを考案して，スピーカーを作り上げたことです．金属を使わないこのフレームの効果が認められて国民型ラジオのマグネチックスピーカーのフレームとして採用されたことで，さかんに量産されるようになり，スピーカー業界に貢献しました．

[3] 大西マグネット製作所

スピーカー用永久磁石は，大西マグネット製作所が，大阪の大正区北泉尾町に専門工場を持って生産し，メーカーに供給していました（図8-19）．

これらの各社が大阪に集中していたので，関西に行けば，スピーカー部品が全部揃い，組み立てるだけで自分の小さいスピーカー会社が設立できるなどと言われたほどでした．

8-11 ラジオン電機研究所の「ラジオン」スピーカー

戦前のスピーカー専門メーカーとして，前述のワルツとともに著名なのが「ラジオン（Radion）」ブ

8-11 ラジオン電機研究所の「ラジオン」スピーカー

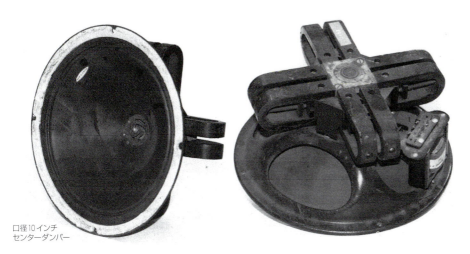

口径10インチ
センターダンパー

[写真8-62] 日本初のパーマネント型ダイナミックスピーカー，ラジオンPM-10型（NHK放送博物館蔵）

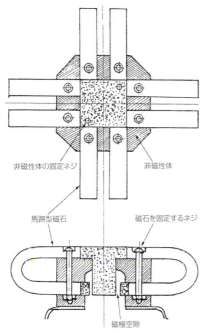

[図8-20] ラジオンのPM-10型スピーカーの磁気回路の概略構造

口径10インチ
[写真8-63] ラジオンのD-107型パーマネントダイナミックスピーカー

口径6・1/2インチ
[写真8-64] ラジオンのD-6P型フィールド型ダイナミックスピーカー

口径6・1/2インチ
[写真8-65] ラジオンのD-65型フィールド型ダイナミックスピーカー

ランドの「ラジオン電機研究所」です．同社はワルツ同様，関西のメーカーで，大阪の東淀川区豊崎西通にありました．

「合資会社ラジオン電機研究所」（吉田亮三）は1932（昭和7）年に創立され，ダイナミックスピーカーの特許の騒動のあった後の1935（昭和10）年ごろから「ラジオン」のブランド名で，ダイナミックスピーカー「D-8型」（**写真8-59**）および「D-10型」

145

第8章　日本のスピーカーの誕生から終戦（1945年）まで

口径8インチ
[写真8-66]　ラジオンのD-85型フィールド型ダイナミックスピーカー

フィールドコイルはAC励磁型（整流管はKX-80B）
[写真8-67]　ラジオンのH-AC-112型ダイナミックスピーカー

[表8-7]　1939年ごろのラジオンスピーカーの機種一覧

型名	口径〔インチ〕	フィールドコイル 抵抗〔Ω〕	電流〔mA〕	付属トランス
S-6	6			
D-6P	6・1/2	2500		
D-65		2500	30～65	247P
S-8	8			
D-8	8			
K-8	8	1000	55～120	245PP
K-8	8	2500	30～85	245PP
K-8P	8	1000	55～120	247PP
K-8P	8	2500	30～85	247PP
D-85	8	2500		247P
D-10	10	1000	60～110	
D-10	10	2500	30～75	
D-10P	10	1000	60～100	
D-10P	10	2500	35～75	
PM-10	10	パーマネント型		
D-107	10	パーマネント型		
H-110	10	DC型		
H-AC-110	10	AC型（整流管KX-80B）		
H-112	12	DC型		
H-AC-112	12	AC型（整流管KX-80B）		

（写真8-60）を発売しました．

　翌1936（昭和11）年には，D-10型の姉妹機種の「D-8型」が，1937年には「K-8型」（写真8-61）がそれぞれNHK認定品となるなど，好調な滑り出しを見せました．

　このスピーカーのコーン紙は，前述の新谷印刷紙工廠ではなく，大阪の合資会社東工業所（東林之助，1928年創立）で改良研究されて製造されたコーン紙で，剛性のあるフィックスドエッジのコーンは音質も良く，好評を受けました．

　このラジオンのスピーカー開発の功績は，日本オリジナルのパーマネントダイナミックスピーカーを開発したことです．この時代，パーマネントダイナミックスピーカーといえば海外製品，特に英国を中心とした製品が輸入されており，まだ国産品はありませんでした．

　1938（昭和13）年にパーマネントダイナミックスピーカーの国産化に最初に挑戦したラジオンは，口径10インチの「PM-10型」（写真8-62）を製作しました．磁気回路に使用する永久磁石は国内品では磁力が弱く，空隙磁束密度を高くするために必要な高性能永久磁石を入手するのは困難でした．このため，磁気回路用永久磁石に，これまで生産していた馬蹄型永久磁石（マグネチックスピーカー用）を複数使用して強力化を実現しました．完成したスピーカーの磁気回路は，8個の馬蹄型磁石を使用して組み立てられたもの（図8-20）で，その構造を見ると，苦心の跡がうかがえます．

　これが日本最初のパーマネントダイナミックスピーカーで，貴重な存在となっています．その後，幅の広い強力型の馬蹄型永久磁石ができ，これを組み込んで改良した「D-107型」（写真8-63）が登場しました．

　日本では，MK磁石やNKS磁石の発明があるに

もかかわらず，なぜスピーカーに使用できなかったのか疑問も残ります．これは，日本市場ではDC型のフィールドコイルがラジオ受信機に便利で，あえて高価なパーマネントスピーカーを作る必要がなかったためスピーカー用永久磁石の大きな需要がなく，永久磁石の生産がされなかったという事情があります．

1939（昭和14）年ごろの同社の全盛期には，口径6インチの「D-6P型」（**写真8-64**），6・1/2インチの「D-65型」（**写真8-65**），8インチの「D-85型」（**写真8-66**）や，業務用の強力型大口径スピーカー「H-112型」と「H-AC-112型（**写真8-67**）」などを開発し，**表8-7**のような多くの機種がありました．

8-12　久寿電気研究所の「ハーク」スピーカー

戦前の日本製ダイナミックスピーカーの大部分は，米国のマグナボックスやローラなどのスピーカーの影響が大きく，形状や音質などをお手本として類似の製品を製作する傾向がありましたが，これに対して，英国などの欧州タイプのスピーカーをお手本として開発した製品はあまり見受けられませんでした．欧州製品は輸入される数が少なかったことや，欧州では早くからパーマネント型ダイナミックスピーカーが多く，日本でお手本にしようとしても，永久磁石の調達が非常に難しいなどの事情があったことが要因として考えられます．

しかし，こうした中で昭和11（1936）年，東京の荒川区渡辺町に創立した「久寿電気研究所」（中村忠樹）は，GEのR&Kダイナミックスピーカーの特許騒動の後の1939年に「ハーク」のブランドで，英国系の影響を受けたフリーエッジのダイナミックスピーカー「D-1型」（**写真8-68**）を発表して注目されました．

D-1型は，音質的には英国フェランティ（Ferranti）系であったと言われています．当時の欧州のスピーカーではエポック（Epoch）やB. T. H.（British Thomson-Houston）などの高性能スピーカーが数多くある中で，なぜフェランティのスピーカーを選んだのかは定かではありませんが，久寿電気研究所はコーン振動板と大型で強力な磁気回路を搭載した魅力あるスピーカーを開発しました．

当時の日本では，SPレコードやラジオ放送を再生するフェランティのスピーカーの音を「フラフラのチンチロリン」と表現した著名人もいるほどで，その音質には特徴がありました．米国系の中高音域の張った音質に対して，欧州系の音質は，高音域に特徴あることを魅力と受け取ったのかもしれません．

[写真8-68]
ハーク最初のD-1型ダイナミックスピーカー（1939年）　　口径8インチ

[写真8-69]
英国フェランティの最初のダイナミックスピーカーとその構成部品（1929年）

第 8 章　日本のスピーカーの誕生から終戦（1945 年）まで

[写真 8-70]　英国フェランティの主要なスピーカー

　また，英国ではフォクト（Paul Gustavus Adolphus Helmuth Voigt）が提唱するように，高性能スピーカーには大型の磁気回路で空隙磁束密度を高くすることが望まれていました．フェランティのスピーカーも，AC 励磁のフィールド型では大型の磁気回路を搭載しており，強力な魅力を持つスピーカー形状でした．この点でも，日本の市場にあるスピーカーと大きく異なっていました．

　フェランティは，英国のランカシャーにあったラジオ受信機関係に強い会社で，その一つの事業として 1929 年に最初のスピーカー（写真 8-69）を製作しました．続いて，1930 年ごろから 4 年間にわたって，写真 8-70 に示すさまざまな特徴ある製品を発表しました．表 8-8 は，それらの概要を示したもので，英国の Wireless World 誌などには高く評価する記事が掲載されているので，日本にもその情報が届いていたようです．日本には 1933（昭和 8）年ごろから輸入され，愛好者もありました．

　日本でラジオ部品を輸入販売した商社として，三越百貨店の本店があります．同店のラジオ受信機の売場には，トランス，コンデンサー，スピーカーなど舶来のラジオ部品も展示され，販売されていました[8-14]．この中でも，フェランティのスピーカーに特に力を入れていたようです．

　三越百貨店のラジオ部の部長が『ハイ・ファイ テクニック』[8-15] の著者として著名な青木周三です．青木の部下の森宮庸次が，この関連の販売を担当し，多くのファンを作りました．

　1937（昭和 12）年の日中戦争の翌年にはドイツ軍のポーランド侵攻などがあり，欧州からのスピーカー輸入が非常に難しくなってきたため，国内の販売を継続するために，鉄材を除く振動系部品を海外から調達し，国内の部品メーカーからフレームや磁気回路を調達して組み立てる「着せ替えスピーカー」で急場を凌いでいたようです．

　なお，英国のフェランティの 1940 年代以後の存

8-12 久寿電気研究所の「ハーク」スピーカー

[表8-8]
1934年ごろの英国フェランティ各機種の仕様

型名	口径〔インチ〕	その他の特徴	発表年
マグノ・ダイナミック		コバルト鋼磁石，B_g=8000	1929
M1	6・1/4	入力6.5W，直径6インチのカーリングストン型の9%コバルト鋼磁石使用，20Ω，紙コーンにセルロース処理，トランス付き	1929
M2	口径不明（8〜10）	バックラム織物コーン	1931
M3	9	150Hz〜高音はなし，B_g=7300，20Ω，9%コバルト鋼磁石，バックラム織物コーン	1931
D2	10	バックラム織物コーン，入力4W，DC型フィールドコイルDC200〜250V	
M5T	6	M5はユニバーサルトランスなし，タングステン鋼磁石，ラジオ受信機用	1933
M6T	4	ラジオ受信機用，ユニバーサルトランス付き，タングステン鋼磁石	1933
S.A.I.	口径不明	フリーエッジ，AC型フィールドコイル	1930
AC	振動板径6	フリーエッジ，AC型フィールドコイル	
M1+	6	50〜15000Hz，B_g=8000，6Ω，入力7W，NeAl鋼磁石，アルミボイスコイル	1934
M1スーパー	8	50〜19000Hz，B_g=10000，入力20W，コルゲーションエッジ	1934

[写真8-71] ハークD-1型のコーン振動板とアウトサイドダンパー

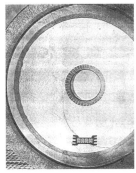

[写真8-72] ハークのスピーカーの特徴であるボイスコイルボビンとコーン紙の貼り合わせ

(a) 大型マッチングトランス

(b) フィールドコイル励磁用電源装置

[写真8-73] ハークの大型マッチングトランスとフィールドコイル励磁用電源装置

続は不明です．

久寿電気研究所は，こうした動向から，英国のフェランティ系の音質性能を狙ったスピーカーを研究し，型名もフェランティと同じ型名の「M」と「D」のそれぞれのシリーズ名に付した製品を開発

しました．

最初の製品は，呼称口径6・3/4インチの「D-1型」ダイナミックスピーカーでした．RCAの104型（R&Kスピーカー）に負けない大型のヨークを使用したフィールド型磁気回路を搭載したため，重量

149

第 8 章　日本のスピーカーの誕生から終戦（1945 年）まで

口径12インチ
(a) D-2-9型

口径12インチ
(b) D-3型

口径8インチ
(c) D-4型

[写真 8-74]　1941年に発売されたハークのスピーカー

口径6インチ
[写真 8-75]　開発したハークのM-1-H型パーマネントスピーカー（1941年）

[表 8-9]　1951年ごろのハークの機種一覧

型名		口径〔インチ〕	インピーダンス〔Ω〕	入力〔W〕	フィールドコイル	
					抵抗〔Ω〕	電流〔mA〕
D-1		8	6	15	2000	75～100
D2-9		12	15	30	2000	75～100
D-3		12	15	20	1000	75～100
D 4		8	6	7	1000	75～100
M-1-H		6	2	6.5	パーマネント型	
M-7		7	7kΩトランス付き	3	1500	60
M-8	S	8	2.5kΩトランス付き	9	1000	90
	P	8	7/10kΩトランス付き	9	1000	90
M-9		9・1/2	不明	12	1000	100

　9.5kgとヘビー級の重さでした．外径は207mm（実測）で，これは本来，8インチスピーカー相当のものでした．奥行きの全長は215mmと長く，高忠実度再生用を狙ったものです．

　振動支持系は，蝶型の布入りベークライトを使用したアウトサイドダンパー（**写真8-71**）で，コーン周辺のエッジは，皮革のフリーエッジ方式を採用しています．

　コーン紙は，英国製の水彩画用のワットマン紙を貼り合わせてコーン状にしたもので，防湿処理として，当時の可燃性フィルムをサイジングしてアミルアルコール（ペンチルアルコール）で溶解した液を作り，1回目はコーン頂部の部分に，2回目には裏表全体に，筆を使って塗布したと言われています8-16）．

　また，ボイスコイルボビンとの接合部分は，ボビンに細かい切れ目を入れてコーン頂部に貼り付けたために菊花紋の模様が現れるハーク独特のもので，ハークのマークとともにコーン振動板を見たとき，一見してハークのスピーカーとわかる大きな特徴でした（**写真8-72**）．

　当時のスピーカーはマッチングトランスをスピーカーのフレームに取り付けていたのに対し，トランスの性能（特に低音）を重要視したために独立した大型形状とし，フレームには取り付けないことを基本に考えていました．

　また，フィールドコイルの励磁電源も，電流容量の大きいものを用意するなど，当時としてはかなりマニアックな製品作りをしています（**写真8-73**）．

　戦時色が次第に濃くなってきた時期ですが，オーディオ愛好家や劇場の音響技術者から注目されたハークブランドは，一躍有名になりました．

その後，1941（昭和16）年には「D-2-9型」，「D-3型」，「D-4型」（**写真8-74**），永久磁石を使用したパーマネント型の「M-1-H型」（**写真8-75**）を発表しました．

D-2-9型は口径12インチで，拡声器用やトーキー映画の再生用などに使用されました．D-3型は口径12インチで，D-2-9型より安価に作られた製品で，拡声器用やトーキー映画の再生用などに使用されました．

D-4型は，D-1型の磁気回路を小型にした製品で，全高さは147mm，重量は5.9kgと軽くなっています．

口径6インチのM-1-H型は，で，ハークでは最初のパーマネント型で珍しい機種ですが，材料調達が困難になったためか，早くに製造を終了してしまいました．

この久寿電気研究所は，第2次世界大戦の末期に空襲で工場を焼失しましたが，戦後の1947（昭和22）年に復興しました．会社を合資会社組織にして1949（昭和24）年11月には社名を「日本ハーク株式会社」（東京都台東区初音町）とし，社長の中村忠樹と専務役の徳江正造を中心に，技術開発を浅島武雄が担当しました．

1951（昭和26）年ごろの機種構成を**表8-9**に示します．

また同年，さらなる需要に対応して日本チュニー株式会社を併設して製品機種を拡大しハークとともに「チュニー」シリーズを発表し，健闘しました．

8-13 東芝系のスピーカー

スピーカー黎明期の日本でスピーカーを開発する手段として，海外メーカーと技術提携して技術を導入し，これを基礎にすることがありました．東芝系の旧株式会社芝浦製作所と旧東京電気株式会社は，GEとRCA系の技術をそれぞれ導入してスピーカーを開発し，国内需要に対応しました．

ここでは戦前活躍した芝浦製作所の「ジュノラ」と，東京電気の「マツダ」と「バイタボックス」の各ブランドを項目別に述べます．

8-13-1 芝浦製作所の「ジュノラ」スピーカー

NHK認定品リストは，戦前の日本製スピーカーメーカーを知る手がかりとなります．初回の1928（昭和3）年に認定された「ジュノラH2号型」マグネチックホーンスピーカーを製造した芝浦製作所は，1875（明治8）年に「田中製造所」（田中久重）として創立し，モールス電信機の生産をしていた会社ですが，経営的な問題もあって明治26（1893）年に三井銀行が田中製造所を継承し，「芝浦製作所」として発足させました．

その後，1904年に「株式会社芝浦製作所」となり，1909年に米国GEと技術提携して，エジソン（Thomas A. Edison）が発明した白熱電灯を点灯する直流発電機や電動機を生産する重電関係の会社となりました[8-17]．

[図8-21] 芝浦製作所製のジュノラH2号型マグネチックホーンスピーカー（中央）の広告（『ラヂオの日本』1925年11月号掲載）

第 8 章　日本のスピーカーの誕生から終戦（1945 年）まで

ところが，GE が 1919 年に RCA の設立に力を入れ，真空管やラジオ受信機を生産し，供給しはじめたことを察知した芝浦製作所は，GE と真空管やラジオ受信機のライセンス契約を結びました．

世界最初のラジオ放送（米国 KDKA）が 1920 年に開始されると，芝浦製作所はラジオ受信機の需要を見込んで高級ラジオを研究し，1925 年に，「ジュノラ 1-A 型」ラジオ受信機，翌年「ジュノラ IV-A 型」ラジオ受信機などを発表し，これに使用するスピーカーとして「ジュノラ H2 号型」マグネチックホーンスピーカー（図 8-21）を製造しました．

芝浦製作所がラジオ開発技術力を示したのは，1925 年に発表した「ジュノラ 6A 型」6 球スーパーヘテロダイン受信機で，RCA のスーパーヘテロダ

ラジオ受信機

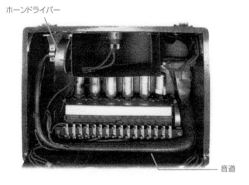

裏側から見た内部

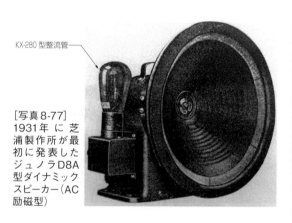

[写真 8-77] 1931 年に芝浦製作所が最初に発表したジュノラ D8A 型ダイナミックスピーカー（AC 励磁型）

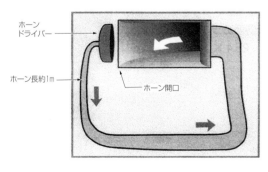

ホーンスピーカーの構造

[写真 8-76]　ジュノラ 6E 型ラジオ受信機に搭載したホーンスピーカーの配置と構造[8-18]

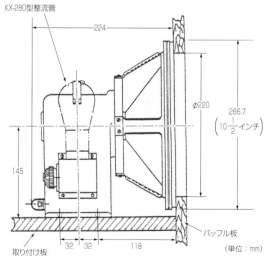

[図 8-22]　ジュノラ D8A 型ダイナミックスピーカーの概略構造寸法

152

イン方式の特許を使用した優れた製品でした．次いで1927年に発表した「ジュノラ6E型」6球スーパーヘテロダイン受信機（写真8-76）には，外形寸法360×300mmのポータブル型受信機内に，約1mの長さのホーンスピーカーが折り曲げて搭載していました[8-18]．これは，RCAラジオラ24型に似せて設計したといわれていますが，それにしても高い技術を持っていたと思います．

同社は1931年にGEのライスとケロッグの設計技術を基本に，直接放射型のダイナミックスピーカーを開発しました．このスピーカーにも「ジュノラ」の商標が付けられ，口径10・1/2インチのD8A型（写真8-77），D8B型，D8C型の3機種を発売しました．これらは，励磁方法がAC型とDC型に分かれています．AC励磁型のD8A型スピーカーのの概略構造を図8-22に示します．

『芝浦レヴュー』誌に，設計部の佐久間健三が「ダイナミック高声器」と題した論文[8-19]を発表し，当時の国内のスピーカー技術レベルの高さを示しました．また，同誌9月号に掲載した新しいダイナミックスピーカー120型（先に発表したD8A型と類似しているが詳細は不明），121型，122型，110型（写真8-78）は，電気展覧会に出品されたものです．

一方，第8章9項で述べたように，芝浦製作所は，GEのライスとケロッグのダイナミックスピーカーの発明特許を管理する立場で，1933年に日本国内で無断使用しているメーカーに対して特許侵害の警告をするなど，日本国内のスピーカーメーカーに対して厳しい目を注ぐ業務を行っています．

佐久間健三は，1935年に電磁平衡鉄板型スピーカーを開発し，論文[8-20]を発表しました．この原理は，東北帝国大学（現・東北大学）の抜山平一の考案で『電気音響機器の研究』[8-21]の中に記載されています．その駆動系の構造は図8-23で，佐久間は，これをHS-90型スピーカー（写真8-79）と

[写真8-78] ジュノラ110号型（口径8インチ）ダイナミックスピーカー

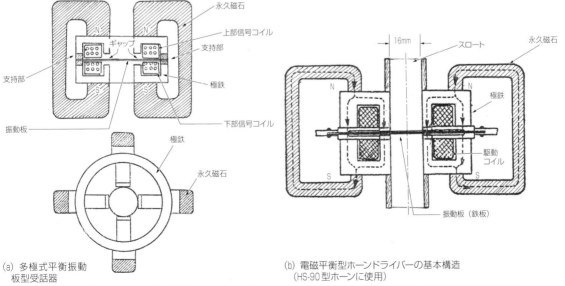

(a) 多極式平衡振動板型受話器

(b) 電磁平衡型ホーンドライバーの基本構造（HS-90型ホーンに使用）

[図8-23] 佐久間健三考案の電磁平衡型ホーンドライバーの基本構造と抜山平一考案の多極式平衡振動板型受話器

第 8 章　日本のスピーカーの誕生から終戦（1945 年）まで

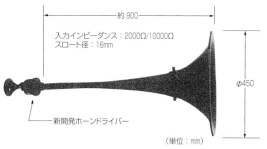

[写真8-79]　電磁平衡型鉄板振動板ドライバーを採用した芝浦製作所製HS-90型ホーンスピーカー

して商品化し，屋内用，屋外用拡声器として販売しました．

その後1939年，GEは技術と資本を投入していた芝浦製作所と東京電気に対し，経営的な重複が多いとのことで，両社を併合して新しく東京芝浦電気株式会社（東芝）を設立させました．このため，「ジュノラ」ブランドのスピーカーは消えてしまいました．

8-13-2　東京電気の「マツダ」，「バイタボックス」スピーカー

一方の東京電気株式会社は，エジソンの白熱電灯球の発明から10年後の1890（明治23）年4月に白熱舎（三吉正一）として創立し，1896年に組織を株式会社にして「東京白熱電灯製造株式会社」になり，1899年に社名を「東京電気株式会社」と改め，工場を川崎市柳町に建設した会社です．

その後，米国でフレミング（J. F. Fleming）の2極管の発明やド・フォレスト（Lee De Forest）の3極管の発明があったため，東京電気は，白熱電灯球の製造技術を利用して真空管の製造ができるのではないかと考えました．早速GEとRCAに対して真空管の製造の技術提携を結び，真空管の製造の特許権を得て，真空管の研究試作を開始しました．

この提携で，完成した真空管にGEの商標マークが使用できるようになり，1925年まで使用しました．また，1917年には，わが国最初の真空管「オーディオンバルブ」の試作に成功，1919年には，わが国最初の送信管「プライオトロン」を完成し，日本

のラジオ放送開始の大きい原動力になりました．

ラジオ受信機用真空管では，GEとRCAで開発した199型と201A型真空管の製造を1913年に開始して国内の真空管の需要に対応し，わが国を代表する真空管製造会社に発展しました．

この真空管製造技術に対し，1915年に名誉ある「Mazda（マツダ）」の商標（図8-24）が使用できるようになり，それまで使用したGEマークに代わって，東京電気製真空管には「マツダ真空管」の名称が付与されました．

この「Mazda」の名称は，1910年にGEをはじめとする世界各国の一流の電球会社が，改良研究を目的として会合した際に，今後各社で製造するタングステンフィラメントの電球に，ゾロアスター教の光の神である「アウラ・マツダ（Ahura Mazdā）」の名にちなんでマツダランプとしようと決めたことが由来と言われています．

事業の拡大に伴って，東京電気は1935年に真空管を含む無線事業を分離して，新しく「東京電気無線株式会社」を設立しました．この新会社で，GEとRCAの技術を基礎にしたスピーカーの開発が行われ，完成品は「マツダ高声器」の商標で販売することになりました．

前述のように，1939（昭和14）年7月に東京電気と芝浦製作所が合併して，「東京芝浦電気株式会社」に社名を変更しましたが，東京電気無線株式会社は元の社名「東京電気株式会社」に改名して，川崎市柳町に本社を設立しました．このため，スピーカーの「マツダ高声器」の商標は継続できました．

東京電気無線時代に製作した『マツダの型録』には，オルソンが設計したリボンマイクロフォンと

[図8-24]
芝浦製作所が使用したマツダの商標

8-13 東芝系のスピーカー

[写真8-80] 東京電気無線製のマツダNS-1609型ダブルボイスコイルスピーカー（口径8インチ）

概略寸法：W710×D390×H840mm

[写真8-81] マツダNS-1655型放送監視用スピーカーシステム（NS-1609型スピーカー搭載のバックロードホーン型）

[写真8-82] マツダNS-1608型ダイナミックスピーカー（口径12インチ，フィールドコイル型）

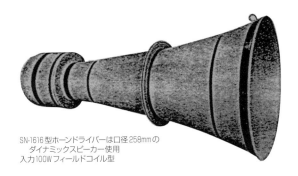

SN-1616型ホーンドライバーは口径258mmの
ダイナミックスピーカー使用
入力100Wフィールドコイル型

[写真8-83] マツダSN-1680型強力ホーンスピーカー

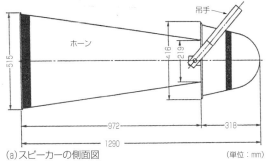

(a)スピーカーの側面図 （単位：mm）

許容最大入力：120W　　　　ボイスコイルインピーダンス：15Ω
再生音域：100〜5000Hz　　　フィールドコイル抵抗：1000Ω（400mA）
投射分布角度：70°　　　　　ホーン全長：1290mm
総重量：45kg　　　　　　　　ホーン口径：515mm
スピーカーユニット口径　　　材質：全鉄製
：205mm（8インチ）

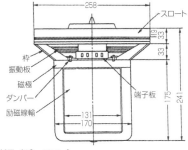

(b)ホーンドライバーユニット

[図8-25] マツダSN-1680型ホーンスピーカーとSN-1616型ホーンドライバーの概略構造寸法

ともに，オルソン設計のダブルボイスコイルスピーカー相当のマツダNS-1609型（**写真8-80**）や，SN-1655型折り返し型バックロードホーンのと組み合わせた放送用モニタースピーカー（**写真8-81**），口径12インチのマツダSN-1608型スピーカー（**写真8-82**）などが「マツダ」製品となっています．また，入力100Wの強力ホーンスピーカーマツダSN-1680型（**写真8-83**）は，SN-1616型ホーンドライバーを内蔵した構造（**図8-25**）で大音響出力の特殊用途を狙った開発品もあります．これらの機種構成や型名を表8-10に示します．

『広瀬商報』1940年1月号には，「マツダ高声器」発売の広告（**図8-26**）が掲載されています．ところが1941年7月には，理由はわかりませんが，スピーカーのマツダブランドは，「バイタボックス」ブランドに変わり，同一製品でありながら商標だけが変わってしまいました．

1942年に同社の『無線資料』誌に，技術部の藤岡明雄の「高声器界の展望」と題した論文[8-22]が掲載されていますが，ここでもオルソンの設計思想が多く転用されており，RCAとの技術的つながり

第8章 日本のスピーカーの誕生から終戦（1945年）まで

［表8-10］ 東京電気無線時代のマツダブランドのカタログに掲載された製品（1939年）

型名	口径〔インチ〕	入力〔W〕	インピーダンス〔Ω〕	磁気回路	方式・特徴	指定キャビネット	キャビネットの概略形態
SN-1601	6	0.5	10000		マグネチック, 可動鉄片型	SN-1681型キャビネット 受信機用	
SN-1602	9	0.5	10000		マグネチック, 可動鉄片型	SN-1651型キャビネット モニター用	
SN-1603	6	3	4	FC-1500Ω 50mA	ダイナミック, フリーエッジ	SN-1652型金属キャビネット SN-1671型	
SN-1604	6	3	4	パーマネント	ダイナミック, フリーエッジ	屋外ホーンバッフル SN-1671型	
SN-1605	10	5	2	FC-1500Ω 80mA	ダイナミック, フリーエッジ, 紙コーン	SN-1653型キャビネット	
SN-1606	―	5	2	パーマネント	フリーエッジ, ジュラルミン振動板	屋外ストレートホーンドライバー SN-1672型	
SN-1607	10	5	4	パーマネント	ダイナミック, フリーエッジ, 紙コーン	SN-1653型キャビネット	
SN-1608	12	10	15	FC-1500Ω 80mA	ダイナミックコルゲートエッジ, カーブドコーン	屋外ホーンバッフル SN-1673型	
SN-1609	8	10	15 ダブルボイスコイル	FC-1500Ω 80mA	ダイナミックコルゲートエッジ, 紙コーン	SN-1655型キャビネット バックロードホーン, モニター用	
SN-1610	―	20	15	FC 6Ω	ジュラルミン振動板	屋外ストレートホーンドライバー SN-1674型	
SN-1611	12	20	15	FC-1500Ω 120mA	ダイナミックコルゲートエッジ, カーブドコーン	屋内屋外ホーンバッフル SN-1675型	
SN-1612	7	20	15	FC-1500Ω	紙コーン	屋内ストレートホーンドライバー SN-1676型	
SN-1613	―	25	22	FC	ジュラルミン振動板	高音セクトラルホーン用ドライバー 劇場用SN-1677型	
SN-1614	15	25	22	FC	紙コーン	低音用ホーンドライバー 劇場用SN-1678型	
SN-1615		60		FC		屋外ホーンバッフル SN-1679型	
SN-1616		100		FC		屋外ホーンバッフル SN-1680型	

［図8-26］ マツダ高声器の広告例（1940年）

[写真8-84]
OP磁石を使用した東京電気製バイタボックスSN-1623型パーマネントダイナミックスピーカー

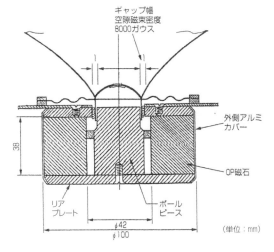

[図8-27] バイタボックスSN-1623型スピーカーの磁気回路部の概略構造

が強かったことを示しています．また，1943年に同社技術部の松尾俊郎は，日本で開発されたOP磁石を使用した純国産品としてバイタボックスSN-1623型パーマネントダイナミックスピーカー（写真8-84）の技術を発表[8-23]し，図8-27に示す磁気回路が示されました．

このように，東京電気では，海外技術の導入を背景に，1945（昭和20）年ごろまで，東芝の傘下で国産最高級スピーカーを製造し，活発な開発が進められました．

8-13-3 日本ビクター蓄音機との関係

もうひとつ，RCA系の流れをもつ会社として日本ビクター蓄音機株式会社があります．同社は1927（昭和2）年創立で，今日の日本ビクター株式会社のルーツになります．

この会社は，米国グラモフォン系のビクター蓄音機会社（Victor Talking Machine Company，創立1901年）の出資率100％の外資系会社として創立されました（代表者はベン・ガードナー）．ところが米国ビクター蓄音機会社が1929年にRCAに吸収されて「RCAビクター（RCA Victor）」になったため，日本の親会社の三菱合資会社と住友合資会社は，経営基盤が安定しており，今後も傘下の日本ビクター蓄音機は，業績が高まると見て出資し，日米の合弁会社となりました．

米国の大恐慌の始まる中，資金をバックに1929年横浜市の新子安に近代的な工場を建設しました．ここでレコードや蓄音機の製造を開始し，純国産化に向けたスピーカーの開発も進めました．そして，1933年に純国産品のJRE-42型電気蓄音機を完成しました．

1937年，株主であったRCAビクターの持ち株42.5％が日本産業株式会社（鮎川義介）に譲渡されたため，三菱合資会社と住友合資会社も株を第一生命相互会社に譲渡して，経営が大きく変わりました．

ところが，この日本産業は半年ほどでこの株を手放し，これを東京電気（山口喜三郎）に譲渡してしまいました．さらに追い討ちをかけるように，1938（昭和13）年には，戦時色が濃くなったためRCAビクターは本国に引き揚げることになり，残りの持ち株を芝浦製作所と関連会社の日本電興株式会社に譲渡し，日本ビクター蓄音機は，GEとRCAの技術提携関連会社の東京電気と芝浦製作所の傘下になってしまいました．そして翌1939年7月には，芝浦製作所と東京電気が合併して，今日の東芝である東京芝浦電気になり，日本ビクター蓄音機も，この大会社の傘下に入りました．

これで上記の3つの会社がGEとRCAの技術で関連づけられて，一体化と製造分担の整理統合が行われました．この時期の関連会社の中には，日本ビクターとともに日本コロムビアがあり，日本音響電気工業株式会社（住吉舛一，第9章9項参照）がありました．

第8章 日本のスピーカーの誕生から終戦（1945年）まで

(a) 高音用ホーンドライバー
（口径6インチコーン型）

[写真8-85]
日本ビクター製
フォトフォンスピ　(b) 低音用ホーンドライバー
ーカーユニット　　（口径12インチコーン型）

再生周波数範囲：50～10000Hz
クロスオーバー周波数：300Hz
ホーンドライバー
高音用口径6インチコーン型
低音用口径12インチコーン型

[写真8-86] 日本ビクター製フォトフォン非同軸2ウエイスピーカーシステム

　同社のスピーカー開発は，両社の関係が複雑に結び付いて，日本ビクター蓄音機は，トーキー映画関係の「RCAフォトフォン」を日本市場で代行することになり，1937年より本格的な国産化を行い，トーキー映画用システムPGP-116型を国産品として完成させ，翌年には納入を開始しています．さらに，1940年ごろから音響拡声装置の開発を進め，『無線と実験』誌の1941年6月号表紙や同年7月号の表紙に日本ビクター蓄音機の映画劇場用スピーカーが大きく掲載されました．

　これらにはRCAの技術が多く採用されたので，先のマツダ高声器と類似点も多く見られます（**写真8-85，8-86**）．

　いずれにしても，中小企業の中で育ちつつあったスピーカー技術とは違い，長い年月，大手の海外技術と提携し，本格的な製造開発が行われ，優秀な技術者が育ち，技術論文も発表されるなど，活発に活動していたのですが，戦後の財閥解体などの影響か，整理統合のうちに強いスピーカー技術を持った技術者たちが消えていった感があります．

　もしも，こうした技術が戦後に継続していれば，RCA，GE系のスピーカー技術から構築された芝浦製作所設計部の佐久間健三や，東京電気の設計課の藤岡明雄，松尾俊郎のスピーカー研究成果は，戦後のスピーカー開発技術に大きく貢献していたかもしれません．

8-14　日本電気の「NEC」スピーカー

　前項では，東芝系メーカーが海外企業のRCAやGEと技術提携して国産スピーカー製造を進展させたことを述べましたが，本項では米国のベル電話研究所およびWE（Western Electric）と技術契約を結び，電話交換器などの有線機器の技術を持ち込んで発展した日本電気株式会社について述べます．

158

8-14 日本電気の「NEC」スピーカー

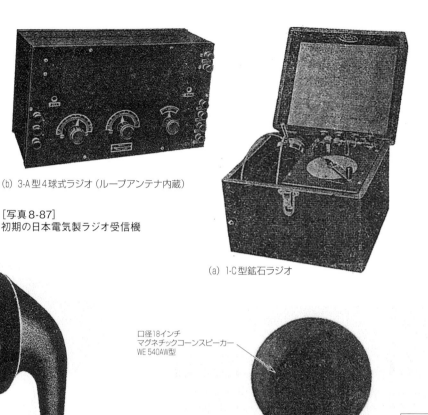

(b) 3-A型4球式ラジオ（ループアンテナ内蔵）

[写真8-87]
初期の日本電気製ラジオ受信機

(a) 1-C型鉱石ラジオ

開口径：10インチ
高さ：23インチ
真鍮製ホーン

口径18インチ
マグネチックコーンスピーカー
WE 540AW型

3-A型ラジオ受信機

25型増幅器

[写真8-88] 日本電気のラジオ受信機に使用したWE製543型マグネチックホーンスピーカー

[写真8-89] 1928年の広告に掲載されたラジオ受信機のセット

　米国のWEはベル（Alexander Graham Bell）が発明した電話事業を日本の市場で発展させるために，自社で会社を設立して経営することを避け，日本の企業と折半で会社設立する考えを持っていました．このため市場調査をし，政府の指導などあって，1898（明治31）年に新しい「日本電気合資会社」を創立し，WEと技術提携した電話事業を開始しました．

　翌1899年には改組して「日本電気株式会社」とし，WEが資本金54％を保有する合弁会社となり，電話交換器などの有線機器の製造を開始しました．

　トーキー映画もない時代なので，有線機器が主要機種でした．しかし，ライバル会社として沖電気，東亜電機，富士電機などがあり，苦戦を強いられました．

　1918（大正7）年に，この事業が住友系の経営に移り，1920年には日本電気は住友系の強力な資本をバックに有線機器，電線，無線機器の各分野に進展していきました．

　スピーカー関係は，ラジオ放送との関係事業で誕生しました．

　放送機器の事業は1920年，WEの放送機（送信

159

第8章 日本のスピーカーの誕生から終戦（1945年）まで

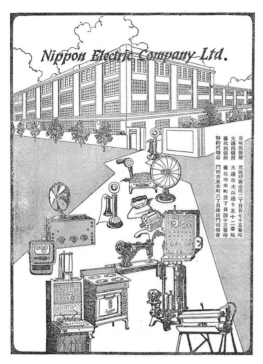

［図8 28］ 日本電気の「NECO」ブランド家電商品の広告例（『ラヂオの日本』1927年12月号掲載）

［表8-11］ 日本電気の業務用音響機器（拡声装置）のカタログに掲載されたスピーカー関係製品

型名	仕様/特徴	入力インピーダンス〔Ω〕	備考
549W	バランスドアーマチュア型，ホーンドライバー	10000	
551W	バランスドアーマチュア型，ホーンドライバー	2000	
555W	ダイナミック型，ホーンドライバー		フィールド型，DC6V
555M	ダイナミック型，ホーンドライバー		パーマネント型
NDP3	ダイナミック型コーンスピーカー，口径8インチ	500, 2000, 1000	パーマネント型
SSP	ダイナミック型コーンスピーカー，口径8インチ	5000, 9000, 17000	パーマネント型
595A	ダイナミック型低音用コーンスピーカー，口径14.5インチ	15	フィールド型，DC24V1.2A
595B	ダイナミック型低音用コーンスピーカー，口径14.5インチ	15	フィールド型，DC45V0.6A
597A	ダイナミック型高音用ホーンスピーカー	24	フィールド型，DC7V1.0A
597B	ダイナミック型高音用ホーンスピーカー	24	フィールド型，DC24V0.25A
8002A	湾曲ホーン，長さ60×開口48cm		真鍮
8011A	ストレートホーン，長さ100×開口48cm		真鍮
8012A	ストレートホーン，長さ200×開口75cm		真鍮
15A	エクスポーネンシャルホーン，長さ400×開口130cm		一部木製，カットオフ周波数57Hz
21B	エクスポーネンシャルホーン，開口75.3cm		一部木製，カットオフ周波数51Hz

機）の輸入に始まり，1923年4月から東京・上野で開催された博覧会に500W放送機を出品，定期的にラジオ放送を行い普及に努めました．この放送機は1925年，三越呉服店大阪支店の社屋に納入され，大阪放送局（JOBK）の開局に使用されました．

東京では，1925年4月に日本電気が輸入したWEの放送機（1kW）を同社が設営し，日本最初の本放送を開始しました．

このように，WEの放送機が技術提携先の日本電気を経由して，日本のラジオ放送の開始に貢献したわけです．

日本電気は，当然ラジオ受信機の需要拡大を見越して，ラジオ受信機の開発を行いました．1927（昭和2）年にラジオ受信機として鉱石ラジオ1-C型および3-A型（写真8-87）を発売しました．しかし，スピーカーはなくレシーバーが付属した製品でした．3-A型は，同社が開発した高周波増幅2段，低周波増幅1段の4球式で，ループアンテナを内蔵したものでした．

翌年，3-A型用にWE製の口径10インチの543型マグネチック型ホーンスピーカー（写真8-88）を輸入し，組み合わせて発売しました．

次いで1928（昭和3）年に，WEの口径18インチの陣笠スタイルの直接放射型コーンスピーカー540AW型を輸入し，ラジオ受信機3-A型と25型増幅器を組み合わせたセット（写真8-89）にして販売しました．パワーアンプ付きだったので，当時としては音量は大きかったものと思われます．

その後の開発は進まず，『ラヂオの日本』誌などの広告を見ると1930年ごろまでの2年間，ラジオ受信機3-A型とホーンスピーカー543型の広告が続き，新しい製品の広告はなく，家庭向けラジオ受信機の販売事業をやめたのではないかと思われるほどでした．

その一方で日本電気は，図8-28に見るように昭和2（1927）年には広範囲な家電商品を用意して広

8-14 日本電気の「NEC」スピーカー

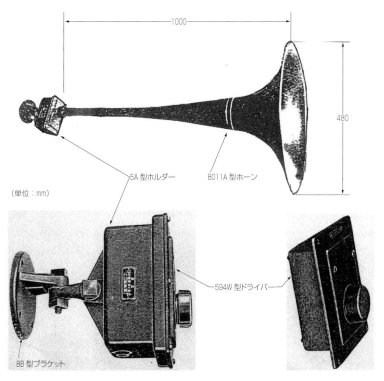

[写真8-91] 日本電気で販売したWEの555W型ホーンドライバー

[写真8-90] 日本電気で販売したWEの8011A型ホーンと549W型ホーンドライバードライバー

[写真8-92] 日本電気で販売したWEの597A型ホーントゥイーター

[写真8-93]
日本電気で販売したWEの595A型スピーカー（口径14·1/2インチ）

[写真8-94] 日本電気で販売したWEのパーマネント型スピーカー2機種（口径8インチ）

(a) SSP型（1934年）　　(b) NDP3型（1940年）

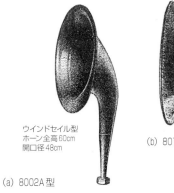
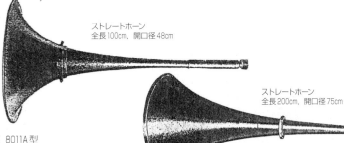
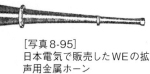

(a) 8002A型
ウインドセイル型
ホーン全高60cm
開口径48cm

(b) 8011A型
ストレートホーン
全長100cm，開口径48cm

(c) 8012A型
ストレートホーン
全長200cm，開口径75cm

[写真8-95]
日本電気で販売したWEの拡声用金属ホーン

161

第 8 章　日本のスピーカーの誕生から終戦（1945 年）まで

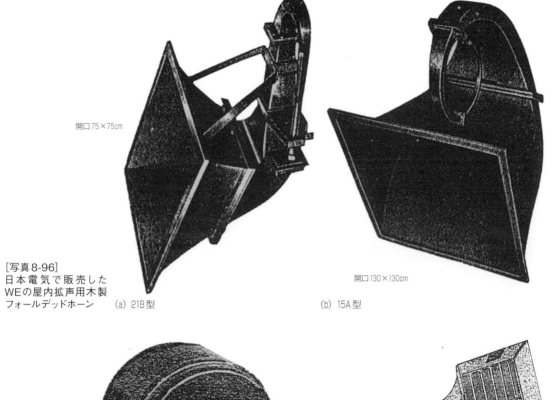

[写真 8-96]
日本電気で販売した
WE の屋内拡声用木製
フォールデッドホーン　　(a) 21B 型

開口 75×75cm

開口 130×130cm

(b) 15A 型

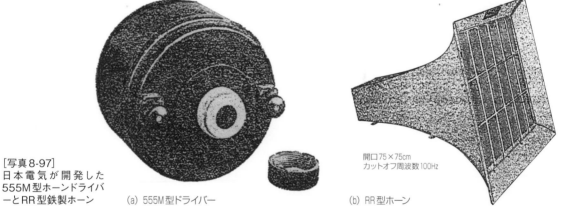

[写真 8-97]
日本電気が開発した
555M 型ホーンドライバ
ーと RR 型鉄製ホーン　　(a) 555M 型ドライバー

開口 75×75cm
カットオフ周波数 100Hz

(b) RR 型ホーン

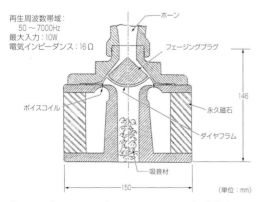

再生周波数帯域：
　50～7000Hz
最大入力：10W
電気インピーダンス：16Ω

ホーン
フェージングプラグ
ボイスコイル
永久磁石
ダイヤフラム
吸音材

[図 8-29]　555-M 型ホーンドライバーの概略構造

告を打つなど商品戦略が変わり，ブランド名には「NECO（ネコ）」が使われたようです．

その後の動向を雑誌広告で見ると，ブランド名は「NEC」に変わり，経営の方向が無線機器と有線機器の業務用製品に変わってきました．そのひとつに業務用（設備用）音響機器の事業があります．

1934 年に作成された業務用の「放声装置」のカタログを見ると，送話器（マイクロフォン），高声受話器（スピーカー）と放声装置付属品があります（**表 8-11**）．機種数は多く，主な製品を**写真 8-90 ～ 8-96** に示します．

表 8-11 を見ると，WE のトーキー映画用スピーカ

162

8-14 日本電気の「NEC」スピーカー

[写真 8-98] 日本電気が納入し，国会議事堂議場の天井裏に設置された555W使用のフォールデッドホーン

[写真 8-99] 日本電気製のラジオ用42-S型フィールド型ダイナミックスピーカー（口径6・1/2インチ，NHK放送博物館蔵）

[写真 8-100] 日本電気製のラジオ用M-65型パーマネント型ダイナミックスピーカー（口径6・1/2インチ，NHK放送博物館蔵）

一が主力製品として多く掲載されている一方，自社製品として555-M型ホーンドライバー（写真8-97）がありました．このスピーカーについては後日，同社の大津製造所技術部設計課主任であった吉村貞男が，『無線と実験』誌[8-24]に発表したことで明らかになっています．

555-M型は，WE製の555W型のフィールドコイルを永久磁石に置き換えてパーマネント型にした製品で，外磁型（図8-29）になっています．永久磁石は住友金属の新KS鋼を使用し，空隙磁束密度はWE 555W型と相当の値を得たと記載されています．

その後，姉妹機として開発された537-M型がカタログに掲載されましたが，内容は不明です．

同社が，こうしたWE系機材を整えて営業活動をした結果，記録に残る納入例として1936年11月に竣工した国会議事堂の拡声装置（写真8-98）があります．ここでは，折り曲げホーン21-B型とWEの555W型ホーンドライバーが複数設置されていました[8-25]．また同年，兵庫県西宮市の阪急西宮球場に納入した拡声装置にも，同じく555W型ホーンドライバーが使用されています．

日本電気としては，WEの高性能スピーカーに対抗する自社製スピーカーを開発する考えもあったかもしれませんが，契約条件などから実現できませんでした．しかし，WEから貴重な設計図面や技術資料および製品を多く入手して性能や試作検討を行ったものと思われます．また，日本電気はWEとの契約の中で制約があったのか，日本市場のトーキー映画の音響設備の分野には立ち入らなかったよ

163

第8章　日本のスピーカーの誕生から終戦（1945年）まで

うです．このため，拡声用設備の範囲にとどまっています．

同社の技術部に所属していた中井将一は，こうした環境にあったため，1930年にトーキー用拡声器についての解説記事[8-26]を発表するとともに，その後，マックラハラン（N. W. McLachlan）の著書Loud Speakers（Dover Publications, 1934年）を翻訳し，『拡声器』（コロナ社）として1935年4月に上梓しました．また，「振動系の研究」を同社技報に2年間にわたって執筆するなど，スピーカーの一連の研究に熱心に取り組みました．

第2次世界大戦に突入して，軍用の電子機器の生産が多くなる一方で，工場の疎開が始まり，1944（昭和19）年には，音響関係では水中音響機器（探信機，聴音機）に集中し，その生産を大津製造所に移し，ここに音響関係者が集結されました．

戦後，日本電気の再建のため，民生用機器の開発を手がけたとき，大津製造所ではオールウェーブラジオ受信機を製作するとともに，ワイヤー式の磁気録音機の開発などを行っています．このとき，ラジオ受信機用スピーカーは自社で開発しています（写真8-99）．また，振動板にコルゲーション付きのカーブドコーンを採用したパーマネント型ダイナミックスピーカー M-65型（写真8-100）も開発し，市販しました．

しかし，経営者の交代などあって，1949（昭和24）年にラジオ受信機の生産は中止し，スピーカーの開発も短い期間で中止となり，昭和28（1953）年に大津製造所は日本電気から分離独立して「新日本電気株式会社」となりました．そして人員整理によって多くの技術者が離散し，スピーカー関係の流れは消えてゆきました．

8-15　ウェスティングハウスとタイガー電機との関係とラジオ受信機用スピーカー

世界最初のラジオ放送は1920年11月2日，米国のWH（Westinghouse Electric and Manufacturing Company，ウェスティングハウス電機製造会社）のピッツバーグの工場内にKDKAとして開局して，定時番組を放送したのが始まりです．WHは，当時のマルコーニ無線電信会社，GEとともに無線技術やラジオの送受信技術などでは最先端を走っていました．

写真8-101は，1922（大正11）年の6球ラジオ受信機で，「ボカローラ（Vocarola）」（写真8-102）と称する渦巻き型マグネチック型ホーンスピーカーと組み合わせて，これを壁に取り付けて使用していました．

WHは，GEと同様に重電機器の製造が主力でしたが，真空管の開発においても優れた技術をもっており，特徴ある真空管を残しています．さらにラジオ受信機の生産にも力を入れ，写真8-103[8-27]のような生産ラインを持っており，完成品は1919年に設立したRCAに提供して「RCA」ブランドで販売しました．したがって，名機として知られる「RCAラジオラ26号」（写真8-104）[8-28]はWH製で，1925年に製造された6球スーパーヘテロダイン式です．内蔵スピーカーは，全長約60cmのホーンを三つ折りにして小さくし，ケース下部に収容しています．ホーン素材は亜鉛板をハンダ仕上げ加工したもので，手が込んでいます．同じような構成の「RCAラジオラ24号」はGE製です．当時は両社の特許の相互使用などで，技術の共有化を図っていたようです．

WHが日本市場へ販路を狙って，当初は合資会社高田商会に販売権を与えていましたが，1925年2月にこの会社が倒産しました．このためWHは「日本ウエスチングハウス電気株式会社」を設立して，自社製品の販売を独自に行いました．この時期の活動の一例として，1926年3月のラジオ雑誌広告に「ラジオラ26型」が掲載されています（図

8-15 ウェスティングハウスとタイガー電機との関係とラジオ受信機用スピーカー

[写真8-101] WHのRCAラジオラ6球高級ラジオ受信機（1922年）

[写真8-102]
WHの「ボカローラ」マグネチック型ホーンスピーカー

[写真8-103] 1925年ごろのWHのラジオの組立工場

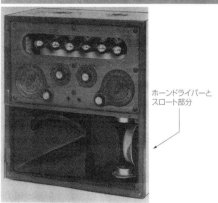

[写真8-104] WHのラジオラ26号に搭載されたフォールデッドホーンスピーカー

8-30) 8-29).

　ところが，日本は国産品奨励に力を入れていたことから販売が進まず，WHは早々に見切りを付けて同社を解散し，技術提携先の三菱電機株式会社に独立した販売会社を設立するように要請しました．そして，この新会社に日本におけるWH製品の一手販売権を与えることを提案してきました．

　三菱電機株式会社の設立は1921（大正10）年1月で，最初は三菱社（岩崎弥太郎）として1886（明治19）年に設立され，1893年に三菱合資会社に改組され，事業の一部であった三菱造船所に電機工場を設けて船舶の電化を進めました．この電機工場が発展して独立したのが三菱電機です．

　WHと技術提携を結んだのは1923年で，本来ならば日本のラジオ放送の開始とともにWHの技術指導を受けてラジオ受信機の開発や輸入販売の事業を行うことができる環境にありましたが，重電機器の製造が主力であったため無線関係の事業には対応しませんでした．このため，前述の要請を受けて，三菱電機はWH製品の販売会社を別に新しく設立して対応することになりました[8-30]．

　この新販売会社は，1929年に「菱美電機商会」

165

第8章　日本のスピーカーの誕生から終戦（1945年）まで

[表8-12]　WHのラジオ用部品を輸入して日本で組み立てられた「コンサートン・ラジオ」（三菱マーク付き）受信機5機種の仕様

型名	使用スピーカー	使用真空管	備考（当時の定価）
B	マグネチックコーン型	4球 227-226-12A-12B	スピーカーとシャシーを同一木製キャビネットに入れた日本最初のセット（35円）
H	マグネチックコーン型	4球 224-226-12A-12B	WHのWR-10型のキャビネットを小型化したもの（38円）
T	マグネチックコーン型	3球 224-12A-12B	ミゼット型（28円）
HB	マグネチックコーン型，途中で小型ダイナミック型	3球 224-47B-12B	H型と外形は同一（38円）
F	ダイナミック型	4球 224-224-247-80	WHのWR-14型の国産化品．キャビネットも類似（98円）

[写真8-105]
タイガー電気製作所がWHの部品で組み立てたコンサートンT型ラジオ受信機（1936年ごろ）

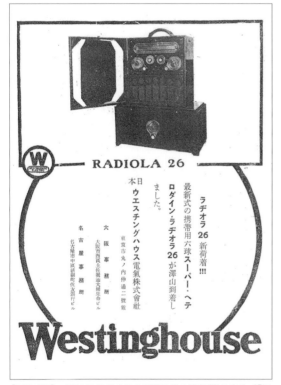

[図8-30]　WHのラジオラ26型ラジオ受信機の広告（『ラヂオの日本』1926年3月号）

(a) フォノモーター

(b) コブラ型アーム付きピックアップ

[写真8-106]　三菱電機ブランドで販売されたコンサートンフォノモーターとコブラ型ピックアップ

の社名で設立され，WH製品の家庭電気品やラジオ受信機を輸入して国内一手販売することになりました．ラジオ受信機は，初期にはキャビネット以外をすべてWHより輸入して，大阪の「タイガー電気製作所」で組み立て，三菱マークを付けて「コンサートン・ラジオ」の商品名で販売しました．

このタイガー電気製作所は，1920年にタイガー電池製作所（戸根虎次郎）として大阪の南区御蔵跡に創立された会社で，電池の製作販売をしていました．しかし，電灯線を使用したエリミネーター式受信機が増加して電池の需要が激減してきたことから，1928年に電池の製造を中止し，ラジオの製造に転向し，「コンサートン」のブランドでラジオ受信機を製造しました．このとき三菱電機と関係ができたのか，菱美電機商会が一手に販売権を握って販売しました．製品には「コンサートン・ラジオ」の商品名と三菱マークが付いています．

販売は，電力会社のルートを利用したり，三菱

166

8-15 ウェスティングハウスとタイガー電機との関係とラジオ受信機用スピーカー

(a) 口径8インチ
ダイナミックスピーカー

(a) RM-27型マグネチックスピーカー使用

(b) RD-4A型ダイナミックスピーカー使用

[写真8-107] タイガー電機が独自に販売したラジオ受信機

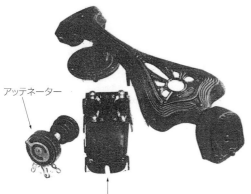

(b) コブラ型ピックアップ

[写真8-108] タイガー電機が独自に販売したダイナミックスピーカーとコブラ型アーム付きピックアップ

[表8-13] 菱美電機商会が完成品を輸入販売したWH製品の主要機種

型名	特徴	当時の定価
WR-13	8球スーパーヘテロダイン受信機付き電気蓄音機,コンソール型	600円
WR-14	4球高周波1段,再生検波	140円
WR-7	9球スーパーヘテロダイン受信機付き電気蓄音機で,ディスクに吹き込み可能.RCAのオーディオラ86型,GEのH-71型と同機種	1500円
コロメヤ	WHがデザインを懸賞募集して製作.柱状型で上部に上向きのスピーカー付き.リモコン付き	3000円

電機のモートル特約店を通じたりしていました.

WH製のラジオ受信機の部品を輸入して組み立てられたのは,表8-12の「コンサートン・ラジオ」です.これは3球から4球式のラジオ受信機で,タイガー電気製作所が製造したマグネチック型スピーカーが使われました.この5機種の中で好評だったのは,ミゼット型のT型(写真8-105)です.

タイガー電気製作所で製作したマグネチックスピーカーは,性能,音質ともに良く,1936年に口径6インチのM-8型スピーカーがNHKの認定品になっています.

菱美電機商会は,WHの最高級電気蓄音機に使用したピックアップなどの主要部品を輸入して組み立てを行い,三菱ピックアップとして販売するとと

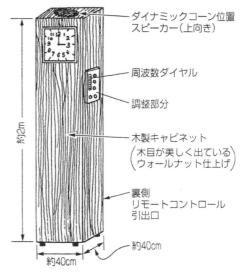

[図8-31] WHがデザインを懸賞募集した「コロメヤ」ラジオ受信機の概略形状寸法

第8章 日本のスピーカーの誕生から終戦（1945年）まで

口径10インチのダイナミックスピーカー

下段にはパワーアンプとダイナミックスピーカー

[写真8-109]
WHのWR-7型電気蓄音機

もに，部品として輸入したフォノモーターを三菱電機の神戸製作所で日本的に改良して組み立てて販売しました（写真8-106）．輸入した部品の加工は，回転スピードを調整するガバナーのウォームギヤが難しかったようです．

一方，タイガー電気製作所はWHの部品を使用して組み立てるノックダウン方式で次第に実績を上げ，実力を付けたため，1936年3月に菱美電機商会の了承のもとに販売を直営化して，社名を「タイガー電機株式会社」と改名して，場所も大阪市旭区放出町に移り，ラジオとともにダイナミックスピーカーを主力に製造販売しました（写真8-107）．

1937年のタイガー電機の広告には，WH製品と類似のピックアップや口径8インチのダイナミックスピーカーもあり（写真8-108），WH系の製品技術が継承されたといえます[8-31]．ラジオ受信機もRM-24型，RM-27型，RD-4A型，RM-5型，D-4型などの良い製品を開発し，1940年の日本における一流ラジオメーカー16社に名を連ねています．同社はその後，社名を「戸根無線」と改称してい

[図8-32]
1934年ごろまでに輸入されたWH製コンソール型ラジオ受信機

8-15 ウェスティングハウスとタイガー電機との関係とラジオ受信機用スピーカー

[写真8-110]
WH，GE，RCAビクターの3社が共用したスピーカーとミゼットラジオのシャシー

(a) 共用された口径8インチのダイナミックスピーカー

(b) 共用された8球ミゼットラジオのシャシー部

ます．

一方，菱美電機商会ではWHより完成品を輸入して販売しています．当時のサービスノートから見ると取り扱いは70機種に近く，ミゼット型，ディスク型，コンソール型などありました．主な製品は**表8-13**の4機種が主力で，この中の「コロメヤ」（**図8-31**）は，WHが米国でデザインを懸賞募集して製作したもので，40cm×40cm角，高さ約2mの柱状のキャビネットの上側にダイナミックコーンスピーカーが付いており，低音再生が優れていたようです．定価3,000円という高価格だったため，日本国内では2，3台程度の販売でした[8-32]．

高級なWR-7型（**写真8-109**）は9球のスーパーヘテロダイン式で，電気蓄音機として再生ができるとともにディスクに録音できるものでした．スピーカーはGE製と思われる口径10インチのダイナミックスピーカーが搭載されています．中身のシャシーをみると各パーツは共通化されており，RCAのラジオラ86型と同じ内容ですが，外観は異なっています．

手ごろな品としては，WR-13型（定価600円）が好まれました．8球のコンソール型でBCバンドのみのスーパーヘテロダイン式のラジオで，電気蓄音機の再生もできました．口径8インチのダイナミックスピーカーが搭載されていました．

米国では不況の時期で，1934年のWHの広告（**図8-32**）を見ると，コンソール型の電気蓄音機が販売されていますが，次第に経済恐慌の影響もあっ

て低価格の方向に進み，WHとGEとRCAビクターの3社はラジオの内部を共通化して同一工場で大量生産し，各社が独自デザインのキャビネットに組み込んで，個々に製品型番を付けて販売するという生産体制が敷かれました．このため，サービス関係も含めて，かなり合理化が進みました．スピーカーも共通化が進み，当時はGEで製造して共通に使用されたようです（**写真8-110**）．その結果，WHではスピーカー技術の進展はなくなったと思われます．

戦争が厳しくなった1942年には取り扱い商品が激減し，菱美電機商会は菱美機械と改称し，1944年には三菱電機に吸収されました．

三菱電機は，戦後の1946年には新しく自社で開発設計した純国産品の「ダイヤトーン」ブランドのラジオおよびスピーカーを素早く立ち上げ，進展することになります（第9章2項参照）．

169

8-16 原崎ラジオ製作所の「ローヤル」スピーカー

戦前のスピーカーとして社名を記録に止めておきたい会社のひとつに「原崎ラジオ製作所」があります．会社の創立は1925（大正14）年で，原崎得三，原崎葵作，原崎七郎の三人による共同経営の会社です．最初，静岡市末広町に「原崎ラジオ研究所」を設立し，研究部と製作部を設け，販売部を同市内の馬場町に置いて活動を開始しました．

この会社のユニークな点は，原崎得三が米国のオークランド市ポリテックカレッジ卒，原崎葵作は早稲田大学電気工学科を卒業後，米国オハイオ州立大学を卒業したインテリ揃いの会社だったことでした．同社はスーパーヘテロダイン式受信機の研究を行い，中間周波数トランスに特徴ある開発で特許を取得し，超遠距離受信に威力を発揮して好評を得るとともに，良心的な製品を作るメーカーとして名声を得ました．

商品のブランド名は「ローヤル（Royal）」で，ダイナミックスピーカーの研究も行いました．静岡産の玉露を燻すときに使用して茶渋のついた薄い紫色の和紙（ホイロ紙）をコーン紙としたと言われており，音質が良かったとのことですが，残念ながらこのスピーカーの現物や写真は入手できていません．

開発したスピーカーの機種は，1933年にD-8型，D-45型，1939年にD-90型などの記録があります．写真8-111は，昭和5（1930）年10月の広告に掲載された口径12インチのAC型ダイナミックスピーカーです[8-33]．

原崎ラジオ研究所は，1938年に「原崎ラジオ製作所」に改称され，本社を東京市品川区五反田に移し，静岡の販売部を支店としました．業種も拡大し，ラジオ受信機，ダイナミックスピーカー，通信用スーパーヘテロダイン受信機，電圧調整器などが製造されました．当時，新しい口径10インチのD-85型ダイナミックスピーカー（写真8-112）を発表し，7機種のスピーカーの製品機種がありました．1940年6月には株式会社に改組して「原崎無線工業株式会社」（原崎葵作）になっています．終戦後については不明です．

[写真8-111]
広告に掲載されたローヤルの口径12インチAC励磁型のダイナミックスピーカー（『ラヂオの日本』1930年10月号）

[写真8-112] 口径10インチのローヤルD-85型ダイナミックスピーカー（1938年）

8-17 タムラ製作所のスピーカー開発

コア鉄心を使用したトランスのメーカーとして著名なタムラ製作所が，戦前にスピーカーを1回だけ製造したという記録があり，これは珍品として記録に残すべきものです．

タムラ製作所は，1924（大正13）年に「田村ラジオ商会」（田村得松）として創立し，ラジオ製造や輸入ラジオの販売をしました．その後の1931年，「タムラジオ製作所」と改称し，製造販売も順調に進んでいたとき，ポリドールからの注文で電気蓄音器を製造し納入することになりました．

このとき，ピックアップやマイクロフォンととも

[写真8-113]
タムラジオ製作所がポリドールに納入した電気蓄音機

[写真8-114] タムラジオ製作所唯一のダイナミックスピーカー

にダイナミックスピーカーも開発することになり，手作りで製作したと言われています．開発の手本となったのはRCAのスピーカーで，コーン紙は木型に合わせてコルゲーションをコテで入れた貼り合わせコーンで，フィールドコイルなども自社で巻いたようです．

1933年に第1号機を納入し，毎月10台くらいのペースで作られたようです．写真8-113はその電気蓄音機の外観，写真8-114はスピーカーです[8-34]．

その後，本筋の低周波トランスに主力を置いたのは1937年にNHKに正式採用されてからで，それ以来，各種の製品を納めることになりました．そして，1939年11月に「株式会社タムラ製作所」に改組称しています．

このため，スピーカーを製作したのは，このポリドール電気蓄音機に搭載したスピーカーのみであり，このスピーカーは田村得松の苦心の作品であったといえます．

8-18 早川電機工業の「シャープ」スピーカー

現在の「シャープ株式会社」の前身は「早川電機工業株式会社」で，社長の早川徳次が1912（大正元）年9月に「早川兄弟商会」として東京の本所区林町2丁目に工場を創設したことに端を発します．早川徳次が発明したズボン用ベルトの新案バックル「徳尾錠（とくびじょう）」（実用新案25356号）が最初の製品で，当時早川は19歳でした．1916年には，実用新案543575号「常備尖芯鉛筆」を発明し，「シャープ繰出し鉛筆」（シャープペンシルの元祖）を製造し，国内，海外にも販売を行い，成功しました．

しかし，1923年9月の関東大震災で，この工場の一切の設備や財物を失い，早川は震災後の再建に苦慮しましたが，東京の復興にはまず住宅建設が最優先と，木材成金を夢見てヒノキの本場である信州の木曽へ旅立ちました．ところが，どのような閃きがあったのか，木曽を素通りして大阪に行ったということになっています[8-35]．しかし，実際は震災で工場とともに妻子（2人の男の子）を奪われ，辛い心境の中から大阪の義兄を尋ねたのが，大阪での活躍の場になった発端のようです[8-36]．

わが国におけるラジオ放送開始を予測した早川は，1924年に大阪市阿倍野区西田辺町に「早川金属工業研究所」を設立して，ラジオ受信機と，その部品の製作を開始しました．

その最初の製品は，1925年に開発した鉱石ラジオでした．逓信省の形式証明の一覧にはありませんが，国産品としては非常に早く，表8-14のように

第1号から第10号までの7機種を1927年ごろに発売していました．写真8-115は当時販売した鉱石ラジオ受信機です．また，その当時の生産ラインの工場風景を写真8-116に示します[8-37]．

鉱石ラジオに次いで，真空管ラジオ受信機を開発しました．その最初の製品が写真8-117です[8-38]．

同社のスピーカーは，マグネチック型ホーンスピーカーはOEM調達で，音質の良い直接放射型のマグネチック型コーンスピーカーは最初から自社で開発していました．

最初の自社製スピーカーは，口径6インチの750型と口径9・3/4インチの75型（写真8-118）で，1929年に発表されたものです．

一般家庭に電灯線が普及するようになるとエリミネーター方式ラジオ受信機を開発し，商品名を「シャープダイン（Sharp Dyne）」として，シャープダイン1010型3球式を発表しました．翌1930年からは，シャープダインをアピールするために広告に「トレードマーク」（図8-33）を使用しました．その後，4球式のシャープダイン20型，5球式のシャープダイン21型，22型，30型「富士号」を次々と発売し，これと関連して，この上に置くスピーカーとして，当時流行したベークライト製キャビネットにスピーカーを取り付けた780型や木製ケースの750W型，金属ケースの770型の3機種（写真8-119）を発売しました．

1932（昭和7）年になって発売されたシャープダイン33型「富士号」には，口径8インチのマグネチックコーンスピーカーを収容した丸形金属製ケース（外径245mm，高さ275mm，奥行き135mm）が使用され，一段と高級感のある製品を作り上げました（写真8-120）．

1934年には，シャープダイン受信機用の高音質のマグネチックスピーカーとして口径5インチの755型，口径6インチの756型（写真8-121）を開発しました．次いで開発した口径7インチの750型，口径8インチの760型および760B型はNHK認定品として高く評価されるとともに，1937年になって口径6インチのS-60型，口径7インチのS-70型，口径8インチのS-80型（写真8-122）などを開発し，その音質は市場では高い評価を受けました．これ

［写真8-115］ 早川金属工業研究所が開発した国産初といわれる鉱石ラジオ（シャープ歴史ホール蔵）

機種番号	特徴	外形寸法 高さ	外形寸法 幅	外形寸法 奥行	参考（当時の価格）
1号	舶来クロース張り手提式 バリアブルコンデンサー付き	6寸1分 183mm	4寸3分 129mm	4寸5分 135mm	6.50円
2号	舶来クロース張り手提式 バリアブルコンデンサーなし	5寸 150mm	3寸9分 117mm	4寸4分 132mm	4.00円
4号	ナラ，カシ材蓋付き バリアブルコンデンサー付き	8寸5分 255mm	5寸2分 156mm	5寸4分 162mm	7.50円
5号	美術木箱（ナラ，カシ材蓋付き）バリアブルコンデンサー付き	6寸1分 183mm	4寸3分 129mm	4寸5分 135mm	6.50円
6号	カツラ材，裏面透明セルロイド窓付き バリアブルコンデンサー付き	6寸2分 186mm	4寸4分 132mm	5寸5分 165mm	6.50円
7号	カツラ材，裏面透明セルロイド窓付き バリアブルコンデンサーなし	5寸 150mm	3寸7分 111mm	5寸5分 165mm	3.80円
10号	舶来クロース張り手提式 バリアブルコンデンサーなし	4寸3分 129mm	3寸1分 93mm	3寸 90mm	3.00円

［表8-14］
1927年ごろの早川金属工業研究所が発売していた鉱石ラジオ受信機の機種一覧

8-18 早川電機工業の「シャープ」スピーカー

［写真8-116］ 早川金属工業研究所での鉱石ラジオの生産ライン風景（1925年）

［写真8-117］ ホーン型マグネチックスピーカーを搭載したシャープダイン31型受信機（1935年，シャープ歴史ホール蔵）

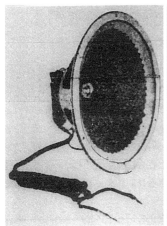

(a) 750型（口径6インチ）　　(b) 75型（口径9·3/4インチ）

［写真8-118］ 早川金属工業研究所のコーン型マグネチックスピーカー（1929年）

［図8-33］ 1930年以降，シャープダインの広告などに使われたトレードマーク

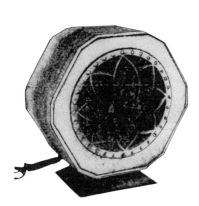

(a) 770型（金属製六角キャビネット）　　(b) 750型（木製キャビネット）　　(c) 780型（ベークライト製七角キャビネット）

［写真8-119］ シャープダイン受信機用のキャビネット付きスピーカー

173

第 8 章　日本のスピーカーの誕生から終戦（1945 年）まで

[写真 8-120]　シャープダイン 33 型「富士号」用金属製キャビネット付きマグネチック型スピーカー（口径 8 インチ, 1932 年, シャープ歴史ホール蔵）

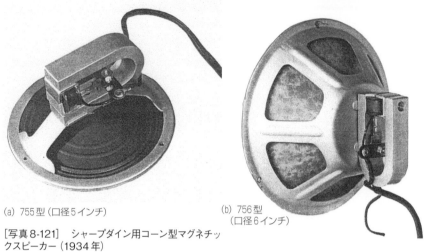

(a) 755 型（口径 5 インチ）　　(b) 756 型（口径 6 インチ）

[写真 8-121]　シャープダイン用コーン型マグネチックスピーカー（1934 年）

(a) 750 型（口径 7 インチ）NHK 認定品　　(b) 760 型, 760B 型（口径 8 インチ）NHK 認定品　　(c) S-70 型（口径 7 インチ）

(d) S-60 型（口径 6 インチ）　　(e) S-80 型（口径 8 インチ）

[写真 8-122]　シャープダイン用コーン型マグネチックスピーカー（1936～1937 年）

174

8-18 早川電機工業の「シャープ」スピーカー

[写真8-124]
わが国最初のベークライト製キャビネット使用の200型3球小型ラジオ受信機（シャープ歴史ホール蔵）

S-60型スピーカー（口径6インチ）搭載
外形寸法：W237×D145×H175mm

[写真8-123]
シャープダイン41型ミゼット4球ラジオ受信機（マグネチックスピーカー搭載，シャープ歴史ホール蔵）

(a) 65型（口径6・1/2インチ）　　(b) 80型（口径8インチ）

[写真8-125] シャープブランドのダイナミックコーンスピーカー（1940年）

[写真8-126]
SB-500型ラジオ受信機の外観と65型ダイナミックコーンスピーカー（1941年，シャープ歴史ホール蔵）

がシャープダイン受信機に搭載され，威力を発揮しました．

その後，ラジオ受信機の形態に変化があり，当時流行していたミゼット型の4球ペントードラジオ受信機（**写真8-123**）では，新開発の口径9インチの75型マグネチックスピーカーを搭載しました．また，**写真8-124**は，わが国最初のベークライト成形品のキャビネットを使用した小型3球ラジオ受信機200型です．これには口径6インチのS-60型スピーカーが使用されていました．

このようにシャープダイン受信機では，自社製オリジナルスピーカーを使用することを基本に，音質の良さを宣伝しています．

1934年には業績向上により，大阪府河内郡に新工場（平野工場）を建設し，1935年5月に「株式会社早川金属工業研究所」に改称，また1年後の

175

(a) 外観　　　　　　　　　　(b) 内部　　　　　　　　　　　(c) 810型コーン型ダイナミックスピーカー（口径10インチ）

[写真8-127]　シャープブランドの強力携帯用拡声器（1940年）

1936年6月には「早川金属工業株式会社」に改組しています．

　1933年にGEのライスとケロッグのダイナミックスピーカー特許侵害の警告が日本のスピーカーメーカーを震恐させたこともあってか，同社はダイナミックスピーカーの開発には慎重に取り組み，1940年になって初めてダイナミック型コーンスピーカーとして，口径6・1/2インチの65型，口径8インチの80型（**写真8-125**），口径10インチの810型の3機種を開発しました．早速，シャープダインSB-500型5球スーパーヘテロダイン受信機（1941年）に65型を搭載し（**写真8-126**），ここでも音質を大切に考え，自社製スピーカーによる音の差別化を強調しています．

　一方，1940年には業務用拡声機の分野にも進出するため機種を揃え，『商社月報』に宣伝記事を掲載しました．その一例として，新規開発の口径10インチの810型ダイナミックスピーカーを1本使用した強力携帯用拡声器（**写真8-127**）を挙げます．ほかにワルツからOEM購入した口径14インチの64型（**写真8-128**）もありました．

　戦時色の強い1942年には，軍需工場として通信機関係の生産を行うようになり，同年5月に「早川電機工業株式会社」に改名しています．そして終戦を迎え，戦後の活動が開始されました．

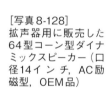

[写真8-128]
拡声器用に販売した64型コーン型ダイナミックスピーカー（口径14インチ，AC励磁型，OEM品）

8-19　福音電機の「パイオニア」スピーカー

　現在の「パイオニア株式会社」の誕生は1936（昭和11）年11月で，松本望が友人の西村正夫の紹介で，教会の収益事業団体である福音商会から融資を受けるとともに提携して「福音商会電機製作所」を設立したのが最初です．場所は，大阪市の大正区三軒屋町で，福音商会の持家を工場にして事業を開始しました[8-39]．

　最初の製品は，口径8インチのフィールド型ダイナミックスピーカー A-8型（**写真8-129**）でした．この製品は，海外製品の模倣ではなく，わが国最初のメカニカル2ウエイ方式のスピーカーとして完成したもので，**図8-34**に示すように，コーン頂部に

8-19 福音電機の「パイオニア」スピーカー

[写真8-129] 福音商会電機製作所が最初に作ったA-8型メカニカル2ウエイダイナミックスピーカー（口径8インチ，フィールド型）

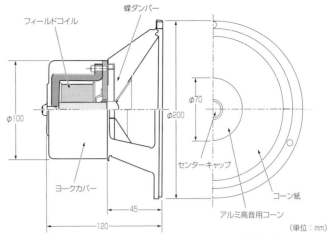

[図8-34] A-8型メカニカル2ウエイスピーカーの概略構造寸法

[写真8-130]
A-8型の姉妹機種として開発されたB-8型シングルコーンダイナミックスピーカー（口径8インチ，フィールド型）

[表8-15] 1937年の福音商会電機製作所の販売用スピーカー

型番	口径〔インチ〕	特徴	参考（当時の価格）
A-8	8	ジュラルミン振動板 最高級品	17.00円
B-8	8	普通コーン 高級品	15.00円
C-8	8	最新型 大衆品	12.00円
B-6	6	ミゼット用 高級品	11.00円
A-10	10	ジュラルミン振動板 高級品	

[図8-35]
1937年から使用した福音商会電機製作所のトレードマーク

厚さ0.3mmのジュラルミン振動板を使用し，この外周に紙コーンを継ぎ合わせた2段コーンで，その外観的にも斬新なものでした．

　その後，すぐに普及型の口径8インチのB-8型（**写真8-130**）およびC-8型，口径6インチのB-6型，ジュラルミン振動板使用の2段コーンの口径10インチのA-10型を開発し販売しました（**表8-15**）8-40)．

　このとき商標を「パイオニア」とし，音叉とΩ（オメガ）を組み合わせた図柄のトレードマーク（**図8-35**）を使用するようになりました．当時の状況を示す宣伝広告を**図8-36**に示します．

　ところが1937（昭和12）年の日中戦争勃発後，政治不安を理由に資金提供側の福音商会が資金をストップしたため経営が困難になり，解散の憂き目に遭いました．

　松本望はここで関西を諦め，1938年に上京し，品川区大崎4丁目に小さい工場を設立し，スピーカー修理業を開始しました．会社名は変更することなく「福音商会電機製作所」を継続し，商標やトレードマークもそのまま使用しました．

　当時，スピーカーのメーカーは関西に多く，関東は手薄であったため，最初の仕事として始めたスピーカー修理業で順調に業績を上げることができました．その資本を元にスピーカー生産を準備し，スピーカーの製造販売を行うことができました．また，

177

第8章　日本のスピーカーの誕生から終戦（1945年）まで

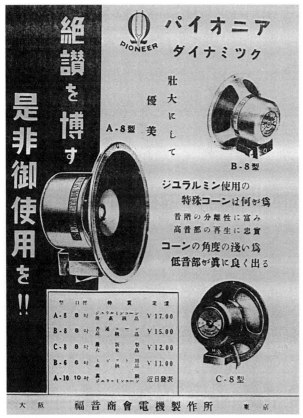

[図8-36]　1937年ごろの福音商会電機製作所のスピーカーの広告

(a) 口径6・1/2インチ

(b) 口径8インチ

[写真8-131]　OEM用コーンダイナミックスピーカー（フィールド型）

ラジオメーカーへ納入するOEMスピーカーを手がけました．この取り組みが功を奏して事業は順調に進み，生産量も増加したために工場を東京都文京区の小日向水道町，そして文京区の音羽9丁目に移しながら発展していきました．

機種は，フィールド型ダイナミックスピーカーの口径6・1/2インチと8インチの2系統で，**写真8-131**に示す製品を各社にラベル表示を替えて納入しました．主なメーカー（カッコ内はブランド名）は，ミタカ電機（アリア），石川無線（ウエーヴ），原口無線（キャラバン），山口電機（テレビアン），日本精機（クラウン），青電社（メロデー），八欧無線（精華），日蓄工業（コロムビア），大洋無線（エリアン）など，関東勢のラジオメーカーです．

事業の業績が向上したため，1941（昭和16）年8月に会社組織を有限会社として「福音電機製作所」と改名し，新しいスタートを切りました．

ところが，この年の12月に第2次世界大戦に突入したため，ダイナミックスピーカーを使用したラジオ受信機は贅沢品とみなされ，政府は普及型のマグネチックスピーカーを使用したラジオ受信機を積極的に推奨するようになりました．

このため，松本望は以前からマグネチックスピーカーを専門に東京で生産していた山本金属工業株式会社（山本由吉，ブランドは「スターボックス」）の協力を受け，マグネチックスピーカーも手がけるようになるとともに，軍需産業に携わって徴用を免除されるために，東芝の協力工場になるなど，事業を継続させるために苦労を重ねました．

音羽の工場は，戦時中は東京の大空襲の際にも延焼を免れるという幸運もあり，終戦後は早くにスピーカー事業を立ち上げ，業界に貢献しました．

戦後の発展は，改めて第9章3項で述べます．

8-20 松下電器産業の「ナショナル」スピーカー

現在の「パナソニック株式会社」（旧松下電器産業株式会社）は，1918（大正7）年3月，後に「経営の神様」と呼ばれた松下幸之助が，大阪市旭区大開町に個人経営の「松下電気器具製作所」を創立したことに始まります．

最初は，電灯のソケットに使用する2灯用差し込みプラグやソケットの製造と，自転車に付ける砲弾型ランプなどの家電品を手がけ，ヒット商品を生み出しました．そして1927年から商標を「ナショナル」と命名して使用しました．

1929年には「松下電器製作所」に改名し，製作商品の幅を広くしました．そして1930（昭和5）年にはラジオ受信機，1932年にはスピーカーの開発にそれぞれ着手しました．これは，他社に比較して遅れた立ち上がりでした．

早川電機工業などに比較して，松下電器製作所のラジオ関係の製品開発の着手が遅かったのは，松下電器製作所の経営的理念の「新しい未知数なものには危険性や冒険性があるためにこれを避け，需要量や売れ行きの良い品物に一段の改善を加えて松下独自の物として売り出す」という考え方に徹したためと推測されます．このため同社は，ラジオ受信機の需要増加を見ながら，電気器具の製作技術と違った無線技術や電気回路技術の開発を蓄積して，市場に打って出るチャンスを伺っていたものと思われます．

スピーカーにおいても，市場製品の分析をし，他社との差別化などを検討し，さまざまな成果を上げています．一例として，松下独自の技術を示すために行った1932年のマグネチックスピーカーの性能改善を挙げます．磁性アーマチュアのピボット部分を図8-37のように改善し，特許出願しています．これは翌年，特許番号99875号として登録されました．

「ナショナル」ラジオ受信機開発は，1930（昭和5）年に大阪市の北区中崎町にあった「二葉商会電機工作所」（北尾鹿治）と松下電器製作所が共同出資で設立した「国道電機製作所」で始まりました．二葉商会電機工作所の創立は古く，1919年に北尾鹿治の個人経営による医療器具の製造販売に始まりました．その後1926（昭和元）年から米国のラジオ部品を輸入してラジオを組み立て，ラジオ業界に進出し，実績を上げていました．

共同出資でのラジオが開発されたのは翌1931年で，この松下電器製作所初のラジオ受信機をNHKのラジオ受信機コンテストの懸賞募集に応募したところ，性能が優れているとして，名誉ある第1位を

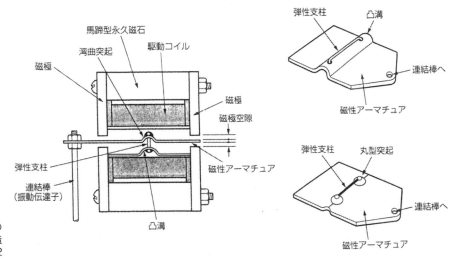

[図8-37]
マグネチックスピーカーの磁極アーマチュアの構造
（特許第99875号，1932年7月7日出願）

第 8 章　日本のスピーカーの誕生から終戦（1945 年）まで

[写真 8-132]
松下電器製作所が最初に発表した R-1 型ラジオ受信機（1931年，松下電器歴史館蔵）

[写真 8-134]
R-31 型受信機のバリエーションの 5 球式ラジオ受信機

[写真 8-133]　R-31 型受信機と組み合わされたスピーカー（松下電器歴史館蔵）

[表 8-16]　R-31 型ラジオ受信機のバリエーションとして作られた機種の仕様概要（『ラヂオの日本』1932 年 7 月号）

真空管数	形式	スピーカー	使用真空管
3球式	清聴用	8インチマグネチック	UY-227, UX-226, KX-112B
3球式	容量再生式	8インチマグネチック	UY-227, UX-112A, KX-112B
4球式	音量調節付き	8インチマグネチック	UY-227, UX-226, UX-112A, KX-112B
5球式	音量調節付き超遠距離用	8インチマグネチック	UY-224, UY-227, UX-226, UX-112A, KX-112B

獲得し，「ナショナル」ラジオが一躍市場の注目品となりました．

　外観は，スピーカーと受信機を組み合わせたセパレート構造（写真 8-132）で，ラジオ受信機として調和の取れたデザインで，非常に印象的な製品でした．受信機は 3 球式の R-31 型で，スピーカーは購入品と思われる 8 インチのマグネチック型で，これを八角形の木製キャビネットに内蔵しています（写真 8-133）．

　翌 1932 年には，R-31 型と同一のデザインの 5 球式超遠距離用ラジオ受信機（写真 8-134）をはじめ，4 球式，3 球式の 4 機種（表 8-16）を発売し，市場を拡大していきました[8-41]．このころの雑誌に掲載された広告を図 8-38 に示します．

　共同出資者の二葉商会電機工作所は，国道電機製作所から 1931 年に独立して「二葉商会」を設立し，「フタバ」のブランド名でラジオ受信機やラジオ部品を販売しました．

　1937 年に二葉商会は，「二葉電機株式会社」に改組し，1940 年には「双葉電機株式会社」に改称しています[8-42]．

　この間に松下電器製作所は，R-31 型ラジオ受信機を開発した 1932 年に，265 型（写真 8-135）と 266 型の 2 機種のマグネチックコーンスピーカーを開発しました．これが最初のスピーカーで，馬蹄型

8-20 松下電器産業の「ナショナル」スピーカー

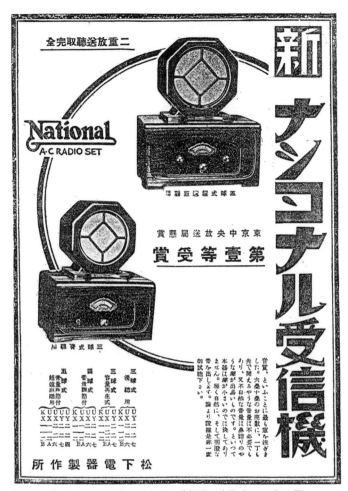

[図8-38] 松下電器製作所のラジオ受信機の広告（1932年5月）

[写真8-135] 松下電器製作所初のスピーカー，口径9インチの265型マグネチック型スピーカー（1932年）

[写真8-136] NHK認定品となったM-10型マグネチック型スピーカー

磁石にブランド名を大きく刻印したカバーを付け高級感を与えるという特徴がありました．

その後，マグネチックコーンスピーカーは継ぎ目なしコーンを使用した標準型を開発し，口径9インチのM-10型（写真8-136），口径7インチのM-20型，普及型では口径5インチのM-5型，口径8インチのM-50型，M-500型，そして口径9インチのM-100型が完成し（写真8-137），製品として市販されました．

1933年に開発されたミゼット型のR-48型4球式ラジオ受信機（写真8-138）には，M-10型マグネチックスピーカーが搭載され，音質面でも好評を得て，ヒット機種となりました．

この時代のスピーカーの生産ライン風景を写真8-139に示します．

一方，ダイナミックコーンスピーカーの開発は特許の関係もあって遅れ，1934（昭和9）年に製造を開始しました．口径6・1/2インチのD-60型，口径8インチのD-80型，口径10インチのD-100型（写真8-140）が製品として販売されました．デザインはマグナボックスの系統の形状でしたが，「ナショナル」のブランド名で各機種が統一され，洗練されたもので，好評を受けました．

同社の業績が向上してきた結果，松下電器製作所は1935年12月に「松下電器産業株式会社」に改組し，傘下の「松下無線株式会社」など9社の子会社を統括した会社組織になりました．

スピーカー関係は松下無線が担当し，スピーカー部門にいっそうの経営資源を投入して技術の向上を図り，この成果の一つとしてNHKのラジオ受

181

第8章 日本のスピーカーの誕生から終戦（1945年）まで

(a) M-5型　　(b) M-6型　　(c) M-500型　　(d) M-1100型

[写真8-137] 市販用やセット用に開発された各種マグネチックスピーカー

(e) M-1000型

概略寸法：W340×D260×H480mm

[写真8-138] R-48型ミゼット型4球式ラジオ受信機（1933年，松下電器歴史館蔵）

[写真8-139] 1935年ごろの松下電器製作所のマグネチックスピーカー生産ライン

信機認定部分品の認定獲得に挑戦しました．その結果，翌年の1936年のNHKの認定部品としてマグネチックコーンスピーカー5機種，ダイナミックコーンスピーカー3機種が認定されました．

これにより，性能や品質が広く市場に認められ，販売実績を上げました．ナショナルスピーカーの機種数も増え，**表8-17**，**8-18**のような充実した製品構成を持つようになりました．

一方，1935年には初めてコンソール型の電気蓄音機GR-100型（**写真8-141**）を発売しましたが，

182

8-20 松下電器産業の「ナショナル」スピーカー

(a) D-50型（口径5インチ）

(b) D-60型（口径6・1/2インチ）

(c) D-65型（口径6・1/2インチ）

(d) D-80型（口径8インチ）

(e) SD-80型（口径8インチ）

(f) D-100型（口径10インチ）

(g) D 120型（口径12インチ）

[写真8-140] 統一したデザインの「ナショナル」ダイナミックスピーカー

[表8-17]「ナショナル」のマグネチック型コーンスピーカー

型名	口径〔インチ〕	区分	フィールドコイル直流抵抗〔Ω〕	備考
266	6（小口径）			馬蹄磁石カバー付き
265	9（大口径）			馬蹄磁石カバー付き
M-5	5	普及型	1100	
M-6	6		1100	
M-7	7		1100	
M-10	9	標準型	1100	NHK認定品
M-20	7	標準型	1100	
M-50	0	普及型	1100	NHK認定品
M-100	9	普及型	1100	NHK認定品
M-200	8	標準型	1100	NHK認定品
M-500	8	普及型	1100	NHK認定品
M-510	8			
M-1000	9		1100	NHK認定品
M-1100	9		1100	

[表8-18]「ナショナル」のダイナミックコーンスピーカー

型名	口径〔インチ〕	抵抗〔Ω〕	電流〔mA〕	トランス	備考
D-50	5	2500	30〜40	47B-S	
D-60	6・1/2	2500	35〜50	47B-S / 2A5-S	NHK認定品
D-65	6・1/2	1000	40〜60	2A5-S	
D-80	8	2500	35〜60	2A5-S / 45-PP	NHK認定品
SD-80A	8	2500	45〜75	2A5-S / 45-PP	NHK認定品
SD-80B	8	2500	45〜75	47-PP / 2A5-PP	
SD-80C	8	1000	65〜100	2A5-PP / 45-PP	NHK認定品
SD-80D	8	1000	65〜100	47-PP / 2A5-PP	NHK認定品
D-100A	10	2500	45〜75	2A5-S / 45-PP	NHK認定品
D-100B	10	2500	45〜75	47-PP / 2A5-PP	
D-100C	10	1000	65〜100	2A5-PP / 45-PP	
D-100D	10	1000	65〜100	2A5-PP / 47-PP	
D-120E	12	2500	45〜75	2A3-PP	
D-120F	12	1000	65〜100	2A3-PP	

　その音質の良さを指揮者の近衛秀麿が認め，絶賛しました[8-43]．この成果から，1938年にはコンソール型電気蓄音機の継続機種としてGR-541型，GR-551型，GR-561型（写真8-142）の3機種を発売しました．これには口径10インチのD-100型のダイナミックコーンスピーカーが使用され，口径の大きいスピーカーの低音の魅力を発揮して好評を受けました．

　セット用のスピーカーとラジオ受信機の組み合わせは，1938年にはミゼット型や樹脂成形の小型シリーズの後に，横長の木製キャビネットを使用した系列のラジオ受信機が次々と開発されて，スピーカーの機種も増加しました[8-44]が，戦時色が強くな

183

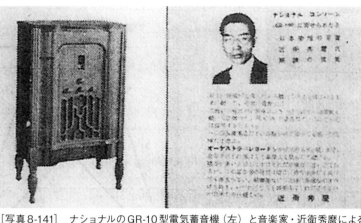

[写真8-141] ナショナルのGR-10型電気蓄音機（左）と音楽家・近衛秀麿による賛辞[8-43]

6球スーパーラジオ
付き
概略寸法：
W630×D420×
H1060mm

(a) GR-561型

5球スーパーラジオ
付き
概略寸法：
W630×D420×
H1060mm

(b) GR-551型

[写真8-142] 口径10インチのD-100型ダイナミックスピーカーを搭載したナショナルのコンソール型電気蓄音機

った1940年，松下電器産業は民間用音響製品の製造活動を中止して，航空機用無線機や方向探知機の軍需製品の開発に転換しました．

このため，戦前におけるラジオ受信機の機種は1942（昭和17）年ごろまでしか記録がなく，この後は戦後の松下電器産業の活躍へと移ります．

8-21　1945年以前のラジオ・スピーカー関連のメーカー名とブランド名の関係

8-21-1　スピーカーメーカー経営への戦争の影響

1937（昭和12）年の日中戦争勃発のころから，ラジオ放送が大衆の娯楽から，情報伝達の手段へと，意識が大きく変わりました．

翌1938年には，ドイツ軍がポーランドに侵入，ポーランドと相互援助条約を結んでいた英国やフランスが相次いでドイツ軍に宣戦布告するなどあって，国際的にも戦時色が強くなり，ラジオ受信機やスピーカーにも大きな影響が及んできました．

政府は「ラジオ報国」と称して統制処置を行い，行政指導型の放送局型受信機（国民ラジオ）11号，122号，123号を設定し，スピーカーはマグネチック型を使用することになりました．従来の音の良い電気蓄音機やダイナミックスピーカーは贅沢品として白い目で見られるようになり，税率も高くなりました．七欧無線電気商会もこうした影響を受け，軍の要望で軍需用無線機器の生産に力を入れるようになっていました．

ここでラジオ受信機や部品類の物品税の変化について触れます．

ラジオ受信機や部品類が課税対象となったのは1938（昭和13）年3月で，際限なく膨れ上がりつつあった戦費の財源の一つとして贅沢品に課税を課す「北支事変特別税法」という法律によるものでした．最初の税率は10％でしたが戦火の拡大に伴って上昇し，終戦の1945年には40％が課税されました．また終戦後にも，この税は据え置かれ，電気蓄音機やその部品には100％の物品税が課せられました．

1947（昭和22）年には，ラジオは30％，電気蓄音機は80％にやや下がり，1950年にはラジオが20％，電気蓄音機は50％，翌1951年にはラジオは

8-21　1945年以前のラジオ・スピーカー関連のメーカー名とブランド名の関係

[表8-19]　戦前の日本のスピーカーメーカーとブランド

メーカー	ブランド	メーカー	ブランド	メーカー	ブランド
ミタカ電機	アリア	日本音響電機	ミラフォン	島商店	センター
石川無線	ウェーヴ	日本無線	JRC	戸根源製作所	オリオン
原口無線	キャラバン	日本精密電機	ニッセイ	早川金属工業	シャープ
山中無線電機	テレビアン	山本金属工業	スターボックス	ラジオン電機	ラジオン
日本精機	クラウン	小須賀電機	オリヂン	福音電機	パイオニア
八欧無線	精華	辻丑商店	アミゴ	白山電池合名	オーダー
青電社	メロデー	広瀬商会	パンドウラー	大阪無線	ヘルメス
大洋無線	エルマン	山一電機工業所	ジャズ	タイガー電機	コンサートン
日蓄工業	コロムビア	日本拡声器	リスト	双葉電機	フタバ
東京電気	マツダ	不二音響	ダイナックス	帝国通信工業	ノーブル
芝浦製作所	ジュラノ	三陽工業	ミューズ	西川電波	パーマックス
三田無線研究所	デリカ	山口電機	ニッサン	ウエストン音響	ウエストン
三共電気工業	シンガー	千代田無線	ジュノー	アシダ音響	アシダボックス
原口製作所	ハラホーン	武蔵野音響	プリモ	ジュノー電気音響	ジュノー
田辺商会	コンドル	久寿電気研究所	ハーク	園田拡声機	ライト
日本電気	NEC	芙蓉電機	ブリランテ	小川忠作商店	ダイナホン
七欧無線電気	ナナオラ	神玉商会	ヴィーナス	栗原電機製作所	ラドコ
松下電器産業	ナショナル	村上研究所	ワルツ	日本フェランティ	ニューマン
日本ビクター蓄音機	ビクター	湯川電機	ハドソン		
原崎無線工業	ローヤル	日本高声器製作所	ニュートーン		

資料不足もあって各メーカーの創業事情や製品系列に不明な点があります。これらのメーカーには規模の小さいものも多く、販売も特定のルートだけということもあり、流通などの資料が残っていません。類似品も見られることから、他社で生産した製品を販売だけしていた場合もあったと推察されます

10％，電気蓄音機は30％まで税率は軽くなり，1953年にようやくラジオは5％まで引き下げられました．

この税制のためにメーカーの生産が落ち込み，ラジオメーカーなどは危機に見舞われ，戦後の混乱から脱してようやく立ち直りかけていた業界が相次いで倒産の憂き目を見ました．

8-21-2　その他の戦前のスピーカーメーカーとブランド名

戦前にラジオ受信機やスピーカーを生産して活躍した企業について，第8章1項から20項までに述べてきましたが，これ以外にも，まだ多くのスピーカー関連会社があります．ただ，十分な資料が得られないので，判明している範囲で記録を留めることにしました．

[1] ウエストン音響株式会社（西井達二）

1931年大阪から東京へ進出し，1934年に「ウエストン」スピーカーの専業メーカーとして活躍．戦後は「西井電機製作所」と改名，その後1952年に「ウエストン音響株式会社」に改名し，社長に長男の西井清が就任しました．

[2] 株式会社戸根源電機製作所（戸根源輔）

1925年に電池の製造から始まり，1931年にスピーカー製造へ業種の変更をしました．ブランド名は「オリオン」で，1934年にオリオン7号型，20号型，60号型がNHKの認定品になりました．1940年に株式会社になっています．

[3] 山口電機株式会社（山口素造）

ラジオ卸問屋からスピーカー専業に．ブランドは「ニッサン」で，戦後もHi-Fiスピーカーを生産販売しました．

[4] 株式会社日本音響電気（住吉舛一）

1930年創立で，ブランドは「ミラグラフ」．1935年に超高級楕円錐型スピーカーの開発，東芝の子会社として200W～1kWの拡声器用スピーカーを

製造しました. 戦後も活躍しました (第9章9項参照).

[5] 西川電波株式会社 (西川儀市)

1939年に創立した「西川製作所」は, ラジオシャシーを組み立てて山中電機に納入.「西川電波株式会社」は1941年に合併して通信機や探知機を生産. 戦後, ブランドを「パーマックス」としてM100型スピーカーなどを製作. 1946年から1950年には, 多くの機種を発表しています (第9章13項参照).

[6] 川崎工業株式会社 (川崎警次郎)

川崎は, 1937年ごろから吉村末吉の共同事業でスピーカーを製造. ブランドは「エレホン」. 戦後, 1947年に吉村末吉は独立して「吉村電機製作所」を設立して「ピース」のブランドでスピーカーを製造. 吉村は, 1949年に友人の本橋利之と共同で「本吉電機工業株式会社」に改組し,「ピース」ダイナミックスピーカーを製造しました.

[7] 帝国通信工業株式会社 (村上丈二)

村上は, 1939年に「東京無線機材株式会社」を創立後, 1944年に送・受話器の製造などを手がける「帝国通信工業株式会社」を創立. 戦後の1945年にスピーカーとボリュームだけに絞った製造を開始, ブランドを「ノーブル」にして, 1948年よりスピーカーを販売しました.

[8] 山本工業所 (山本律雄)

1921年創業で, 1936年ごろより「アンプリボックス」のブランド名でスピーカーを販売. ホーン型やトーキー用, 拡声用のスピーカーを製造しました.

[9] 松葉拡声器製作所

「ハミルトン」のブランドで144型ダイナミックスピーカーなどを1933年ごろ販売しました.

[10] 萩工業貿易株式会社 (菊池久吉)

1918年の創業で,「エリミダイン」ブランドのラジオ受信機を販売していたが, 1931年ごろから「クローバー (Clover)」のブランドでスピーカーも販売しました. 1939年7月に戦局の進展に伴ってラジオ関係を閉鎖しました.

[11] 湯川電機製作所 (湯川正治)

1929年に「湯川製作所」として設立し, 1934年に「ハドソン」のブランド名で3号型スピーカーを発表, 5号型も発表. 1936年に「湯川電機株式会社」と改組, 改称しましたが, ペーパーコンデンサーの不良品を出し廃業しました.

[12] 豊国機工株式会社 (徳永義治)

創立は1927年で, 戦前はスピーカー金属部品の製造を行い, 高いマーケットシェアを持っていました.

[13] 永野金属製作所 (永野豊吉)

豊国機工と提携してラジオ部品の製造を開始. 1940年には「豊国プレス工業株式会社」を創立して再びスピーカー部品の製造を行うことになりました. 戦後1948年にブランド名「ビジョン」で, 6・1/2と8インチのスピーカーを製造し, 電響社で販売しました.

その他のスピーカー会社とブランド名を列記します.

[14] 小須賀電機製作所「オリヂン」
[15] 合資会社園田拡声機製作所「ライト」
1936年に5号型がNHK認定品に.
[16] ミタカ電機株式会社 (山口兵佐衛門)「アリア」
1931年創業.
[17] 株式会社青電社 (青松昌一)「メロデー」
1936年に15番型がNHK認定品に.
[18] 石川無線 (石川均)「ウェーヴ」
91号型が1936年のNHK認定品に.
[19] 原口無線電機株式会社「キャラバン」

1939年創業. 1936年にハラグチS型8号が
NHK認定品に.
[20] 白山無線電機株式会社 (高岡正義)「オーダー」
1921年創業. M-8号型が1936年NHK認定品に.
[21] 日本精機「クラウン」, [22] 八欧無線「精華」
[23] 大洋無線「エルマン」, [24] 日蓄工業「コロ
ムビア」
[25] 株式会社広瀬商会「パンドウラー」
1925年創業.
[26] 山一電機工業所「ジャズ (Jazz)」
1936年, 150型.
[27] 栗原電機製作所「ラドコ (Radco)」
[28] 日本高声器製作所「ニュートーン」

　本項で触れたメーカーとブランドを**表8-19**にま
とめました.

8-22　戦前の日本でのスピーカー研究動向

　日本のスピーカーが, 前述のようにラジオ受信機
用スピーカーを中心に発展したのに対して, 米国で
は拡声用や劇場用, 映画用など, 大型で大音量再
生の大型スピーカー需要が大きく, スピーカー開発
の技術研究を映画産業が下支えをしており, 日本
とは事業資源の投入や規模が大きく異なっていま
した. また, 音響関係の研究者の数と, 開発に取り
組む姿勢も大きく違い, スピーカー技術のレベルに
は大きな差がありました.

　このため, 日本には海外からの特許による権利に
縛られて, スピーカーの需要に対応して市場に供
給する製品の開発ができず, 輸入品を購入するか,
技術提携によって製造するしかない状態でありま
した. このため, 日本のスピーカーの技術開発は著
しく遅れていました.

　戦前の日本の各スピーカーメーカーの変遷につ
いて本章で述べてきましたが, ほとんどラジオ受信
機用スピーカーの域を出ていないものでした. しか
も, 市場の要望は, まずラジオ受信の再生において

音量が大きいことと, 混信が少なく分離度が高いこ
とが優先され, 音質の良い再生などへの取り組み
は後回しになっていました. このため, スピーカー
の性能改善に対する研究開発は米国に比べて進ん
でいませんでした.

　また, 経営規模から見ても, 高性能なスピーカー
の開発研究に優秀な人材と費用を投入して成果を
上げるようなニーズがなかったといえます. 優秀な
人材がいたとしても, ラジオ受信機の性能改善に
投入する状態であったと思われます.

　日本で最も早くスピーカーの音質向上への動きを
取り上げたのは, 『無線と実験』誌1926 (昭和2)
年8月号の記事[8-45]と思われます.

　また, 音質に関心を持つ需要家を集め, 音質の
違いを体験してもらうために, 東京市電気研究所
内の電気博物館にスピーカー31機種を並べて比較
試聴展示した実験も行われました[8-46]. 当時とし
ては画期的であったと思われるこの実験で, マグネ
チックスピーカーでは低音が不足することや, 音量
を上げると磁極にアーマチュアが接触してビリ付き
が生じるために音量が十分に得られないなどの欠
点が再確認され, ダイナミックスピーカーを採用す
ることが急務であることを多くの人が認識しました.

　スピーカー普及のために, 英国の*Wireless World*
誌に掲載されたダイナミックスピーカーの作り方な
どを参考にした製作記事を『無線と実験』1929年
6月号や10月号に掲載し, 啓蒙しました.

　スピーカーの性能については, 「欧米新知識」の
記事[8-47]にダイナミックスピーカーの特性が掲載
され, 音質の良さを訴えました.

　一方, これに対して, 市場で販売されている輸
入品や国産品の性能を把握して技術指導するため,
公的機関として逓信省電気試験所や中央放送局
(NHK) 技術研究所が活躍しました. 海外製品の
動向を調査し, 主要製品を購入して分析し, 技術
内容を研究報告として発表し, 業界関係者の技術
レベル向上に貢献するといった役目を果たしました.

　この項では, 当時発表された技術論文や解説記
事を参考に, 日本の戦前のスピーカー技術のレベ

第8章 日本のスピーカーの誕生から終戦（1945年）まで

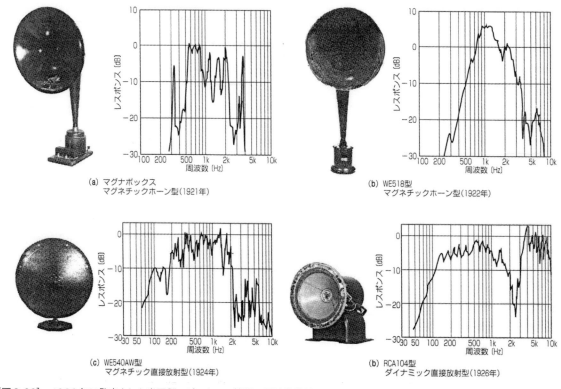

[図8-39] 1933年に発表された米国製スピーカー4機種の周波数特性

ルの現状と，その動向を述べます．

8-22-1　海外製品の性能分析

　ラジオ受信機の音質を良くしようとする本格的な動きが胎動を始めたのは1933（昭和8）～1935年ごろです．このころの国産品は，海外製品に比較するとかなり音質的に劣るため，高額でも輸入品に頼るしかありませんでした．振動部品を海外から輸入して使用するなどの検討も行われ，音質改善という点では，日本のスピーカー技術の立ち遅れが大きいことをしみじみと味わっていた時期でした．

　このため，海外製スピーカーに追い付け追い越せと海外製品を購入して性能分析を開始したのもこの時期です．そして，スピーカーの性能評価には試聴するという主観的評価とは別に，客観的に評価する方法としてスピーカーの音響特性を測定することが必要で，音響測定技術の開発を進めることが重要視されました．しかし，これには無響室のような，外部騒音が少なく，反射音のない音響的に処理をした部屋と，低音から高音までの周波数範囲を連続して掃引できる発振器と，特性を較正した基準マイクロフォンを使用する設備が必要になります．

　海外では，1931年にスピーカーの特性の測定装置をバランタイン（Stuart Ballantine）が発表し，周波数レスポンス測定用対数記録装置が注目されるとともに，バランタインは自分の測定装置を使用して測定した当時の各スピーカーのデータを1933年に米国の音響学会誌（J.A.S.A.）に発表しました[8-48]．これを見ると，音響的性能の違いがはっきりと示されており，大きな反響がありました（図8-39）．

　当時の日本では，こうしたスピーカーの性能測定が実施できるのは，設備と技術力の点で，公的機関の研究所しかありませんでした．

　基準となるマイクロフォンの代わりに，当時は精度の高いレイリー板が使用されました．レイリー板については，東京市電気研究所が1932（昭和7）

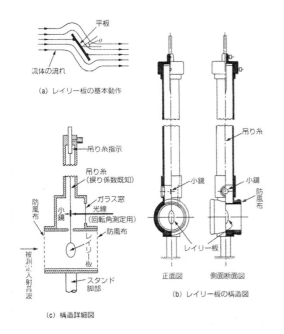

[図8-40] レイリー板の基本動作と構造

年に発表した「スピーカー特性の測定機について」の論文[8-49]で述べられています．レイリー板は非常に取り扱いが不便でしたが，スピーカーの測定に使われました．

レイリー板が発明されたのは1882年で，発明者の本名はストラット（John William Strutt, 3rd）ですが，発明された測定用平板には貴族の称号であるレイリー卿（Lord Rayleigh）にちなんだ命名がなされています[8-50]．古い記事には「レーレー盤」などと書かれたものもありますが，同じものです．

その原理と構造を図8-40に示します．流体の流れの中に平板を置いたとき，(a)のように流れの迂回が起こり，流体力学のベルヌーイの法則に従って，流れの方向に直角に向くようなトルクが発生します．このトルクの大きさは流体の流速から計算できるので，音の場合，媒質粒子の振動速度から音の強さの測定ができます．

レイリー板は半径約1cmの薄い雲母で作られ，これを長さ10cmほどの水晶の糸で吊したもので，測定用の鏡を糸の途中に設置して光を当て，その角度変化をスケールで読みます．したがって，測定は無風状態で行わなければならず，非常に微妙なテクニックが要求されます．

8-22-2 日本におけるスピーカー特性の測定

こうした大変な作業をして測定できた最初のスピーカーの音響特性は，『ラヂオの日本』誌1933年3月号[8-51]に掲載されました．

テレフンケンのマグネチックホーン（ラッパ型）のクラインや，RCAのマグネチックコーン型の100-A型，RCAのエンクロージャー付きのダイナミックコーン型の106型，マグナボックスのダイナミックコーン型のD.6.B型の周波数特性で，その結果を整理して図8-41に示します．これが日本における最初のスピーカー測定データと思われます．この測定データと音質の評価の関係がかなり明確になり，スピーカーの周波数特性が重要視されるようになりました．

次に発表されたのが，日本で入手できる米国ローラの製品5機種の測定データ[8-52]でした（表8-20）．ここでは口径の違うスピーカーを1mのバッフル板に取り付けて同一条件で測定したため，比較するのに適した状態でデータを読むことができます．

当時のラジオ用スピーカーの特性の判定の基準としては，ラジオ受信機の選択度特性を重視することから，高音特性を伸ばすのではなく，3500～4000Hzが少し盛り上がっていて，それより高い周波数は減衰させて，ラジオの雑音を再生しないものが良いとされていました．しかし，低音はあまりはっきりしておらず，低域共振周波数が200Hz以下という条件ぐらいしかありませんでした．音質については低音は大切なのですが，電源のハムやラジオキャビネットの大きさ（バッフル効果）の点で軽視されていたのかもしれません．

逓信省電気試験所の和田英男の解説では，測定データから見ると，スピーカーの口径は有効振動径7インチクラスが同一メーカーでも良い特性を持っており，フルレンジスピーカーとして適していると述べています．和田は4000Hz以上の高音をメカニ

第8章 日本のスピーカーの誕生から終戦(1945年)まで

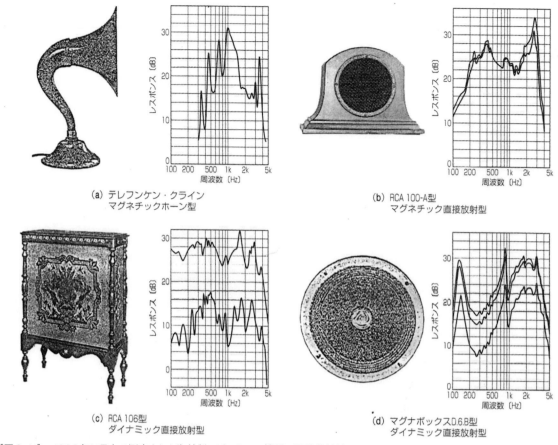

(a) テレフンケン・クライン
マグネチックホーン型

(b) RCA 100-A型
マグネチック直接放射型

(c) RCA 106型
ダイナミック直接放射型

(d) マグナボックス D.6.B型
ダイナミック直接放射型

[図8-41] 1933年に日本で測定された海外製スピーカー4機種の周波数特性

カルカットするため，ボイスコイルボビンに屈曲箇所を設けてスティフネスによる高音制御をしていると述べています．これは非常に重要な発見で，その後のラジオ受信機用スピーカーの設計にこの設計思想が生かされ，歯切れが良くS/Nの良いスピーカーが生まれることになりました．

また，このデータから，コーン振動板の頂角が110°前後であることが，フラットコーン振動板に適していることがわかりました．裏を返せば，米国のローラはそれを知って作っていたことになり，音質の良いスピーカー作りの技術の高さを改めて確認したことになりました．

8-22-3 コーン型ダイナミックスピーカーの開発

こうしたデータ分析から，何に注目して開発すれば高品質なラジオ用スピーカーが設計できるか，次第に研究開発の目標が見えてきました．

この研究に最初に着手したのは前述の和田英男で，日本ラジオ協会受信機調査委員会の依頼による「音質改善のためのスピーカーの研究」でした．その成果の最初の論文[8-53]は，1934年に発表され，続いてさまざまな論文が発表されています．

最初の論文は「コーン型ダイナミックスピーカーの試作」[8-53]という表題で，ボイスコイル3種類（図8-42），ダンパー1種類，フィールド型磁気回路1基（図8-43），有効振動径8.5cmと16～18cm，コーン頂角110°のコーン紙を準備し，試作検討を行いました．振動系の組み立ては，ボイスコイルとスパイダーを磁気回路に固定し，コーン紙を後から接着する日本的な方法で組み立てました．フィールド型磁気回路は，磁束密度と励磁電流の関係を計測し，DC50mAの電流で約6000ガウスの空隙磁束密度という安定した状態で使用しています．

[表8-20] 当時の日本市場で流通していたローラ製スピーカー5機種の測定結果

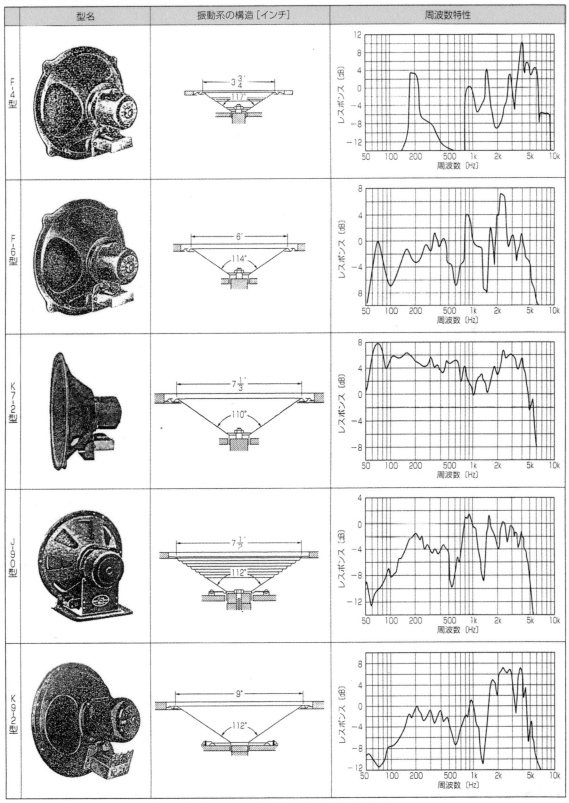

8-22 戦前の日本でのスピーカー研究動向

191

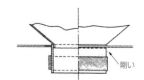

(a) ファイバーボビン使用
ボビン厚：0.3mm，コイル巻数：50T（26+24）2層，ベークライトワニス処理（120℃，3時間）

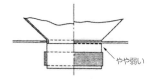

(b) プレスボードボビン使用
ボビン厚：0.15mm，コイル巻数：50T（26+24）2層，ベークライトワニス処理（120℃，3時間）

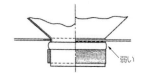

(c) 屈曲を付けたプレスボードボビン使用
ボビン厚：0.15mm，コイル巻数：50T（26+24）2層，ベークライトワニス処理（120℃，3時間）

[図8-42] 性能検討用に用意した3種類のボイスコイルとコーン振動板結合分部構造

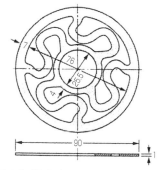

(a) ダンパー（プレスボードをベークライトワニス処理したものを使用）

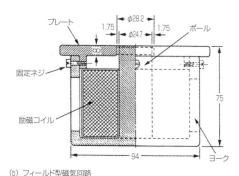

(b) フィールド型磁気回路
（コイルの総巻数：27000T，励磁電流：50mA，空隙磁束密度：6000ガウス）

(単位：mm)

[図8-43] 性能検討用に用意したダンパーとフィールド型磁気回路の概略構造

その成果を著者の独断で再編集したのが**表8-21**です．試作スピーカーの測定装置は**図8-44**の構成で，バッフル板なしの裸のスピーカーを，レイリー板を使用して測定しています．データの横軸が特別なスケールになっており，1000～8000Hzの間隔が広く，縦軸がデシベル表示でなく音圧（単位：bar）のため，ほかのデータと比較して読むのにはちょっとした苦労を要します．また，今日と違って定電流特性で測定しているため，電気インピーダンス曲線に従った周波数レスポンスになっている点もデータを読み取る上で注意が必要です．

この7機種の試作品の測定結果から見ると，ボイスコイルのAとBの違いは⑥と⑦の同一振動板では顕著で，Cのコルゲーションの入ったボビン④の特性は，振動系に集中スティフネスを設けて4000Hz以上を落とす効果が得られておらず，目的のラジオ用スピーカーに適するかどうか判断できない状況です．

しかし，音響測定を通じて日本のスピーカーの検討が進むようになったことは非常に重要で，後に大きな影響を与えました．

図8-45は，初めて国産品と海外の優秀なスピーカーを比較した例です．バッフル板がない状態の測定ですが，中音域に違いが大きく，これからの課題になったと思われます．

8-22-4 コーン型ダイナミックスピーカーの研究

日本のコーン型ダイナミックスピーカーの定性的な研究開発が積極的に進められたのは1934（昭和9）年ごろからで，多くの研究者によってスピーカーに関する多くの論文が発表されました．

代表的な研究者は，逓信省電気試験所の和田英男と中央放送局（NHK）技術研究所の高村悟，越川嘉治，青山嘉彦らで，多くの研究論文が残っています．

スピーカーの性能と音質を評価するために音響的な測定法が研究され，得られた特性の評価と音質との関係などの検討が行われました．そして，海

8-22 戦前の日本でのスピーカー研究動向

［表8-21］ 試作スピーカー7種の振動系の構造と周波数特性の関係

検討条件	振動系の構造〔mm〕	周波数特性
① ボイスコイル：A コーンに白ラシャ紙使用 　紙厚：0.27mm 　処理なし	18　φ160 110° 25.5	
② ボイスコイル：B コーンに白ラシャ紙使用 　紙厚：0.27mm 　処理なし	20　φ165　20 110° 25.5	
③ ボイスコイル：B コーンに白ラシャ紙使用 　紙厚：0.27mm 　フリーエッジ　クロス厚：0.2mm 　処理なし　　実線 　処理あり　　点線 　・ベークライトワニスを塗布	15　φ180　15 110° 25.5	
④ ボイスコイル：C コーンに白ラシャ紙使用 　紙厚：0.27mm 　フリーエッジ　クロス厚：0.1mm 　処理あり 　・ベークライトワニスを塗布	15　φ175　15 110° 25.5	
⑤ ボイスコイル：A コーンにコットンペーパー使用 　紙厚：0.32mm 　処理なし	24　28　φ85　28　24 110° 25.5	
⑥ ボイスコイル：A コーンにコットンペーパー使用 　紙厚：0.32mm 　処理なし　　実線 　処理あり　　点線 　・コーン斜面に楕円形にベークラ 　　イトワニスを厚く塗布	20　φ165　20 110° 25.5 20　φ165　20 110° 25.5	
⑦ ボイスコイル：B コーンにコットンペーパー使用 　紙厚：0.32mm 　処理なし　　実線 　処理あり　　点線 　・コーンにベークライトワニスを 　　同心円状に塗布，頂部が厚くな 　　るように段階的に塗布	20　φ165　20 110° 25.5 20　φ165　20 110° 25.5	

193

第8章 日本のスピーカーの誕生から終戦（1945年）まで

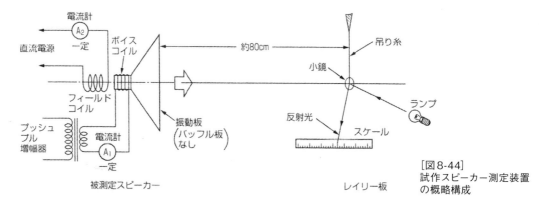

[図8-44] 試作スピーカー測定装置の概略構成

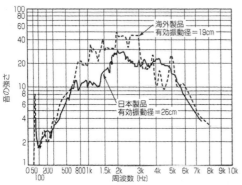

[図8-45] 海外製品と日本製品の周波数特性の比較

外の製品のデータを多く集めて，その傾向と国産品との違いにメスを入れて，改善方法を検討するというのが日本のスピーカーの研究の大きい流れになりました．

NHK技術研究所では，ラジオ受信機に収容されているスピーカーの分析や，単品としてのスピーカーの構造などを研究し，『ラヂオの日本』誌や『技術参考資料』などに発表して，一般ユーザーにも，その内容を認識してもらうよう配慮しました．

また，1933年より『通信工学邦文外国雑誌』が発刊され，海外の重要な技術論文が翻訳され，広く技術的な知識の普及に役立ちました．この雑誌は1940年まで継続し，多くの音響技術者に読まれ，技術層の拡大に役立ったものと思います．

単行本としては，真下明の『高声器の理論と設計』[8-54] や，中井将一によるマックラハラン『拡声器』の翻訳[8-55]，丹羽保次郎の『音響工学』[8-56]，根岸博によるオルソン『応用音響学』の翻訳[8-57]，八木秀次編者の『音響科学』[8-58]，栗原嘉名芽の

『音響学序説』[8-59] などがありますが，より専門的には，『電気学会誌』に掲載された和田英男の「円錐型可動線輪高声器の能率」[8-60] や，『電信電話学会誌』に掲載された和田英男の「円錐型可動線輪高声器の特性と設計上の注意」[8-61] などの文献があります．

こうした音響工学に対する関心の高まりは，急激な技術研究の進展に加えて，海外における音響理論の進展が多くの研究論文として日本で入手できるようになったことによります．これらの海外文献を読んだ学識者は，技術力の差を感じて奮起したものと思われます．また，ラジオ放送などの電気音響再生機器の誕生以来10年近い歳月が流れ，若手の研究者や技術者が育ってきたことも，この時代の進展に大きい勢いをつけたものと思われます．

この時期に，音質の良いラジオ受信機用スピーカーにとどまらず，電気蓄音機用高忠実度再生スピーカーの高性能化の方向付けも行われました．

その一例として，1935年に発表された越川嘉治の論文[8-62] を挙げます．この論文では，一般用として200～3000Hzを，中忠実度再生として100～4000Hz，高忠実度再生として50～8000Hzの再生帯域が必要であると，再生帯域のランク付けを行っています．そしてスピーカーの広帯域化のために，高音用に専用のスピーカーを設けた複合型を提案しています．

8-22-5 広帯域化，高性能化への前進

スピーカーの高性能化の先駆けともいえるものに，

[表8-22] 日本に輸入されたパーマネント型ダイナミックスピーカー4機種の分析結果

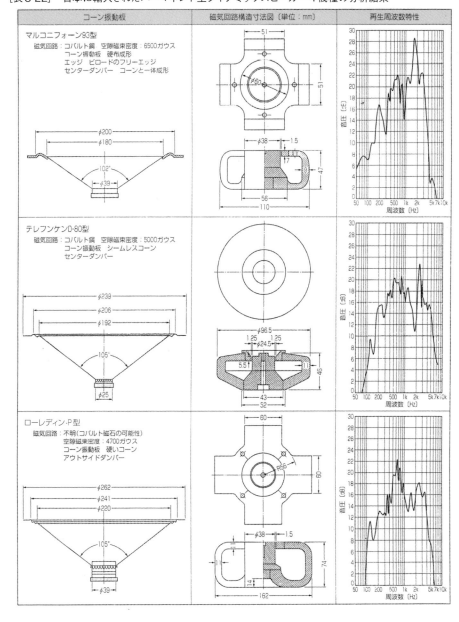

NHK技術研究所の高村悟によって1934年10月に発表された，磁気回路に永久磁石を使用したパーマネントスピーカーの分析があります．「マルコニフォン93型」，「テレフンケンD-80型」，「ローレディン-P型」を取り上げて，構造や磁石の磁束密度などを分析しています[8-63]．そのデータを表8-22にまとめました．これらのスピーカーには，コバルト鋼磁石が使用され，磁極空隙は1.5mm程度，磁束密度は4700〜6500ガウスありました．また，コーン振動板はシームレスの抄造で，頂角は105°が選ばれており，その再生周波数特性を表8-22の右側に示しました．

こうした成果を踏まえてか，翌1935年に，逓信省電気試験所の和田英男は「継ぎ目無しコーン型振動板を有する永久磁石ダイナミックスピーカーの試作」[8-64]と題する論文を発表しました．その論文では，シームレスコーンを抄造し，国産のMK磁石と組み合わせた試作品を製作し，海外製品と

第8章 日本のスピーカーの誕生から終戦（1945年）まで

[写真8-143] 日本初のダイナミックスピーカー試作品（MK磁石使用，1935年）

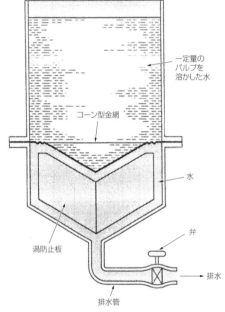

弁を開けると，上部タンクに入った定量のパルプを溶いた水は，コーン形金網を通って下部にある水とともに排出される．このとき，パルプ繊維は金網に堆積して残り，紙を漉くことができる．この金網を取り外して乾燥すればシームレスコーン振動板の原紙ができる

[図8-46] シームレスコーン紙抄造用タンクの概略構造

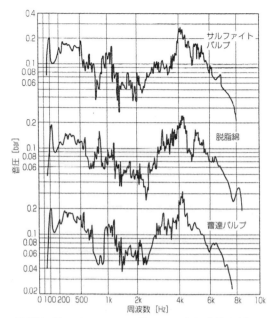

[図8-47] コーン紙材質の違いによる試作スピーカーの周波数特性

の比較検討や国産化による実用性を探っています．**写真8-143**は，こうして作られた最初のパーマネントダイナミックスピーカーの試作品です．

和田のこの論文では，コーン振動板の試作検討によって，継ぎ目のあるフラットコーン振動板の問題に着目し，継ぎ目なしコーン（シームレスコーン）を抄造によって作成し，その手順と注意点を述べています．

スピーカー用振動板を抄造するためにはパルプを叩解器にかけて繊維を叩解します．その際の刃先間隔や漉き上げ器の構造（**図8-46**）などを検討し，コーン紙の材料の違いによる特性の違いなどを調べています．また，**図8-47**は，サルファイトパルプ，脱脂綿，曹達パルプのそれぞれを材料として抄造した口径17cm，頂角110°のフラットコーンを使用して試作したスピーカーの再生周波数特性を示したもので，ここでは脱脂綿で抄造した振動板が良かったとされています．

この研究は，当時としてはまったく新しい技術で，その製作方法などは，その後の普及に多大な影響を与えたと思われます．

永久磁石（当時は耐久磁石）については，ヨーロッパのスピーカーの影響もあってコバルト鋼磁石を考えたようですが，高価だったので国産のMK合金鉄（MK磁石，今日のアルニコ磁石）で試作した，残留磁束密度8000ガウス，保磁力400エルステッドの性能の磁石を使用して，高級で能率の高いスピーカー用と，形が小さく能率が低いが安価に製造できるスピーカー用の2つの磁気回路（**図8-48**）を試作し，空隙磁束密度が測定されています．

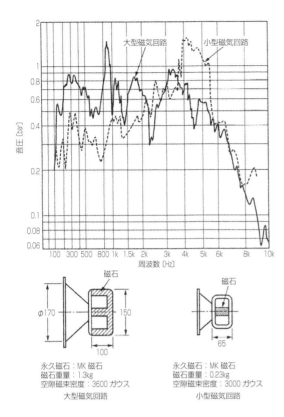

[図8-48] 磁気回路の大きさの違いによる試作スピーカーの周波数特性

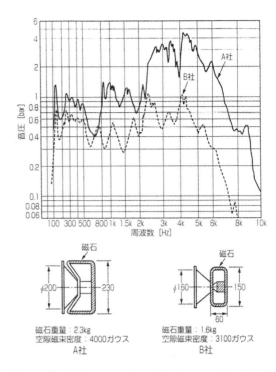

[図8-49] 海外のパーマネント型スピーカー2種の周波数特性

しかし，大型試作品は，なぜ磁石形状を着磁が非常に難しく思えるE型にしたのかはわかりません．このため，大型にしては磁束密度がやや低いように思えます．

この磁気回路を使用して試作したスピーカーの再生周波数特性も**図8-48**に示しましたが，能率はあまり高い方ではないようです．海外製品との比較でも中庸な値となっています（**図8-49**）．

しかし，和田英男はこれまでのフィールドコイルに電流を流して励磁するダイナミックスピーカーと比較すると，パーマネント型の小型の試作品のほうが実用性が高いと述べています．その後，日本における国産パーマネントスピーカーが誕生したことを考え合わせると，和田英男の研究の成果は非常に大きかったと言えます．

一方で，NHK技術研究所の青山嘉彦は，当時最新の海外の新型高性能スピーカーの紹介をするとともに，パーマネント型スピーカーとして，米国ロ

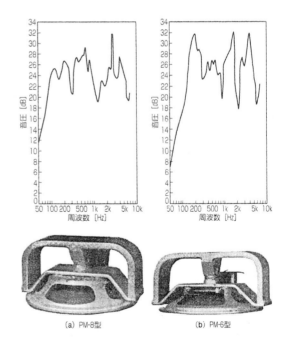

[図8-50] 米国ローラのダイナミックスピーカー2機種の周波数特性

第8章 日本のスピーカーの誕生から終戦（1945年）まで

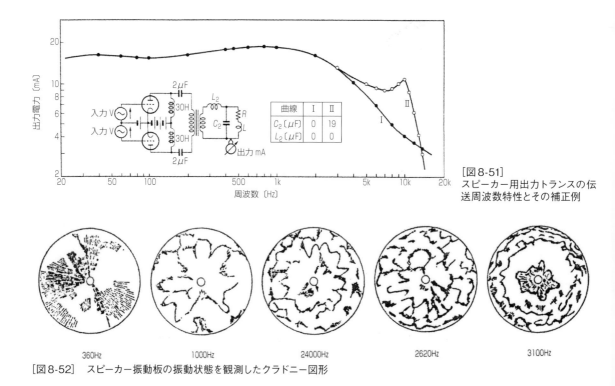

[図8-51] スピーカー用出力トランスの伝送周波数特性とその補正例

[図8-52] スピーカー振動板の振動状態を観測したクラドニー図形

ーラのPM-8型とPM-6型を分析し、報告しています[8-65]．このスピーカーの特性を図8-50に示します．

続いて和田英男は、ダイナミックスピーカー搭載のインピーダンスマッチングトランス（出力トランス）が、スピーカー性能に大きい影響を与えていることに着目して「ダイナミックスピーカー用出力変成器の特性」[8-66]を1935年8月から10月に発表し、注目されました．当時の出力トランスは高音域において減衰が大きく、スピーカーの高音部の再生不良の原因となっていましたが、これまで、この問題について触れた文献はありませんでした．

この記事では、動作解析とともに当時の出力変成器を何種類か使用して、純抵抗と誘導抵抗を負荷とした場合の伝送特性を測定し、出力トランスの特性を知るとともに、安価で実用的な帯域補正方法について述べています．図8-51はその一例で、5000Hzではかなり減衰していることを示しています．この論文では、高忠実度再生のための広帯域化には漏洩インダクタンスを極端に小さくすることが必要で、その方法として1次コイルと2次コイルの分割巻きなどがあると提案しています．

また、1935年12月から翌年の1月に『電信電話学会雑誌』に発表された和田英男の「円錐型可動線輪高声器の特性と設計上の注意」[8-67]は、和田英男がこれまで研究開発した成果を総括したような内容です．ここでは、新しい技術として振動板の振動状態を把握するために1787年にドイツのクラドニー（E. F. F. Chladni）によって発明されたクラドニー図形でスピーカー振動板の振動状態を観測しています．図8-52は直径19cm、頂角110°のコーン振動板に石松子（ヒカゲノカズラの胞子）粉末を散布して観測したスケッチで、1000Hz以上で分割振動している状態が示されています．また、振動ピックアップで、この振動板の円周上と半径方向の振動を測定し、振動状況を計測して分割振動の生じる周波数での各点の方向を（＋）（－）として把握し、周波数特性の凸凹との関連を見ています．

これまで検討されていなかった低調波寄生振動（非軸対称振動）についても検討され、クラドニー図形で観測して振動状態の違いを確認しています．

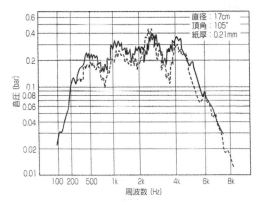

[図8-53] 和田の実験で最適とされたコーン振動板の口径と頂角および紙厚を持ったスピーカーの周波数特性例

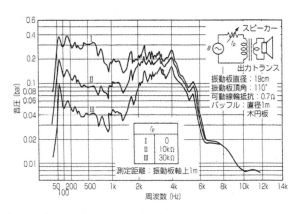

[図8-54] 真空管のプレート内部抵抗の変化による周波数特性の変化

次いで，振動板の直径13cm，17cm，21cm，25cmとコーン頂角75°，90°，105°，120°，135°および紙厚0.21mm，0.35mmの組み合わせでスピーカーを試作してこれを測定し，その特性傾向を調べたデータを掲載しています．その結果，振動板直径17cmで頂角105°がもっとも特性が良く，紙厚の違いは，あまり顕著に現れなかったと報告されています（図8-53）．

さらに新しい項目として，ダンピングファクターに相当する真空管のプレート内部抵抗を変化させて，スピーカーの周波数特性の変化を測定しています（図8-54）．

ただし，この一連の測定はすべて定電流特性のため，データの読み方に注意が必要です．

このように，ダイナミックスピーカーの基本的な検討が進み，性能の良いスピーカーを開発するための諸条件が整ってきました．大メーカーではこうした研究をしていたかもしれませんが，公に発表されたものは，ほかにありませんでした．

その後，和田英男のスピーカーに関する研究発表が見当たらなくなり，研究の主流はラジオ受信機の電気回路に移りました．

スピーカーの高調波歪みは測定の難しさもあってか，少し遅れて1937年12月に，電気試験所の吉川政次郎と池田孫七郎による「高声器と高声器附受信機の波形歪について」[8-68]で発表されています．その一例を図8-55に示します．

一方，NHK技術研究所では高忠実度再生を狙った高音専用スピーカーの調査を行い，「ピエゾ電気高声器ツウィーターの解剖」[8-69]や複合型スピーカーと楕円スピーカーについて「最近の高声器の構造と特性の比較」[8-70]および『技術参考資料』に報告[8-71]を発表しています．

ピエゾ電気高声器は，ラザメル・ブラッシの製品（1934年）で，口径5インチのトゥイーターです．再生周波数特性は8000Hzを中心になった山形特性となっています（図8-56）．

複合型では，世界最初の同軸型スピーカーと言われる英国のブルースポットのスーパーデュアル型と，同じく英国ホワイトレーのステントリアンデュプレックス型について調査しています．その再生周波数特性を図8-57に示します．これらのスピーカーを基に，密かに複合型の高忠実度再生スピーカーの開発の構想を練っていたのかもしれません．

いずれにしても，戦前のスピーカー技術は，こうした公の機関による技術の蓄積によって，ようやく大きく発展する兆しが見えたとき，第2次世界大戦が勃発し，技術開発は停留してしまいました．このため研究者や技術者はほかの分野に移り，人の継承がなかったように思われます．

これは日本のスピーカー技術の発展にとって大変残念なことで，こうした経過からみると，戦前と戦後の関係に大きな断層を感じてしまいます．

第8章 日本のスピーカーの誕生から終戦（1945年）まで

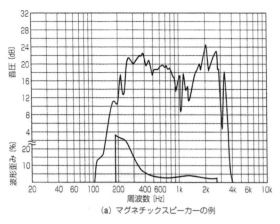
(a) マグネチックスピーカーの例

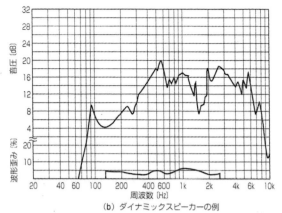
(b) ダイナミックスピーカーの例

[図8-55] スピーカーの高調波歪み周波数特性の測定例

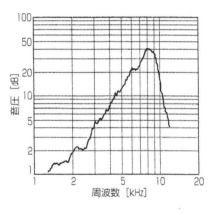

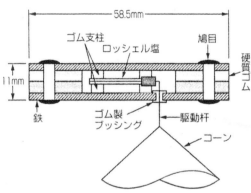

[図8-56] 口径5インチのピエゾ電気型スピーカーの構造と周波数特性

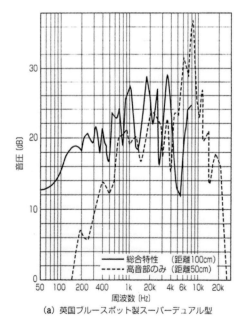
(a) 英国ブルースポット製スーパーデュアル型

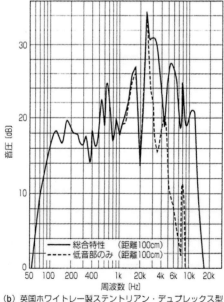
(b) 英国ホワイトレー製ステントリアン・デュプレックス型

[図8-57] 英国製同軸型複合2ウエイスピーカーの周波数特性

200

参考文献

8-1) 日本特許71246号，第70960号，第67984号，第67981号

8-2) 田口達也：ヴィンテージラヂオ物語，誠文堂新光社，1993年

8-3) Morgan E. McMahon：*Vintage Radio* 1887-1929, Greenwood's, 1973年

8-4) 誠文堂新光社編：大阪放送局沿革史，復刻ダイジェスト版 無線と実験（1924-1935），誠文堂新光社，1987年

8-5) 真下明：高声器の理論と設計，誠文堂，1934年

8-6) 日本放送協会編：ラヂオ年鑑 昭和8年，日本放送出版協会，1933年

8-7) 日本特許，例えば第15771号（1925年6月8日）または第95096号（1925年12月23日）など

8-8) 茨木悟：進歩せるラジオ高声器について，無線と実験，1926年8月号

8-9) グラビア：「デリカ」スピーカー生産工場風景，無線と実験，1930年9月号

8-10) 松浦一郎：日本のスピーカー戦前史②：JAS Journal, 1982年10月

8-11) （社）日本放送協会編：認定部分品型録，1937年8月

8-12) 実用新案出願公告第14088号（1930年8月1日出願）

8-13) 七欧無線電気商会編：七欧ラジオブリテン（第6年度版），1933年5月

8-14) 伊藤喜多男：もみくちゃ人生，ステレオサウンド，1984年

8-15) 青木周三：ハイ・ファイテクニック，音楽之友社，1960年

8-16) 金井正男：「ハーク」のスピーカー張り合わせ，コーン紙を中心に，*JAS Journal*, 1997年1月号

8-17) 東芝編：東芝100年史

8-18) NHK放送博物館編：時代を伝えたスピーカーたち，NHK放送博物館，2002年3月5日

8-19) 佐久間健三：ダイナミック拡声器，芝浦レヴュー，1931年6月号

8-20) 佐久間健三：電磁平衡鉄板型拡声器，電信電話学会誌，1935年，pp.946-948

8-21) 抜山平一：電気音響機器の研究，丸善出版，1948年

8-22) 藤岡明雄：高声器界の展望（その1），（その2），東京電気株式会社無線資料，7巻3号，4号，1942年

8-23) 松尾俊郎：永久磁石励磁型拡声器，東京電気無線資料，1943年3月号

8-24) 吉村貞男：555-Mスピーカー，無線と実験，1949年5月号

8-25) 日電月報，Vol. 14, No. 2, 昭和12年2月号. 日電月報，Vol. 14, No. 8, 昭和12年8月号

8-26) 中井将一：トーキー用拡声器について，ラヂオの日本，1930年9月号

8-27) Morgan. E. McMahon：*Vintage Radio* 1887-1929, Greenwood's, 1973

8-28) 田口達也：ヴィンテージラヂオ物語，誠文堂新光社，1993年

8-29) ラヂオの日本，1926年3月号

8-30) 社史編纂室：三菱電機社史創立60周年，三菱電機，1982年

8-31) ラジオ公論，1937年9月30日号

8-32) 永島清：たのしきかな，サービス技術員，ダイヤモンドサービス，1969年9月

8-33) ラヂオの日本，1930年10月号

8-34) 西巻昭：千載の礎石（田村得松翁伝），タムラ製作所，1983年

8-35) 岩間政雄：全ラジオ産業界銘鑑，ラジオ産業通信社，1952年

8-36) 平山英雄：わが回想録，電波新聞連載，1989年

8-37) 無線と実験，1927年2月号

8-38) 展示：シャープ株式会社技術本部「歴史ホール」

8-39) 松本望：回顧と前進（上），電波新聞社，1978年

第8章　日本のスピーカーの誕生から終戦（1945年）まで

8-40）社史編纂実行委員会：SOUND CREATOR PIONEER，パイオニア，1980年

8-41）ラヂオの日本，1932年7月号

8-42）電波監理委員会編：日本無線史第11巻，1951年

8-43）柳沢功力：世界のオーディオ「テクニクス」，ステレオサウンド，1978年

8-44）安達啓二：ラジオ受信機配線図集，松下無線，1942年

8-45）芳賀千代太：音質問題種々と拡声機に就て（2），無線と実験，1926年8月号

8-46）東京市電気研究所内電気博物館にスピーカーの比較試聴展示，ラヂオの日本，1928年9月号

8-47）欧米新知識，ダイナミックスピーカーの特性，ラヂオの日本，1929年6月号

8-48）Stuart Ballantine：A Logarithmic Recorder for Frequency Response Measurements at Audiofrequencies, *J.A.S.A.*, July, Vol. 5, No. 1, 1933

8-49）佐村公年，真田正信：高声器特性の測定器に就て，ラヂオの日本，1932年10月号

8-50）早坂寿雄：音の歴史，電子情報通信学会，1989年

および小幡重一：音，岩波全書69，1935年

8-51）佐村公年，真田正信：高声器特性の周波数特性に就いて（下），ラヂオの日本，1933年3月号

8-52）和田英男：ダイナミックスピーカーの特性，ラヂオの日本，1934年3月号

8-53）和田英男：コーン型ダイナミックスピーカーの試作（上）（下），ラヂオの日本，1934年4，5月号

8-54）真下明：高声器の理論と設計，誠文堂，1934年

8-55）マックラハラン著，中井将一訳：拡声器，コロナ社，1935年4月

8-56）丹羽保次郎：音響工学，オーム社，1938年

8-57）オルソン著，根岸博訳：応用音響学，コロナ社，1935年9月

8-58）八木秀次編者：音響科学，オーム社，1939年

8-59）栗原嘉名芽：音響学序説，共立出版，1939年

8-60）和田英男：円錐型可動線輪高声器の能率，電気学会雑誌，1934年3月号

8-61）和田英男：円錐型可動線輪高声器の特性と設計上の注意（その1）（その2），電信電話学会雑誌，昭和10年12月号，1936年1月号

8-62）越川嘉治：優良な音質のスピーカー，ラヂオの日本，1935年4月号

8-63）高村悟：永久磁石を使用したダイナミック・コーン・スピーカー，ラヂオの日本，1934年10月号

8-64）和田英男：継ぎ目無しコーン型振動板を有する永久磁石ダイナミックスピーカーの試作（上）（下），ラヂオの日本，1935年1，2月号

8-65）青山嘉彦：ローラPM-8型およびPM-6型永久磁石式ダイナミックスピーカー，ラヂオの日本，1935年5月号

8-66）和田英男：ダイナミックスピーカー用出力変成器の特性（上）（中）（下），ラヂオの日本，1935年8～10月号

8-67）和田秀男：円錐型可動線輪高声器の特性と設計上の注意（其の一），（其の二），電信電話学会誌，1935年12月号～1936年1月号

8-68）吉川政次郎，池田孫七郎：高声器および高声器附受信機の波形歪について，ラヂオの日本，1937年12月号

8-69）高村悟：ピエゾ電気高声器ツウィーターの解剖，ラヂオの日本，1936年2月号

8-70）青山嘉彦：最近の高声器の構造と特性の比較，ラヂオの日本，1937年11月号

8-71）青山嘉彦，北沢正人：英国ホワイトレ会社製ステントリアン・デュプレックス高声器試験成績，技術参考資料，1938年9月，第36号

第9章

戦後（1945〜1955年）における日本の高性能スピーカーの復興と発展

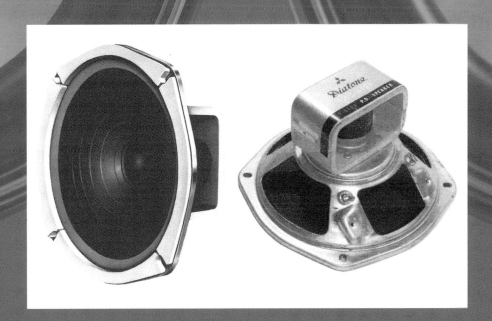

9-1 第2次世界大戦直後の日本市場動向

1945（昭和20）年8月15日，日本の無条件降伏によって第2次世界大戦は終結し，連合国占領軍が日本に進駐しました．日本は米国を中心とした連合軍の統治下となり，幸いにもドイツのように分断されることはありませんでした．もしも，分断されていたら日本の歴史は大きく変わったでしょう．

日本の企業は，9月2日には軍需関係の生産操業が停止され，従業員の大量解雇が行われました．この対応して，連合軍総司令官のマッカーサー（Douglas MacArthur）元帥は，ラジオ受信機の生産計画を日本政府に命令しました．これが占領政策の一環である「五大改革民生命令」といわれるものの1項目で，産業復興については食料，石炭に次いでラジオの生産を重要視したのです．

このときの連合国軍最高司令官総司令部（GHQ）の指令は，400万台のラジオ受信機を1946（昭和21）年度中に生産するよう求め，1945年12月1日までに具体的計画案を出せという要求でした．終戦の日からわずか5か月での話です．この要求は，戦前からラジオ受信機を生産していた中小企業を主としたメーカーだけでは太刀打ちできるものではありませんでした．

大企業は，戦後軍需がなくなったことや，今後の復興にラジオ受信機の役割が大きく，しかも需要が長期間にわたって継続することなどの見通しから，こぞってラジオ業界に参入してきました．

この結果，GHQの指令を受けた昭和21年度のラジオ受信機の生産計画に参加した会社は，関西では松下電器産業（現・パナソニック），早川電機工業（現・シャープ），戸根源，双葉電機，大阪無線，関東では山中電機，七欧無線電気商会，八欧無線，三鷹電機，帝国電波，原口無線，日本精器，原崎ラジオ製作所などの戦前からのメーカーに，新しく旧財閥系の日立製作所，東京芝浦電気（現・東芝），三菱電機，日本電気などが参加しました．

また，これに伴ってスピーカーやラジオ部品の生産会社が次々と発足しました．これが日本における今日の電子機器産業や，エレクトロニクス産業の出発点になりました．

スピーカーについては，GHQからスーパーヘテロダイン受信機の製品化とともにダイナミックスピーカーの使用が奨励されて，戦前に中断していたダイナミックスピーカーの生産が再開されるとともに新規参入会社が次々と誕生し，スピーカーメーカーの開発技術競争が激しくなりました．

戦前と違って，大学などで音響学の研究が行われるようになりました．例えば『音響学会誌』で「円錐型動電拡声器の研究」[9-1]などの研究論文が発表されるなど，音響理論とともにスピーカーの理論解析などが行われ，「日本のスピーカー研究」が本格的に取り組まれるようになりました．

これに伴って，開発技術力が向上したメーカーでは，海外製品に惑わされることなく日本独自の技

[図9-1] 三菱電機が1946年に登録したダイヤトーンブランドのロゴマーク

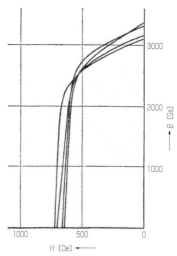

$(BH)_{max} = 1.3 \times 10^6$ [Gs・Oe]

[図9-2] 三菱電機で製造したOP磁石の磁気特性

術を駆使して製品を開発しました.

この当時の音楽ソフトはAM放送かSPレコードだったので帯域は狭く, 高音は5000～6000Hzが上限で, S/Nも悪い状況でした. その中で, 戦後最初の高性能スピーカーが次々と開発されました. その主要機種として, ダイヤトーン（三菱電機）のP-62F型が1947（昭和22）年, 福音電機（現・パイオニア）のPE-8型が1951（昭和26）年, ナショナル（松下電器産業）の8P-W1型が1954（昭和29）年にそれぞれ誕生し, 戦後の日本を代表する高性能スピーカーの機種となりました.

9-2 「ダイヤトーン」（三菱電機）の高性能スピーカーの開発

戦前の三菱電機は重電機器の生産に重点を置いていたため, 技術提携先の米国ウェスティングハウス電機製造会社（Westinghouse Electric and Manufactureing；WH）からラジオ受信機や電気蓄音機の輸入販売を求められましたが直接関与せず, ノックダウン生産と子会社による販売を行う程度の消極的な状況でした（第8章15項参照）.

戦後になって, GHQの指令によるラジオ受信機の生産指示があって業界が立ち上がったとき, 初めてラジオの生産に参加することを決定し, その後の三菱電機は非常に積極的に取り組みました.

早速, 民生用のラジオ受信機とスピーカーの商標に「三菱の音＝ダイヤの輝きのある音」のイメージを持った「ダイヤトーン」をブランド名に決定し, 真空管の「ダイヤトロン」とともに1946（昭和21）年3月に商標登録（図9-1）の申請を行っています. そしてラジオ受信機のキーパーツであるスピーカーと真空管を自社開発・生産することに取り組みました.

スピーカーを開発担当する工場は, 神奈川県にある三菱電機の大船工場でした. この工場は1932年に武井武と河合登らによって発明されたCoフェライト系のOP磁石（Oxide Powder Magnet）（図9-2）[9-2]を1935年から生産しており, 戦中には

OP磁石の永久磁石が爆破用吸着磁石（破甲爆雷）用として多量に使用されていました. しかし, 終戦後になってこのOP磁石が在庫品として残ったので, これをパーマネント型ダイナミックスピーカーに使用することで消化できるとの考えもあって, 大船工場でラジオ用スピーカーを開発, 生産することになったようです.

ダイヤトーンスピーカーの開発を最初に担当したのは, 開発責任者の市村宗明と担当者の東昇で, 彼らは早速開発に取り組みました.

しかし, スピーカーの技術開発はゼロからの出発でした. 唯一持っていた技術は磁気回路の設計で, スピーカーが要求する空隙磁束密度を得るための設計は専門の工学博士もいて, それほど問題なく対応できたのですが, 音放射するコーン振動板の設計と生産は, まったく経験のない世界でした. このため, スピーカーの開発設計を指導する人材を戦後すぐの時期に四方八方手を広げて探しました. 三菱電機の営業部長の住交平が, NHK技術研究所所長の溝上銈と大学の同期生であったことから, この件を打診してみたところ, 「音質の良いラジオ受信機を開発するのであれば」と, 話が好転しました. そしてついにNHK技術研究所の技術協力が得られたのです.

NHK技術研究所は戦前から活躍（第8章3項参照）していて, 多くの海外のスピーカーの市場調査や製品の検討を行って貴重な資料を保有しており, 高いポテンシャルを持っていました. しかも音響計測では防音室の設備があって, スピーカーに関しては当時日本の最高の権威をもっていました.

三菱電機が技術協力を受けたのは「スピーカーの振動板の開発設計」で, 指導を担当したのはNHK技術研究所で音響研究を行っていた富田義男（後に音響副部長）でした. 最初は技術的なレベル差があって, 市村宗明は大変苦労したようです.

振動系の基本的な設計は, 富田義男が以前から研究して実績のあった, 全帯域再生用の「整合共振型」と命名したカーブドコーンを, 求める16cmの振動板に適応した原図（図9-3）を作図して送っ

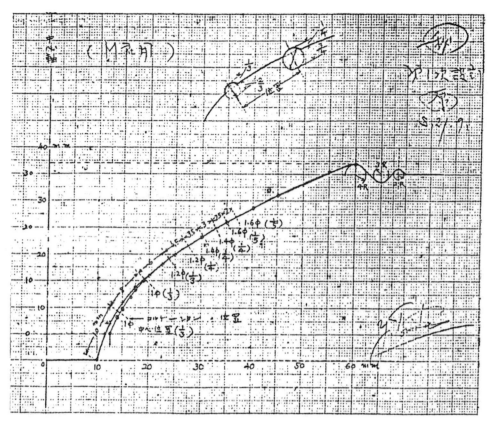

[図9-3]
NHK技術研究所でP-62F型用に設計した整合共振型コーン振動板の原図．日付は「昭和21年9月」で「M社」は三菱電機，右下に富田義男のサインがある

てきたものを基にしました．この整合共振型の大きな特徴は，5本のコルゲーションそれぞれで斜面の角度を変えて，全体としてはカーブドコーンになる形状ということで，コルゲーションの各段のスティフネスの効果によって，外周から内周に向かって高音域で振動板の振動面が周波数とともに減少し，高音域で位相干渉の少ないレベルを確保しようとするものでした．これは振動板の高音域で軸対称の振動モード（分割振動域）を人工的に規正することで単一コーン振動板でも広帯域化を実現できると考えた設計で，NHK技術研究所の音響技術のレベルの高さを示すものでした．

市村宗明は，早速振動板に5本のコルゲーションを設けたカーブドコーン形状を図面化（図9-4）して金型を製作しました．そしてこれを基にコーン紙振動板の試作を何回も行い，優れた特性が得られるように金型を修正するなどして長時間努力した結果，目的の性能を引き出すことができました[9-3]．

9-2-1　P-62F型スピーカー

このコーンを使った試作品が完成したのは1947年7月で，型名をP-62F型（写真9-1，図9-5）としました．口径16cm，振動板周辺支持は鹿皮のフリーエッジで，OP型永久磁石を使用した外磁型磁気回路を搭載したパーマネントスピーカーでした．

このP-62F型の試作品をNHK技術研究所で測定した結果，高音域が10000Hz以上まで均一に伸びた優れた特性でした（図9-6）．これは戦前のスピーカーには見られなかった広帯域の再生周波数特性であり，関係者は日本で最初の高忠実度再生スピーカーの誕生として高く評価しました．この結果，NHKでは国産品最初の放送用モニタースピーカーとして採用することになりました．これは，NHK放送博物館に記録品として保管されています．

P-62F型は，口径16cmながら低域共振周波数f_0を80Hzに設定し，ハイコンプライアンスにすることで低音再生を良くするため，エッジは鹿皮のフリーエッジでした．ダンパーは，フェノール積層板

9-2 「ダイヤトーン」(三菱電機)の高性能スピーカーの開発

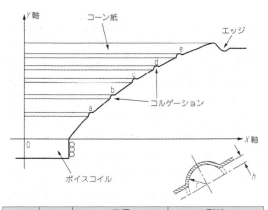

機種	順位	座標 x	座標 y	形状 r	形状 h
P-62F P-65F	a	19.73	12.25	1.1	0.2
	b	28.58	18.66	1.25	0.3
	c	36.48	22.88	1.45	0.4
	d	43.11	26.05	1.65	0.5
	e	48.95	28.81	1.8	0.6

[図9-4] 図面化された整合共振型コーン振動板の形状とコルゲーション位置の座標

[写真9-1] P-62F型パーマネントフルレンジスピーカー(1947年)

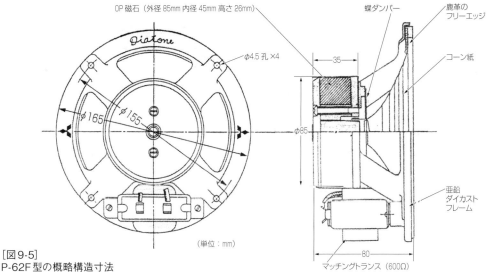

[図9-5] P-62F型の概略構造寸法

の蝶ダンパー(**図9-7, 写真9-2**)です.

磁気回路部はOP磁石を使った外磁型で, 外径85mm, 内径45mm, 高さ26mmを使い, 空隙磁束密度8500ガウスを得ています. ボイスコイルインピーダンスは5.5Ωで, モニター用には600Ωのマッチングトランスを搭載していました.

P-62F型を収容するエンクロージャーの設計はNHK技術研究所で行われ, 位相反転型(形状寸法は第15章4項参照)エンクロージャーと組み合

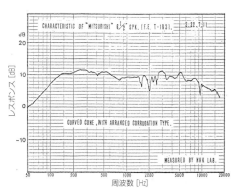

[図9-6] NHK技術研究所で測定されたP-62F型の再生周波数特性(1947年7月11日測定)

207

第9章　戦後（1945〜1955年）における日本の高性能スピーカーの復興と発展

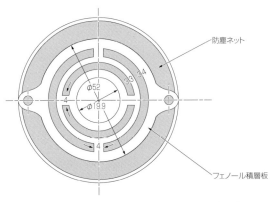

[図9-7]　P-62F型の蝶形ダンパーの形状と概略寸法

[写真9-2]　P-62F型の蝶形ダンパーによる振動板支持の状態

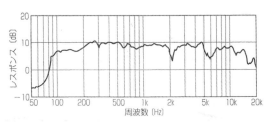

[図9-8]　P-62F型を搭載したNHK Ⅱ型試聴装置の再生周波数特性（測定はNHK技術研究所で1949年2月）

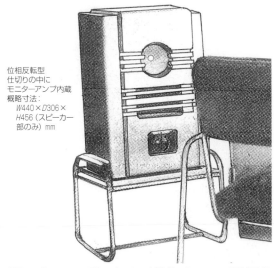

[図9-9]　P-62F型スピーカーを搭載したNHK Ⅱ型試聴装置

わせた総合的な特性（図9-8）は，80〜10000Hzを均一に再生する良好な性能で，放送用モニタースピーカーシステムとして完成しました．

このシステムは「NHK Ⅱ型試聴装置」と命名され，配布された各地の放送局で活躍しました（図8-9）．完成したスピーカーシステムは，1948年6月のNHK技術研究所の公開でデモが行われ，一般来場者から，音質の良さで高い評価を得ました．

一方，工場では，この高性能スピーカーを継続して生産するためには，振動板を安定に製造する紙専門の会社の選定が必要でした．紙パルプの不足していた終戦直後の時期でしたが，人脈を通じて静岡の巴川製紙に依頼することができました．しかし，手漉きの生産に不慣れな点もあってムラが多く，品質が安定しませんでした．そこで，巴川製紙の下請けで，熟練した職人のいる市原製紙に依頼することになりました．ここでは三椏（ミツマタ）や楮（コウゾ）を使用した特殊な和紙を専門に漉いていた技術があることから，最初のダイヤトーンスピーカーのコーン紙は，ここで生産されました．

振り返ってみると当時，学校の教科書の紙も入手困難な時代に，大変ぜいたくな紙を使用した振動板だったわけです．

開発で苦労したもう一つの点は，交通が不便だったことで，買い出しなどで混雑する列車で，コーン振動板の諸定数を決めるために金型を持って修正や試作を行うため関係先を往復することには多大な苦労がありました．また，当時の工場には，音響計測の自動記録設備がなかったので，開発したスピーカーの周波数特性を得るには，周波数一点一点での音圧レベルを測定して測定値を結んでグラフを描き出すなど，時間のかかる作業も多く，開発者は苦労しながら製品化し，優れた特性を持つスピーカーを生産することができました．

当初，三菱電機はラジオ用スピーカー開発を目

9-2 「ダイヤトーン」（三菱電機）の高性能スピーカーの開発

[表9-1] 1952年当時の市販用ダイヤトーンスピーカー機種と概略仕様

型名	型式	励磁方法	口径〔インチ〕	高さ〔mm〕	ボイスコイルインピーダンス〔Ω〕	整合トランス1次インピーダンス〔Ω〕	定格入力〔W〕	対応真空管
P-50	—	OPパーマネントマグネット	5	67	8	12000	1.5	6Z-P1, 12Z-P1
P-62	—	OPパーマネントマグネット	6.5	80	5.5	7000	2.5	42, 2A5, 6V6 ($B=200V$)
P-62F	フリーエッジ	OPパーマネントマグネット	6.5	80	5.5	7000	2.5	42, 2A5, 6V6 ($B=200V$)
P-65	—	MK-5パーマネントマグネット	6.5	86.5	5.5	7000	2.5	42, 2A5, 6V6 ($B=200V$)
P-65	—	MK-5パーマネントマグネット	6.5	86.5	5.5	7000〜12000	2.5	42, 2A5, 6Z-P1, 3Y-P1, 13A, 47B, 47
P-65F	フリーエッジ	MK-5パーマネントマグネット	6.5	86.5	5.5	7000	2.5	42, 2A5, 6V6 ($B=200V$)
D-62	—	電磁型フィールドコイル (60mA 1500Ω)	6.5	86	5.5	7000	2.5	42, 2A5, 6V6 ($B=200V$)
D-62F	フリーエッジ	電磁型フィールドコイル (60mA 1500Ω)	6.5	86	5.5	7000	2.5	42, 2A5, 6V6 ($B=200V$)
P-100F	フリーエッジ	OPパーマネントマグネット	10	118	3.5	10000	5	42×2 (A_1級), 2A5×2 (A_1級), 6V6×2 (A_1級), 45×2 (AB級)
P-100F	フリーエッジ	OPパーマネントマグネット	10	118	3.5	5000	5	2A3×2 (A_1級), 6A3×2 (A_1級)

①P-50型, ②P-62B型（磁石がφ7.5mmと小さい）, ③P-100F型（10インチ, パーマネント型, フリーエッジ）, ④P-62型, ⑤⑧P-65F型（フィックスドエッジ）, ⑥⑦P-62F型（OP磁石, フリーエッジ, モニター用）, ⑨P-65型（フィックスドエッジ）, ⑩P-50型（5インチ, OP磁石）, ⑪P-50R型（5インチ, アルニコ磁石）, ⑫P-65型（フィックスドエッジ）, ⑬D-65F型（フィールド型, フリーエッジ）

[写真9-3] 初期のダイヤトーンスピーカー群

指していたのに対し，目的とは違った全帯域再生用単一コーン型の高性能スピーカーが完成してしまったのですが，三菱電機は習得した技術を応用して，新しくラジオ受信機用スピーカーを別途に開発してラジオに搭載するとともに，次々に口径の違うスピーカーを開発し，市販するようになりました．

表9-1に示す10機種（写真9-3）は当時の開発品で，その後のダイヤトーンスピーカーの基盤となりました．この中でも，P-50型（写真9-4，図9-10），口径25cmのP-100F型スピーカー（写真9-5，図9-11）は，オーディオファイルにも評価を得て活用されました．

三菱電機の当初の事業目的であったラジオ受信機としては，「ダイヤトーン」ブランドの音にこだわったラジオとして，1947年に最初の47-D型ラジオ受信機を発売しました．次いで1949年に発売した49-K型ラジオ受信機（写真9-6）は，放送モニター用のP-62F型フリーエッジスピーカーをフィール

第9章 戦後（1945〜1955年）における日本の高性能スピーカーの復興と発展

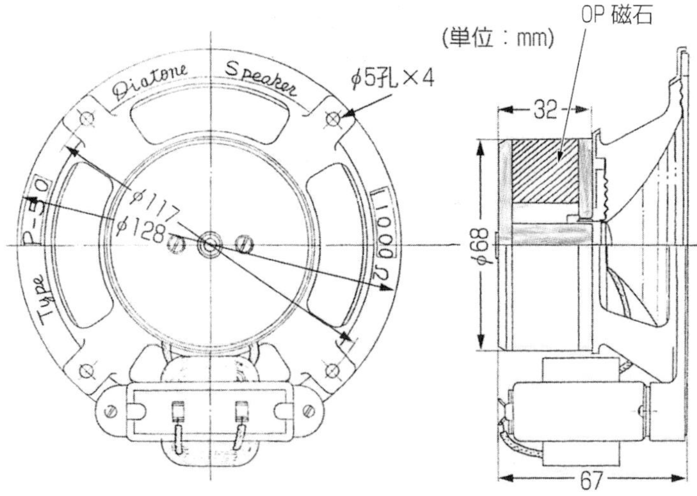

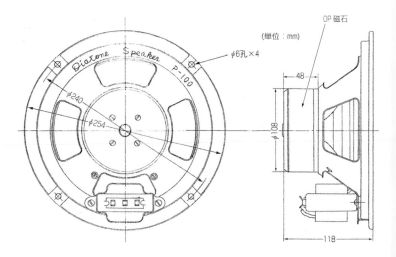

[図9-10] P-50型の概略構造寸法

[写真9-4] P-50型パーマネントフルレンジスピーカー（口径12cm）

[図9-11] P-100F型の概略構造寸法

[写真9-5] P-100F型パーマネントフルレンジスピーカー（口径25cm）

ド型にしたD-62F型を開発し，やや大型の木製キャビネットに搭載したものです．アンプ側出力回路にはフィードバックをかけてダンピングを向上し，低歪みを狙った製品で，音質が良いとの評価を得ました．

[写真9-6] D-62Fフィールド型スピーカーを搭載して高音質を狙った49-K型ラジオ受信機（1949年）

210

9-2-2　P-65F型スピーカー

P-62F型は1950年に改良されて，P-65F型が誕生しました．主な改良点は，OP磁石を高性能な三菱製鋼製の鋳造磁石であるMK（アルニコ）磁石のMK-5型に変更したところです．OP磁石を使用した磁気回路の生産では磁極空隙に磁粉が付着しやすかったので生産に注意が必要であったことや，もう少し空隙磁束密度を高くして能率を高くする要求があったためです．新たに採用したMK-5型磁石は直径30mm×長さ25mmで，これを内磁型磁気回路の構造に変更し，9500ガウスの高い空隙磁束密度が得られました．

また，振動系の支持部のダンパーは，フェノール樹脂板の蝶ダンパーから絹地にフェノール樹脂処理をしたコルゲートダンパーに変更しました．

改良したP-65F型は角型ヨークの新しい形状になりました（写真9-7，図9-12）．

改良の結果，P-65F型は定格音圧レベルが向上し，中音域が充実しました．図9-13のように，旧P-62F型との再生周波数特性の違いが現れています．

このころ，NHKの局内モニターとして大型密閉型モニターR-16型が作られ，局内のロビーなどに設置され，来局者が放送中のソースを聴くことができたため，その音質の良さは驚きをもって迎えられ，ダイヤトーンスピーカーの噂が広がりました．

9-2-3　P-60F型スピーカー

1952年，三菱電機では将来の電子機器の発展を

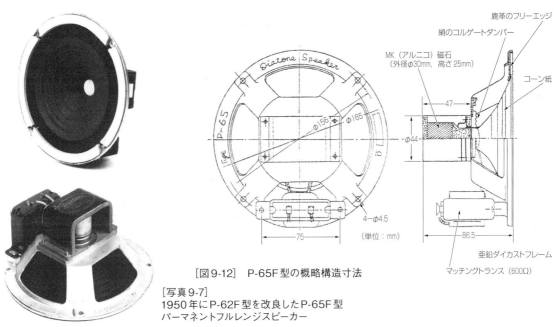

［図9-12］　P-65F型の概略構造寸法

［写真9-7］
1950年にP-62F型を改良したP-65F型
パーマネントフルレンジスピーカー

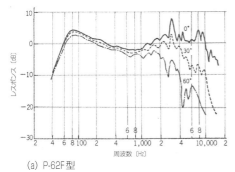

［図9-13］
P-65F型と旧P-62F型の再生周波数特性の違い
（1971年にJIS箱を使用して測定）

(a) P-62F型　　(b) P-65F型

第9章　戦後（1945～1955年）における日本の高性能スピーカーの復興と発展

[写真9-8]　日本の業界で初の本格的音響測定用無響室の完成時のようす（1952年）

[写真9-9]　音響測定用無響室に隣接して設置された音響測定用機器群（1953～1957年ごろ）

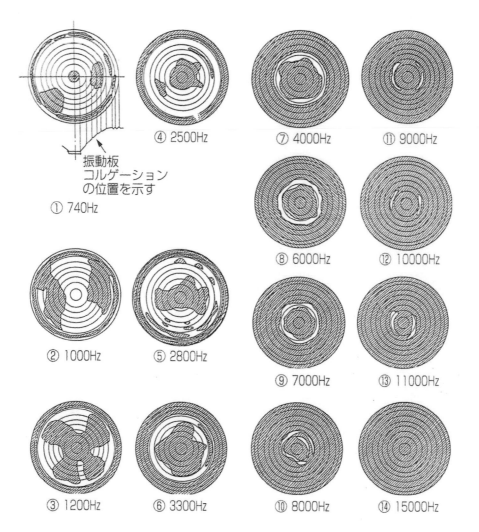

[図9-14] 口径16cmの整合共振型コーン振動板の振動姿態を石松子を使って観測した各周波数別スケッチ

予測して，この事業の強化のために兵庫県伊丹地区の無線機製作所に技術を集結することになり，ラジオ受信機とともにスピーカーの開発のため，大船工場の施設は兵庫県伊丹市へ移転することになりました．そして2代目の開発責任者として，藤木一が設計課長として業務を継承することになりました．中央研究所で音響研究をしていた藤木は，新しい開発者として着任し活動を開始しました．

一方，移管を前提に，音響測定用の設備として本格的な無響室(**写真9-8, 9-9**)を1952(昭和27)年夏に建設しました[9-4]．測定室には，池上通信機の自動記録装置が設置され，基準のコンデンサーマイクロフォンによって，低音から高音までの音響測定精度が一段と向上しました．この設備は日本で3番目，業界最初の音響測定用設備で，これによって高性能スピーカーの動作解析や材料の研究などの基本的な研究も平行して推進できるような体制になりました．

早速，藤木は整合共振法振動板の振動状態の効果を確認するために，石松子を使用してその振動姿態を観測しました(**図9-14**)[9-5]．後にレーザーホログラフィによる振動姿態の観測が行われ，当時の観測結果が再確認されています[9-6]．

また，スピーカー設計に当たっては，関西地区の協力会社から部品調達できるように改善したため，大船工場時代のスピーカーとは多くの部品が変更されました．

新工場での改良によって誕生したスピーカーはP-60F型で，完成したのは1954年です．外観は**写真9-10**に変わり，**図9-15**に示すように一般的なラジオやテレビセットにも搭載できる形状になりました．磁気回路部のヨークは，幅44mm，厚さ6mmの帯鋼を曲げて溶接接合加工する方法に変更し，空隙磁束密度9500ガウスと前機種と同じ値を得ています．また，フレームは鉄板のプレス加工に変更され，外観が著しく変わりました．

振動系支持部のダンパーは，素材を綿布に変更し，専門業者による成形加工によってダンパー径を小さくしても同等の振幅直線性が得られるようにし，径をφ54.8mmまで小さくしています．

音質に最も重要なコーン紙は，楮などの長繊維の和紙系から，安定して生産できるクラフトパルプと三椏のブレンドに変更し，プレス方式や処理方法も変更して，より均一な再生周波数特性が得られるようになり，音質面の改善が進みました．

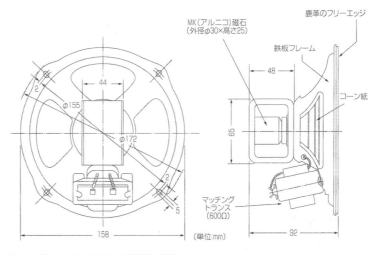

[図9-15] P-60F型の概略構造寸法

[写真9-10] 新工場で生まれたP-60F型パーマネントフルレンジスピーカー(1954年)

9-2-4　P-610型スピーカー

ダイヤトーンが1958年に発表したP-610型は，P-60F型の内容を一新して高性能化したものです．

1950年後半当時，オーディオ市場にLPレコードが登場して普及し始め，「Hi-Fi再生」が熱心に追究されるようになり，オーディオファイルの入門用として「ロクハン（口径6・1/2インチ）」の16cmスピーカーの需要が高まってきました．

このP-610型スピーカーの設計は佐伯多門が担当し，P-60F型のコーン振動板以外の構造を徹底して改良し，新時代の放送用モニタースピーカー用を狙って一段と改善を図りました[9-7]．

その改良点の1つは，磁気回路を漏洩磁束の少ない形状に再設計することで，センターポールの飽和磁束密度を高めるため純鉄を使用し，磁石には同じ寸法で高性能なMK-5SDGを採用して空隙磁束密度を11000ガウスと高めました．

また，振動系のエッジの皮革（鹿革の「トコ」と

[写真9-11]　P-610型パーマネントフルレンジスピーカー（1958年）

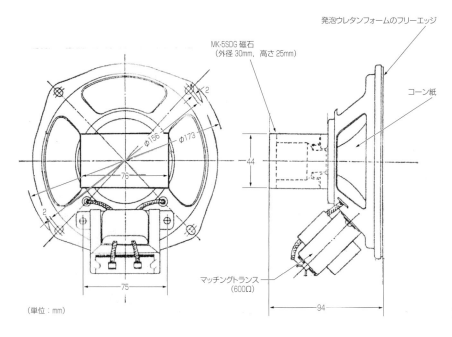

[図9-16]　P-610型の概略構造寸法

9-2 「ダイヤトーン」（三菱電機）の高性能スピーカーの開発

呼ばれる部分）を発泡ウレタンフォームをスライスしたエッジに変更し，コーン紙との貼り合わせにも改良を加えて軽量化を図るとともに，低音における振幅の直線性を良くするよう，ダンパー径を大きくしました（図9-16）．また，フレームやヨークの変更によって，写真9-11のように外観形状が一新しました．

この結果，能率が高くなり，振動系のQが0.8程度に下がって，ダンピングの良い特性が得られました．また，高音限界周波数を高めるためにコーン頂部の曲率をわずかに強くして，10000Hz以上の広帯域化を達成しました．

総合的に見ると，これら改良によって再生周波数特性のバランスがいっそう改善されました（図9-17）．このため，P-610系の音質傾向は，伝統を受け継ぎながら，当時のプログラムソフトの進化に対応できました．

NHKは，放送用モニタースピーカーの品質を保つためにBTS規格6121を設定し，口径16cmのモニタースピーカーに機種名U16型を付けました．三菱電機は，この規格に合格するためP-610型の性能と品質を高め，BTS規格6121に合格しました．この結果，P-610型は本格的な業務用標準製品として使用されるようになりました．

定格入力2W，再生周波数帯域80〜10000Hz，特性偏差値100〜10000Hzで10dB以内，定格出力音圧レベル90dB，ボイスコイルインピーダンス16Ω，低域共振周波数80Hzが，U16型業務用スピーカーの性能スペックです．

この時期から，ダイヤトーンのスピーカーはボイスコイルインピーダンス16ΩのP-610A型が中心となり，マッチングトランス付きのP-610T型やP-610AT型は需要が減少しました．また，市販用のP-610B型はトランジスターアンプに対応するよう，ボイスコイルインピーダンス8Ωの機種を追加しました．一方，一般向けのP-610AJ型も販売されま

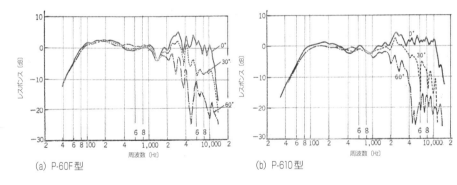

[図9-17] 振動系と磁気回路の改善によるP-610型と旧P-60F型の再生周波数特性の違い（1971年にJIS箱を使用して測定）

[表9-2] P-610系スピーカーの初期から生産終了までの機種

型名		ボイスコイルインピーダンス〔Ω〕	入力〔W〕	低域共振周波数〔Hz〕	空隙磁束密度〔ガウス〕	備考 発売開始年
P-62F		5.5	2.5	80	8500	1947年
P-65F		5.5	2.5	80	9500	1950年
P-60F		6.0	3	60〜80	9500	1954年
P-610	なし	6.0	3	80±8	11000	1958年
	A	16				
	B	8.0				
P-610D	A	16	7 (20)	70±10.5	12000	1979年
	B	8				
P-610F	A	16	7 (20)	70±10.5	12000	
	B	8				
P-610M	A	16	7 (20)	70	12000	1995年
	B	8				

した.

ダイヤトーンでは，品質を管理するためにP-610型およびP-610A型は，発売以来10年間の長い期間，無響室で1台1台測定し，データを添付し業務用とし品質を保証する体制をとってきました．その後10年を経過して蓄積されたデータを見ると，品質は安定していることが確認できたので，その後は測定データの添付を廃止しています．市場では，その後の製品も性能が変わらない安定した品質であったと評価されています[9-8]．

ほかのP-610系の機種としては，テレビやステレオセット用として開発され，単品では市販されなかったP-610S型があり，フレームの形状に違いがあります．

また，P-610M型は，ボイスコイルが並列して2個巻かれたダブルボイスコイルになっており，ステレオの左右の信号を加えたとき位相差によるディファレンシャル効果が得られるスピーカーで，これを搭載したスピーカーシステムDS-16B型が1971年に発売されています．

P-610系のスピーカーは，1958年以来，長期間にわたって生産されていたので，調達する部品材料の進歩などによる若干の仕様変更の必要がありました．中でもエッジの材料の発泡ウレタンフォームは空気中のオゾンに耐候性のある発泡ポリエステルフォームに変更されています．また，MK-5SDGのアルニコ磁石は，コバルトの価格の高騰によって入手困難となりました．その要因は，1973年の第1次オイルショックによる原油価格の高騰，そしてアフリカのコンゴ民主共和国でコバルト鋼の価格操作があったという噂も流れ，「コバルトの危機」説が唱えられて入手が急激に困難になり，飛び抜けて高価になるなどしたことです．

アルニコ磁石はAl-Ni-Coのスペルからわかるように，アルミニウム（Al）とニッケル（Ni）とコバルト（Co）の合金で，コバルトが24%使われています．このためコバルト高騰の影響は大きく，代品としてフェライト磁石が脚光を浴びるようになり，多くのスピーカーがフェライト磁石使用の磁気回路

に変更して対応しました．

しかし，磁石の違いによって，スピーカーの音質には違いがありました．ダイヤトーンは，これまでの音質を維持するためにアルニコ磁石を固守して，細々ながら生産を続け，性能を改善したP-610D型[9-9]や，P-610M型などを販売しました．

一方でフェライト磁石を使用したP-610F型[9-10]などを開発し，市場でのダイヤトーンP-610系の維持に努めました（表9-2）．

9-3 「パイオニア」（福音電機）の高性能スピーカーの開発

戦前の福音電機（現・パイオニア）については第8章22項で述べました．終戦時，同社の文京区音羽の工場は幸い戦災を免れたことから，松本望は早速疎開先から戻って昭和20（1945）年11月より操業を開始しました．この時期はラジオ用スピーカーが中心で，小売店相手に自作ラジオ用スピーカーとして売り込み，これが成功して数量的にも多くなりました．この需要に対応するため1947（昭和22）年に音羽に第2工場を完成させ，有限会社を株式会社に改めて増資し，このチャンスに事業を大きく飛躍することを考えました．

会社の発展に伴って「パイオニア」ブランドを大きく打ち出そうとしたのですが，同社は，このブランドを商標登録していなかったことに気付きました．調査したところ，すでに「パイオニア」の商標は，ほかのメーカーが登録しており，使用できないことがわかりました．

「パイオニア」の商標を登録していたメーカーは大阪の会社（代表者は喜積英一）でした．早速譲渡の折衝を開始して，最終的には1948年10月に10万円で譲渡を承諾したといわれています．

当時の技術部長は，N・T（松本望の『回顧と前進』[9-11]には本名が明記されてない）という人物でしたが，組合活動で会社に相当不利な振る舞いをしていたことから昭和23年に解雇され，代わって片山石雄が技術部長に就任しました．

9-3 「パイオニア」(福音電機)の高性能スピーカーの開発

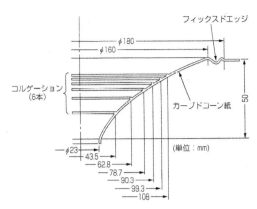

[図9-18] PE-8型スピーカーの整合共振型コーン振動板の実測寸法 (佐伯による)

[写真9-12] 整合共振型コーン振動板を持つPE-8型パーマネントスピーカー (口径20cm)

彼は以前からNHK技術研究所にも出入りしていたので,早速NHK技術研究所の指導を受けてスピーカーの開発ができるよう技術援助契約を結びました.そして,試作したスピーカーの音響測定や技術指導を受けるようになりました.

これと同時に,福音電機の技術室に無響音箱を設置し,池上通信機製の周波数自動記録装置を購入して社内でも測定ができるよう設備投資しました.

このころ,前項で述べた三菱電機の25cmスピーカーは口径が大きかったために高音不足気味で,その改善には時間がかかるとみて,NHK技術研究所では口径20cmの高性能スピーカーを福音電機で開発することを考えました.これについて三菱電機に協力を求めましたが回答が遅れたことから,開発に前向きな福音電機との開発協力で実施することになりました.これが,PE-8型スピーカー誕生のきっかけだといわれています(1949年初旬).

ちょうどこのころ,NHK技術研究所ではスピーカー研究に取り組み,富田義男と寺山喜郎がスピーカーのコーン紙材料の物理定数測定の検討を行い,そして岸包典と生方邦夫が振動姿態,磁極の磁束分布などの検討を行うなど,スピーカーに対して,多くの研究成果を上げていました.

また,1949年には西村良平,中島平太郎,1954年には山本武夫が音響研究部に配属され,強力な研究陣が構成されました.吸音楔のある本格的無響室も完成して成果を上げる体制ができた時期で,戦後最初の日本のスピーカー技術の基礎研究の成果が業界に大きく貢献しました.

こうした背景で開発された20cmスピーカーPE-8型 (写真9-12) は,富田義男の「整合共振型コーン振動板」の設計により,コルゲーションを6本設けたカテナリー (Catenary) 曲線を基本としたカーブドコーンを用いたものでしたが,このコーン紙の曲線の詳細資料は発表されていません.参考までに著者が製品から測定した概略寸法を図9-18に示します.

英国で戦前に利用していたコーン紙の曲線は,第7章3項で示したように,薄いゴムシートをプランジャーで押し下げたとき描く曲線を基にしており,PE-8型でも計算値との比較の上で検討されたと思われます.三菱電機のP-62F型スピーカーの「整

217

第9章 戦後（1945～1955年）における日本の高性能スピーカーの復興と発展

(a) 福音電機 PE-8型　　(b) 三菱電機 P-62F型
　　（口径20cm）　　　　　（口径16cm）

[写真9-13] 整合共振型コーン振動板の系譜を持つ日本の終戦後初期の代表的なシングルコーンスピーカー

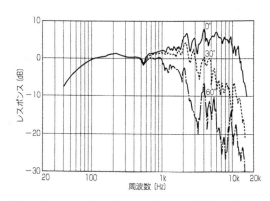

[図9-19] PE-8型スピーカーの指向周波数特性（測定はNHK技術研究所）

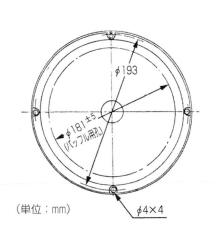 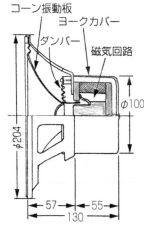

[図9-20] PE-8型スピーカーの概略構造寸法

合共振型コーン振動板」の曲線同様，深いカーブドコーンになっているのが特徴です（**写真9-13**）．

この振動板の設計の素晴らしいところは，フリーエッジを採用せず，3つのコルゲーションを持つフィックスドエッジにしたことです．当時の高性能スピーカーとしては珍しいもので，「中音の谷」と称されるエッジの共振によるディップを抑え，優れた特性が得られています（**図9-19**）[9-12]．

図9-20に示すように外磁型の磁気回路で，MK-5のリング型永久磁石（φ90×40mm）を使用し，強力な空隙磁束密度（12000ガウス）を得ています．ボイスコイルは，高音を出すためにアルミニウム線を使用して軽量化しています．

PE-8型が完成したのは1951年の春で，その後にNHKの放送モニター用スピーカーに採用されま

した（後に設定されたBTS規格6121では型名U20型と呼称された）．出力音圧感度レベルは92dBと高く，高調波歪みは105dBの音圧レベルで5％以下と規定され，特に100Hz，150Hzの低い周波数で，この値は厳しいものでした．

また，使用するエンクロージャーは壁吊り下げ型のT20型（**図9-21**）となっています．

このころ，真空管アンプのOTL化がオーディオファイルの間で流行していたために，PE-8型にはボイスコイルインピーダンスが150Ω，200Ωおよび400Ωなどの製品が用意され，受注生産的に販売されました．ところが，磁気回路が豪華なため，口径20cmで価格が5,700円と，普通の市販品スピーカーの価格の2倍以上したため，高すぎるとの声が上がりました．このため，1952年にフィールド

9-3 「パイオニア」（福音電機）の高性能スピーカーの開発

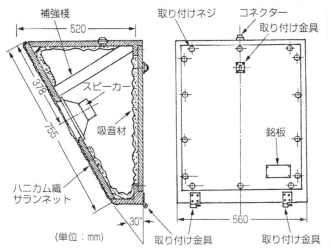

[図9-21] 壁吊り下げ型モニタースピーカーのBTS規格T20型エンクロージャーの概略寸法

(a) ヨークカバーあり

(b) ヨークカバーを外したところ

[写真9-14] PE-8型の振動系をそのままに磁気回路をフィールドコイル型にしたF815-E型スピーカー

型の磁気回路を搭載し，価格を2,920円に抑えたF815-E型（**写真9-14**）を開発しました．振動系はPE-8型と同じですが，ボイスコイルインピーダンスは16Ωから3～4Ωに変更され，フィールドコイルは直流抵抗が1500Ω，励磁電流70～90mA，空隙磁束密度10000ガウスを得ています．

続いて1953年，内磁型パーマネント磁気回路のPE-8B型（**写真9-15**）を発表しました．普及価格帯の3,450円で販売されたので成功しました（**表9-3**）．

このPE 8B型の再生周波数特性（**図9-22**）[9-13]は優れており，このため市販品のPE-8型は，PE-8B型の登場を境に消えていきました．

PE-8型系のフルレンジスピーカーの開発は，福音電機が高性能スピーカーの開発に挑戦した最初

[写真9-15] PE-8型の振動系をそのままに磁気回路を内磁型構造にしたPE-8B型パーマネントスピーカー

[表9-3] 福音電機のPE-8型系フルレンジスピーカー（口径20cm）の概要

型名 （価格）	口径 〔インチ〕	入力 〔W〕	V_0 〔Ω〕	f_0 〔Hz〕	空隙磁束密度 〔ガウス〕	磁気回路	寸法〔mm〕 L_1 ・ L_2 ・ D_1	開発年
PE-8 (5,700円)	8	5	16 150 200 400	55～70	12000	リング磁石 外磁型 φ90×40mm	55・130・100	1951年
F815-E (2,900円)	8	8	4	60～80	フィールド コイル	1500Ω 70～90mA	75・146・100	1952年
PE-8B (3,450円)	8	6	8	55～75	10000	MK-5磁石 内磁型	75・146・100	1953年

L_1は磁気回路カバーの高さ，L_2は奥行き寸法，D_1は磁気回路カバーの外径

第9章 戦後（1945～1955年）における日本の高性能スピーカーの復興と発展

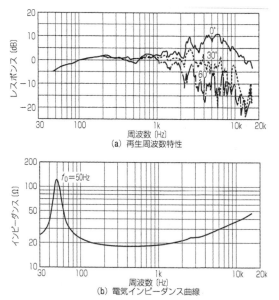

[図9-22] PE-8B型スピーカーの指向周波数特性（測定はNHK技術研究所）

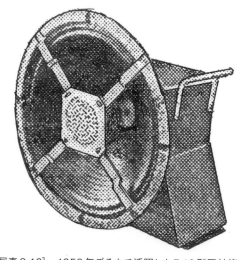

[写真9-16] 1953年ごろまで活躍したF-16型同軸複合2ウエイスピーカー（口径40cm）

口径30cm
再生周波数帯域：35～13000Hz
クロスオーバー周波数：3000Hz
ボイスコイルインピーダンス：16Ω
外形寸法：
　外径306mm，奥行き161mm

[写真9-17] PAX-12A型同軸型複合2ウエイスピーカー

の製品として記録に残る，画期的なものとなりました．

成果を上げた福音電機は，1953年に技術部長の片山石雄が定年退職したため，代わって学卒者の内田三郎が就任しました．そして，この時点を境に本格的な高性能スピーカーの開発に力を入れ，次々と高性能スピーカーが開発されました．

ちょうどレコードがSPからLPに変わって，普及が進んできた1952年に，第1回全日本オーディオフェアが開催されました．この影響で，Hi-Fi再生のブームが起こり，高忠実度再生用スピーカーを求めるユーザーが増加しました．

この需要に対応して，PE-8型に次ぐパイオニアの製品として，戦後早くに開発して販売していたオーディトリアム用の口径38cmの同軸型複合2ウエイのF-16型（**写真9-16**）がありましたが，これに代わる高性能スピーカーとして1953年に開発したのが，口径30cmのPAX-12A型同軸型複合2ウエイスピーカー（**写真9-17**）と，PT-1型ホーン高音専用スピーカー（**写真9-18**）でした．この両機種はHi-Fi再生ブームに乗って高く評価され，その後にこの系列のスピーカーの機種が次々と開発されまし

220

9-3 「パイオニア」(福音電機)の高性能スピーカーの開発

口径 2-1/2 インチ (64mm)
再生周波数帯域：3000～16000Hz
ボイスコイルインピーダンス：16Ω
外形寸法：
　外径 73mm，
　奥行き 58mm

[写真9-18]
PT-1型高音用コーンスピーカー

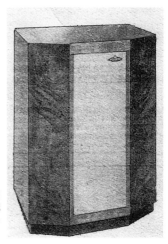

[写真9-19]
PE-8B型スピーカー用に開発されたCT-A-8型位相反転エンクロージャー

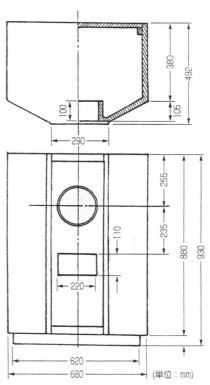

[図9-23] CT-A-8型位相反転型エンクロージャーの概略構造寸法

た．

　また一方で，PE-8B型スピーカーの専用エンクロージャー(**写真9-19**，**図9-23**)を1954年に発表しました．非常に立派な仕上がりで，バスレフの反共振周波数を40Hzと低くして，低音の豊かさよりも延びのある音質方向の設計でした．当時は物品税が高かったことから，まだスピーカーを組み込んだシステムとしては販売されませんでした．しかし，スピーカーメーカーがこうしたスピーカーシステム用製品に目を向けるようになったきっかけを作りました．当時の市場状況では，ラジオ受信機やプレーヤーはパーツとしてに個々に売られていたものを組み立てることが多く，スピーカーも同様に，スピーカーユニットが単品で売られ，別の専門メーカーで作ったキャビネットをそれぞれを個人が購入して組み立てるか，販売店で組み立ててもらって完成する手段が大部分で，音質を検討する微妙な配慮などはありませんでした．

　このため，メーカーでシステムにして性能を出すといった音作りの研究が遅れ，海外製品と比較して，相当な技術的な遅れを取っていました．

　一方，1958年に福音電機は，ブリュッセル万国博覧会にスピーカーシステムを出品し，優れた技術力によってグランプリ賞を獲得しました[9-14]．この水平無指向性4ウエイスピーカー(**写真9-20**)は，当時の日本の技術レベルからみても，高い技術と飛び抜けた形態でした．

　技術的には，水平面360°無指向性のホーン開口を持った複合型4ウエイ構成のシステムで，灯台のような形態配置にしたものです．**写真9-21**は断面図で，低音もフロントロードホーンでした．

　その後，**図9-24**の口径38cmウーファー4個のコ

第9章 戦後（1945～1955年）における日本の高性能スピーカーの復興と発展

[写真9-20] 1958年，ブリュッセル万国博覧会で賞を受けた水平無指向性4ウエイスピーカーシステム

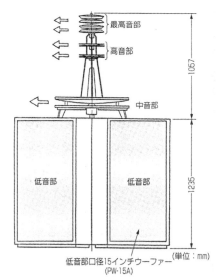

[図9-24] 低音用に位相反転型エンクロージャーを組み合わせた改良型水平面無指向性4ウエイスピーカーシステム

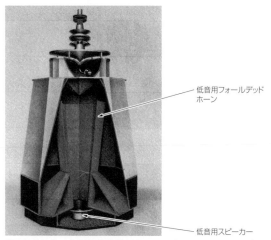

[写真9-21] 水平無指向性4ウエイスピーカーシステムの断面

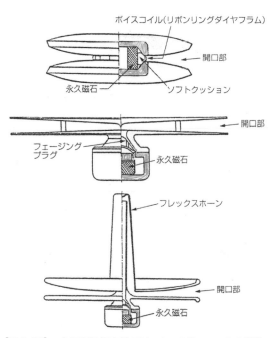

[図9-25] 水平面無指向性スピーカーの各ユニットの構造

ーナー型キャビネットに変わり，中音部，高音部，超高音部の構造は**図9-25**のようになりました[9-15]．

この水平面360°無指向性の設計思想は，その後PT-01型高音専用スピーカー（**写真9-22，図9-26**）が開発されました．カットオフ周波数1500Hz，クロスオーバー周波数2800Hz以上，出力感度レベル99dBと優れた性能を持っていましたが，これが唯一の製品で，その後継続機種はありませんでした．

もう一つ，福音電機の活躍として「MEGコンサート」と称したレコードコンサートの開催があります．MEGは「ミュージック・エンジニア・グループ」の略で，1953年に入社した伊達陽が中心になり，音楽評論家の藁科雅美の解説でLPレコードを高音質で再生して聴かせるという集まりを開催しました．外貨の割り当てのため，洋盤のLPレコードが入手しにくかった時代でしたが，レコード輸入業者「ハルモニア」の鈴木邦夫の協力により，LPレコードが入手できました．場所は有楽町のビデオホールで，毎週金曜日に開催し，1960年まで続きました．

再生周波数帯域：
1700～16000Hz
ホーンカットオフ周波数：
1500Hz
ボイスコイルインピーダンス：16Ω
外形寸法：
外径156mm、
高さ88mm

[写真9-22] 水平無指向性を狙ったPT-01型高音専用ホーンスピーカー

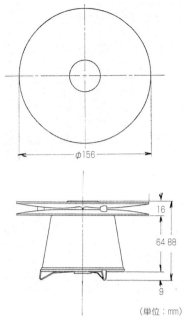

[図9-26] PT-01型高音専用ホーンスピーカーの概略寸法
（単位：mm）

また，大阪でもこのMEGコンサートが開催され，普段聴けない大型スピーカーシステムの音に，オーディオファンは魅了されたものでした。これは戦後のメーカーとユーザーとのコミュニケーションの嚆矢ともいえるもので，高性能スピーカー市場への喚起と，スピーカーの音質や音作りを周知させる地道な活動を推進し，成果を上げた例の一つです。

福音電機がスピーカーからオーディオシステム機器製造へと進展して，「パイオニア株式会社」と名称変更したのは1961年でした。

その後の動向は第11章7項で述べます。

9-4 「ナショナル」（松下電器産業）の高性能スピーカーの開発

戦後の松下電器産業株式会社（現在は「パナソニック株式会社」ですが，この項では旧社名を使用します）では，ラジオ受信機の開発に伴ってマグネチックスピーカーの開発をいち早く立ち上げ，1945（昭和20）年後半にPM-200型を発売しました。これは，戦後の業界最初の製品といわれています。

翌年，ラジオ用スピーカーの需要がダイナミックスピーカーに移ったため，これに対応してラジオ用

[写真9-23] 松下電器産業最初の8A-1型オールウェーブラジオ受信機（1946年，松下電器歴史館蔵）

[写真9-24] 大ヒットしたNS-200型5球スーパーヘテロダインラジオ受信機（1952年，松下電器歴史館蔵）

のフィールド型ダイナミックスピーカーのD-65型，D-85型，D-100型と，永久磁石を内磁型磁気回路にしたパーマネント型ダイナミックスピーカーを業界の先頭を切って発売しています．

松下電器産業の主力はラジオ受信機であり，戦前の技術を駆使して，戦後最初のオールウェーブラジオ8A-1型（**写真9-23**）を1946年に発売しました．これには口径16cmのNPD-65型フィールド型ダイナミックスピーカーが搭載されていました．その後，1952年にはNS-200型5球スーパーラジオ受信機（**写真9-24**）が開発され，大ヒットしました．

その後，同社は市場の流れに沿って，真空管，フォノモーター，ピックアップ，コンデンサーなどの電子部品を幅広く開発し，市場に販売しましたが，スピーカーは1947年から1950年ごろまでは販売されていなかったようです．

松下電器産業が市販用の高性能スピーカーに本格的に取り組んだのは1950年で，最初の製品は口径10インチのFD-100A型フィールド型ダイナミックスピーカー（**写真9-25**）でした．一方で，スピーカーの開発研究が進められました．後に同社のスピーカー技術開発の中心として大きく活躍した阪本楢次は，マックラハランの『拡声器』などの書籍を座右に，この当時米国から輸入されたマグナボックスやジェンセンのスピーカーを研究し，広帯域化の検討を進めていました．

阪本は，フルレンジスピーカーの高性能化のための高音域の再生能力改善には，コーン振動板の形状と，それによる高音域の特性傾向，コルゲーションの形状などに対し，独自の発想を持っていました．

これは，東北大学電気通信研究所が1950年ごろから次々に発表したスピーカーに関する研究論文[9-16]や，1928年にコーン振動板の性能改善のためにコルゲーションを入れるジンマーマン（A. G. Zimmerman）の発明[9-17]などを参考にするとともに，NHK技術研究所の整合共振法振動板と違

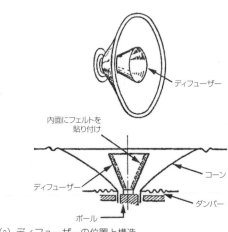

（a）ディフューザーの位置と構造

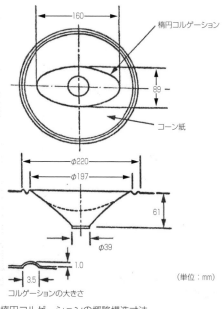

[写真9-25] 松下電器産業が初期に開発したFD-100A型ダイナミックスピーカー（1950年）

（b）楕円コルゲーションの概略構造寸法

[図9-27] 10F-71型スピーカーの振動系

9-4 「ナショナル」（松下電器産業）の高性能スピーカーの開発

った新しい設計思想を取り入れて開発しようという対抗意識がありました（**図9-27**）．

その結果，1952年に完成したのが口径25cmの10F-71型広帯域再生スピーカー（フィールド型）（**写真9-26**）でした[9-18]．

阪本は，このスピーカーを開発するに当たって，新しい技術としてコーン振動板の頂部にディフューザーを設けて指向性の改善を行うとともに，楕円コルゲーションを1本設けた振動板でフルレンジ再生を行いました（**図9-28**）．

この技術は，整合共振法振動板のコーンに同心円のコルゲーションを複数入れるNHK技術研究所の方法を避けて，音軸となる中心軸に非対称となるよう楕円コルゲーションを設け，高音の分割振動域での特性の凸凹を極力抑えるという考え方を取り

[写真9-26] 10F-71型ダイナミックスピーカー（1952年）

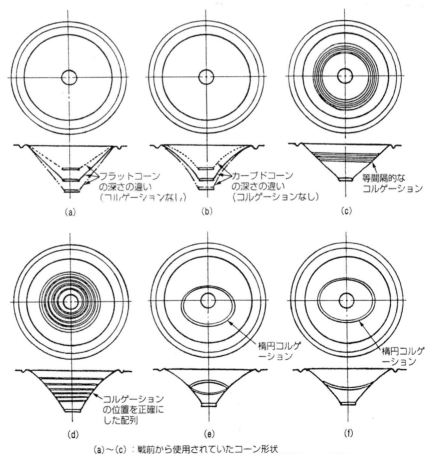

[図9-28]
コーン型振動板のコーン形状，コルゲーションの数と位置の違い

(a)～(c)：戦前から使用されていたコーン形状
(d)：三菱電機と福音電機で使用した整合共振法コーン形状
(e), (f)：松下電器産業で考案した楕円コルゲーション付きコーン形状

225

[表9-4] 71シリーズの機種系列と概略仕様

型名	口径 [インチ]	入力 [W]	ボイスコイル インピーダンス [Ω]	磁気回路 （フィールド型） [Ω]	[mA]
12F-71	12	30	3	1000	80～120
10F-71	10	21	3	1000	80～120
8F-71	8	10	3.3	1000	70～100
				1500	50～80

[表9-5] 72シリーズの機種系列と概略仕様

型名	口径 [インチ]	入力 [W]	ボイスコイル インピーダンス [Ω]	磁気回路 （フィールド型） [Ω]	[mA]	空隙磁束 密度 [ガウス]	備考
12F-72	12	30	3	1000	80～120	10000	
10F-72	10	20	3	1000	80～120	10000	楕円コルゲーション付き
8F-72	8	10	3.3	1000	70～100	8500	
				1500	50～80		

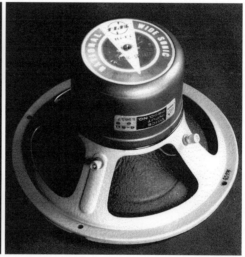

[写真9-27]
好評を得た8P-W1型
パーマネントダイナミックスピーカー（口径20cm，1954年）

入れています．

こうした結果，第9章2，3項で述べたNHK技術研究所を中心とした流れに対して，松下電器産業独自の開発技術を完成することができたことで，独自のスピーカー設計思想を確立することができました．これが，後に開発する8P-W1型スピーカーの誕生につながりました．

松下電器産業は，10F-71型スピーカーの開発で培った技術を応用して，異なる口径の71シリーズ（表9-4）の製品を作りました．

さらに同社は改良を進め，コーン紙に剛性の強いエアモールドコーンの製法を開発し，音の柔らかさと高音域の透明さを改善しました．また，エッジはフィックスドエッジでありながら，特定の周波数で共振が生じない特殊な塗布剤を開発して，エッジ周辺部に塗布して特性を改善しました．1953年には，この技術を搭載した口径25cmの10F-72型広帯域再生スピーカー（フィールド型）を開発し，さらに10F-72型スピーカーを中心とした新しい「72シリーズ」（表9-5）を発表しました．この結果，次第に松下電器産業の高性能スピーカーが市場で注目されるようになりました．

1954年に設立された音響工場（音響事業部）がスピーカーを専門に生産する工場となり，よりいっそう技術開発に力が入りました．そして，この年の10月に，今日でも名機として著名な8P-W1型ダブルコーンスピーカー（写真9-27）が開発されました．

このスピーカーは，これまでのフィールド型と違って永久磁石を使用したパーマネント型で口径20cm，中央には球形のイコライザー（写真9-28）が設けられています．楕円コルゲーションを1本設けたコーン紙に，白い紙でできた小口径のサブコー

9-4 「ナショナル」（松下電器産業）の高性能スピーカーの開発

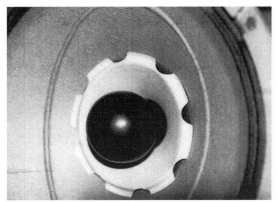

[写真9-28] 8P-W1型のダブルコーンと球状イコライザー

ンを貼り付けたダブルコーン方式であり，非常に特徴ある外観と構造となっています（図9-29）．

阪本栖次は，この8P-W1型スピーカーの技術内容を『無線と実験』誌[9-19]に発表しました．

このダブルコーン型は過去にも他社で製品化されたことがありますが，サブコーンの外周にエッジを持たせて単共振を防ぎ，サブコーンの役割を大きくしているのが8P-W1型の特徴です．また，背面の音放射があるため，メインコーンとサブコーンに挟まれた空間からエッジの一部を切り離しています．そしてコーン振動板頂部に円錐台のディフューザーの代わりに，直径40mmの球形イコライザー

を設けて，7000Hz付近の帯域の位相特性を改善しています．

8P-W1型の再生帯域は広く（図9-30），空隙磁束密度10500ガウスで，低音のQも適切であり，高音もボイスコイルにアルミ線を使用して10000Hz以上に伸ばしています．また，特性偏差も小さく，性能は非常に優れ，音質面でも高い評価を得ました．

松下電器産業は，早速海外でも販売を開始し，米国のオーディオ誌でも取り上げられ[9-20]，高い評価を得ました．ところが，日本国内で使用していた商標の「ナショナル」が米国では使用できないため「松下電器」などのブランドが考えられましたが，ここで新しいブランド名「パナソニック（Panasonic）」が初めて使われました．これは，8P-W1型スピーカーの技術発表のため渡米していた阪本栖次の裁量で名付けられたといわれています（本人の直話による）．

8P-W1型は，わが国でもLPレコード用Hi-Fiスピーカーとして注目され，福音電機のPE-8型，三菱電機のP-62F型とともに，昭和20年代のフルレンジスピーカーの名機として，今日まで著名な存在となっています．

8P-W1型は，先述の10F-72型などの設計思想を

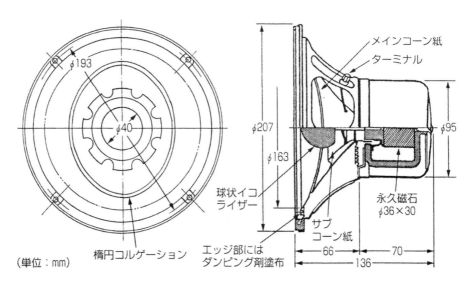

[図9-29]
8P-W1型スピーカーの概略構造寸法

第9章 戦後（1945～1955年）における日本の高性能スピーカーの復興と発展

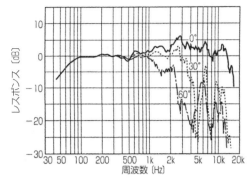

[図9-30] 8P-W1型スピーカーの指向周波数特性
（測定はNHK技術研究所）

[表9-6] W1シリーズの機種系列と概略仕様

型名	口径〔インチ〕	入力〔W〕	ボイスコイルインピーダンス〔Ω〕	磁気回路 永久磁石	磁気回路 空隙磁束密度〔ガウス〕	備考
10P-W1	10	12	6～8	φ45×30mm NKS-3	11000	ダブルコーン 出力トランスなし
8P-W1	8	8	6～8	φ36×30mm NKS-3	10500	ダブルコーン 出力トランスなし
6P-W1	6・1/2	4	6～8	φ30×25mm NKS-3	10000	ダブルコーン 出力トランスなし

[写真9-29]
DUコーンを搭載した6P-W1型スピーカー（口径16cm，1955年）

[表9-7] W2シリーズの機種系列と概略仕様

型名	口径〔インチ〕	入力〔W〕	ボイスコイルインピーダンス〔Ω〕	磁気回路 永久磁石	磁気回路 空隙磁束密度〔ガウス〕	備考
12P-W2	12（30cm）	12	6～8	φ45×30mm	11000	出力トランスあり
10P-W2	10（25cm）	12	6～8	φ36×30mm	10500	出力トランスあり
8P-W2	8（20cm）	8	6～8	φ36×30mm	10500	出力トランスあり
6P-W2	6・1/2（16cm）	4	6～8	φ30×25mm	10000	出力トランスあり

継承しながら，新たにダブルコーンとして広帯域化を図った設計で，口径の異なる機種を加えたW1シリーズとして表9-6の機種を開発しました．このシリーズの口径16cmの6P-W1型（写真9-29）はダブルコーンではなく，コーン紙頂部付近の中心部をヤング率の高い白い紙繊維にするという新しい抄紙技術によって製造された二重漉きコーン（DUコーン）を採用しています．

さらに，DUコーン（二重漉きコーン）を全面的に採用した新型スピーカーの「W2シリーズ」（表9-7）を開発し，1957年に4機種を発売しました．

W1シリーズとW2シリーズのコーン振動板の構

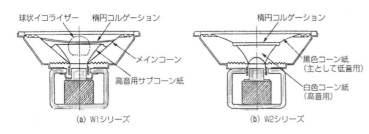

[図9-31] W1シリーズとW2シリーズのコーン振動板の構造上の違い

[写真9-30] 8P-W1型搭載のAB-81型（SPS-81型）フロア型スピーカーシステム

造的違いはメインコーンにあります（**図9-31**）.

一方，8P-W1型スピーカーを搭載した専用のエンクロージャーを開発し，AB-81型（後日SPS-81型と改称）スピーカーシステム（**写真9-30**）として発売しました．また，少し遅れてSPS-82型スピーカーシステム（**写真9-31**）も発売しました．

そして1959年には，同軸2ウエイの「X1シリーズ」が開発され，フルレンジスピーカーの開発はひとまず完成しました．

戦後の1950年から1960年代の松下電器産業の高性能スピーカーは**図9-32**のように進展しました．その後，フルレンジスピーカー8P-W1型の技術は新ブランド名の「テクニクス（Technics）」時代に再現され，20PW09型（**写真9-32**）と20PW55型（**写真9-33**）に継承されています．

テクニクスブランドのスピーカーについては，第11章7項で述べます．

[写真9-31] 8P-W1型登載のSPS-82型横置き型スピーカーシステム

9-5　東北大学のオブリコーンスピーカーの開発

日本独自の技術として生まれた数少ないスピーカーの一つに「オブリコーン（Oblicone）」と称する振動板を搭載した偏円型シングルコーンスピーカーがあります（**図9-33**）．このオブリコーンの名称は，偏円（Oblate）の形状で偏心駆動するコーン振動板に基づいています．

このスピーカーは，1948（昭和23）年に東北帝国大学（現東北大学）の抜山平一の抜山音響研究室で開発したフルレンジスピーカーです．わが国のスピーカーの歴史から見ると，海外のスピーカー技術に遅れをとっていた日本が，海外技術の物真似から脱して，高性能スピーカーを開発しようと戦後に立ち上がって生まれた製品の一つといえます．また，これまで日本国内でスピーカーの開発を大学の研究室で理論解析から実施し，製品開発の指導を行ったケースはなく，このスピーカーが初めてのケースとなりました．

このテーマは，1945年ごろから抜山音響研究室で取り上げられ，「直接放射型のコーンスピーカー

第9章 戦後（1945～1955年）における日本の高性能スピーカーの復興と発展

の研究」として進められました[9-21]．そして，振動板の付け根のスティフネス，高音の限界，円錐殻の振動，中音の谷などの研究成果が，二村忠元，松井英一，城戸健一，柴山乾夫によって次々に報告されました[9-22]．

この振動板の振動解析成果から，フルレンジ再生用として単一コーン振動板を高性能化するには，コーン頂部からエッジ周辺までの距離を変えた偏円にすると，特定の共振が強調されなくなって再生周波数特性が均一な特性になるのではないかとい

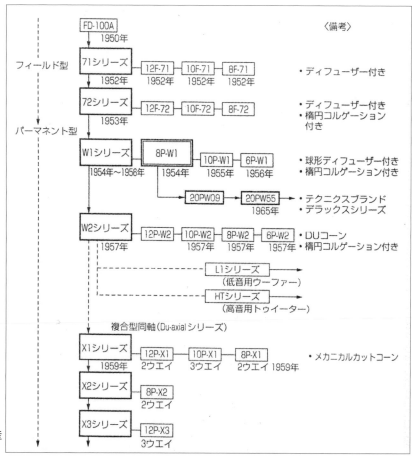

[図9-32]
1950～1960年ごろの松下電器産業の高性能スピーカーの系譜

[写真9-32]
サブコーンエッジが改良されたテクニクス時代の20PW 09型ダブルコーンスピーカー（口径20cm）

[写真9-33]
大型磁気回路を搭載したテクニクス時代の20PW 55型ダブルコーンスピーカー（口径20cm）

う仮説が生まれました．これは，ボイスコイルの駆動点から振動板周辺までの距離が非対象になると中音から高音域での軸対称の振動モードが相違するので，相互の干渉が除去されて高音に激しい山谷の少ない滑らかな特性になることを意味します．その形状は円錐形の振動板を斜めに切断したもので（図9-34），駆動点となる頂部から切り口の開口面までの長さの違う非対称駆動の偏円型振動板です．

この仮説を基に試作し，音質の良さを確認しました．これがオブリコーンスピーカーの誕生です．

この発明は，二村忠元，城戸健一によるものでしたが[9-23]．特許出願は東北大学の二村忠元と製品化をした日電電波工業の遠藤義夫の連名になっています[9-24]．

特許出願を見ると，偏円を作るには円錐形を斜めに切断すると説明され，これを振動板の特徴としています．この断面を持つ形状は，駆動頂部から切断面までのエッジ周辺の距離に差ができ，振動モードの発生が抑制できるので再生特性が均一になることを図示しています（図9-35）．

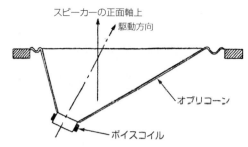

[図9-33] オブリコーンの形状の概要

製造は，仙台市長町山根街道南47にあった日電電波工業株式会社（1932年創業，二村武左烏仁左）で行われました．同社の主業は超短波，極超短波無線装置の製造です．東北大学通信研究所で超短波通信機を研究していた八木秀次教授の指導による試作機などの製作を行っていたために，大学とのつながりができたと聞いています．こうした関係からスピーカーの製作に関心を持ち，オブリコーンスピーカーを手がけることになりました．

このスピーカーの最初の製品は1949年に完成したOE-1型パーマネント型ダイナミックスピーカー（写真9-34）です．この写真は『無線と実験』誌の

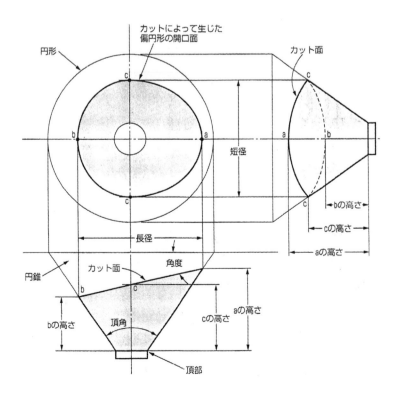

[図9-34] 実用化されたオブリコーンの形状寸法

第9章　戦後（1945～1955年）における日本の高性能スピーカーの復興と発展

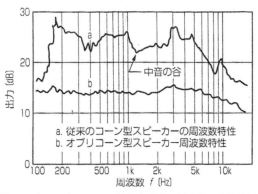

[図9-35]　オブリコーンの特許出願時の説明用周波数特性

[写真9-34]　オブリコーンスピーカーの第1号機OE-1型（1949年）

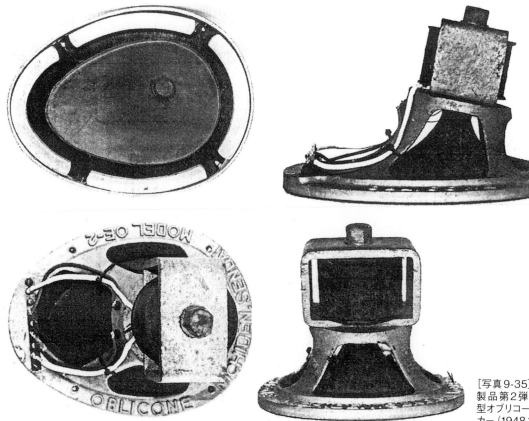

[写真9-35]
製品第2弾のOE-2型オブリコーンスピーカー（1948年ごろ）

グラビアページ[9-25]に掲載されたもので，単体写真としては唯一のものです．口径は長辺が12.5cmと小さく，振動板は楮の和紙シートを切断して貼り合わせたストレートコーンで，ボイスコイルの頂部は中心よりずれて斜めになっています．フィックスドエッジで，低域共振周波数は100Hz以上の高めに設定してあったようです．また，『電波科学』誌の表紙[9-26]にも掲載されました．

第2弾の製品は，フィールド型ダイナミックスピーカーOE-2型（写真9-35）でした．OE-2は記録がないとされ，長年幻のスピーカーとされていましたが，2005年9月に日本音響学会東北支部創立50周年の特別記念講演で東北大学名誉教授の城戸健一が，このオブリコーンスピーカーの研究開発につ

9-5 東北大学のオブリコーンスピーカーの開発

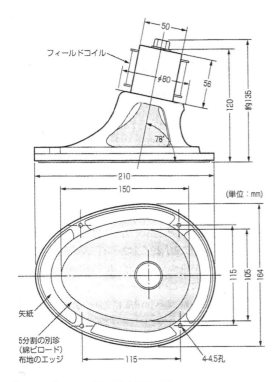

[図9-36] OE-2型の概略構造寸法

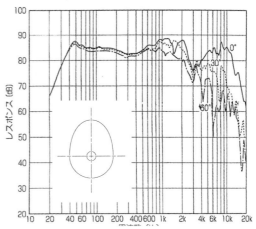

(a) 指向周波数特性

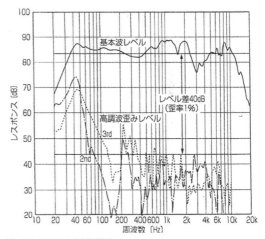

(b) 高調波歪み周波数特性
[図9-37] OE-2型スピーカーの特性（実測値）

いて述べ，記念誌の表紙にOE-1型の写真を掲載したことから，東北大学卒業生の村田嘉一郎が卒業記念としてこのスピーカーを保存したことがわかり，その全容が明らかになりました[9-27]．

図9-36に示すように，口径は長辺が21cmで円形コーン振動板の16cm相当する振動面積になっています．ダイカストフレームには社名と型名が刻まれており，磁気回路はバッフル固定面に対して直角ではなく12°傾いた78°の状態でフレームに固定されています．振動板は楮の和紙を漉いたシームレスで，双曲線の回転体を斜めに切った形にしたカーブドコーンになっています．頂角は50〜60°と深くなっています．エッジはロール型のフリーエッジで，綿ビロード（別珍）の布地を5分割して貼

り付けられています．スパイダーはフェノール樹脂仕上げで，3本のコルゲーションが入った特殊な形状です．

シームレスのプレスコーン製造のための漉網を成形する金型や，プレス成形の押し型を製作するのには非常に苦労があったといわれています．振動板は茨城県の水戸市に近い西の内の和紙専門の工場が担当したといわれています．

図9-37（a）に示すように，SPレコードを再生するには6000Hzまで再生できれば十分な時代であったにもかかわらず，再生帯域は10000Hz以上まで伸びており，3000Hzの谷を除けば滑らかな特性を示しています．指向周波数特性は，楕円なので長径を垂直にして短径の水平面の30°方向や60°方向

233

の特性を測定しましたが，位相差などによる際立った山谷もなく，きれいな落ち方をしています．図9-37（b）の高調波歪み特性は，入力1Vでの第2次高調波歪みと第3次高調波歪みを測定しています．低音から中音にかけてのピストン振動では，振幅の減少と比例した良好に動作していることを裏付ける，きれいな減少特性を示しています．高音域では異常な共振振動がないため，特定の周波数で歪みの増加が見当たりません．

しかし，このスピーカーが市場で十分に普及せず，製品寿命が短命に終わりました．その原因としては，ボイスコイル駆動が傾いた状態にあり，ピストン振動が円滑にできず，振動板の長径と短径でのバランスが悪いために磁極空隙でボイスコイルタッチが生じる懸念があったため，大きい入力に耐えることができなかったこと，そして製造面でも，フレームと振動板の位置合わせに熟練が必要であったことが考えられます．

その後に，ボイスコイル駆動軸を傾けないで振動板の駆動位置を偏心させたことを特徴とした実用新案が出ています[9-28]．

今日では，スピーカーの特性を改善する目的でこの後者の考案を取り入れて「オブリコーン」スピーカーと称する製品が開発されており，オブリコーンによる振動板の高性能化の設計思想は今も継続されていることになります．

9-6 「オンキョー」（大阪音響）の高性能スピーカーの開発

終戦後のラジオ部品業界で目覚ましい躍進を示したメーカーの一つに「大阪音響株式会社」（五代武，商標は「オンキョー」）があります．

創業者の五代武は，1933年に松下電器製作所（当時）に入社し，音響製品の開発を担当していましたが，終戦を迎えた1945年に退社し，独立して「大阪電気音響社」を設立しました．翌年，社名を「大阪音響株式会社」に変更し，最初は戦時中に経験したロッシェル塩を使用した技術を応用してクリス

口径10インチ
フィールド型
フルレンジ

［写真9-36］　オンキョー初のスピーカー ED-100型

タルピックアップを製造し，CP-1000型および1001型（普及型）を発売しました．

一方，五代はスピーカー事業を立ち上げるために1946（昭和21）年9月に大阪市都島区東野田町7-71に工場を設け，コーン紙製造設備を工場内に設置してコーン紙の生産に取り組むとともに，化学系技術者を採用して紙の抄造技術の開発や，接着剤の開発研究を行い，主要な基礎技術を固めました．また，スピーカー生産の工場を建設し，1948年には，ついにスピーカーの専門メーカーとして営業を開始しました．

その最初の機種がフィールド型ダイナミックスピーカー ED-100型（写真9-36）で，1951年ごろまでにED-125型，ED-130型，ED-80型など，多くの機種（表9-8）を発売しました．これらの製品は，優れた振動板と新しい接着剤の強力な接着力で大きな入力にも耐え，高い評価を得ました．

同社の技術的な特徴は，スピーカーの性能を支配する最も重要なコーン振動板を自社で生産することでした．技術開発の結果，1950年2月に日本で最初の「ノンプレスコーン」振動板の製造方法を考案し，特許[9-29]を獲得しました．特許内容は，硫酸塩パルプを円錐形に漉き上げた状態で金型による圧力を加えずに乾燥して成形して振動板を製造する方法でした．

9-6 「オンキヨー」（大阪音響）の高性能スピーカーの開発

[表9-8] 1951年ごろのオンキヨーの市販用スピーカーの仕様
(a) フィールド型スピーカー

口径〔インチ〕	型名	入力〔W〕	ボイスコイルインピーダンス〔Ω〕	磁気回路（フィールド型）抵抗〔Ω〕	電流〔mA〕	付属トランス	備考
12	ED-125	20	3	1000	100〜150	付き	
	ED-130	20	3	1000	100〜150	なし	
	ED-122	15	3	1000	90〜130	付き	ジュニア製品
10	ED-250	15	3	1000	90〜130	付き	
	ED-260	15	3	1000	90〜130	なし	
	ED-100	10	3	1000	70〜110	付き	2500Ωあり
	ED-102	8	3	1000	60〜100	付き	1500Ω，ジュニア製品
8	ED-80	8	3	1000	60〜100	付き	1500〜2500Ωあり
	ED-82	6	3	1500	50〜85	付き	ジュニア製品
6・1/2	ED-65	5	3	1500	50〜85	付き	
	ED-650	4	3	1500	50〜80	付き	
	ED-165	4	3	1500	50〜80	付き	
	ED-265	3	3	1500	50〜70	付き	2500Ω，ジュニア製品

(b) パーマネント型スピーカー

口径〔インチ〕	型名	入力〔W〕	ボイスコイルインピーダンス〔Ω〕	磁気回路	付属トランス	備考
12	PD-121	15	8	永久磁石	なし	
10	PD-110	8	3	永久磁石	付き	
8	PD-180	6	3	永久磁石	付き	
	PD-182	5	3	永久磁石	付き	ジュニア製品
7	PD-70	4	3	永久磁石	なし	
6・1/2	PD-365	4	3	永久磁石	付き	
	PD-465	3	3	永久磁石	付き	
	PD-565	3	3	永久磁石	付き	ジュニア製品
	PD-61	2.5	3	永久磁石	付き	
5	PD-50	2.5	3	永久磁石	付き	
4	PD-40	3	3	永久磁石	付き	

　それまでのスピーカーの振動板は，専業のコーン紙メーカーから購入するのが一般的で，戦後になってもプレスコーンが多く，一般的には各種のパルプを円錐形に漉き上げ，加熱した金型で成形するか，乾燥後に再度水を噴霧して成形するなどといった，戦前の軽くて感度の良いコーン紙の製法を継承していました．

　それに対してオンキヨーのノンプレスコーンは，金型で成形していないので紙の繊維の絡み具合が粗で，密度が低く，厚みのある（剛性の高い）振動板になり，他社のスピーカーと違ってQが低い（内部損失が大きい）ため，高音がキンキンしない柔らかい音で再生できることが特徴でした．プレスされていないので，ノンプレスコーンの裏側には写

[写真9-37] 1950年に特許を取得したノンプレスコーン振動板の外観（裏面）

235

[表9-9] オンキヨーの「コンサート」シリーズの仕様

型名	口径〔インチ〕	入力〔W〕	ボイスコイルインピーダンス〔Ω〕	f_0〔Hz〕	空隙磁束密度〔ガウス〕	付属トランス	備考
CD-1000	10	10	7～8	57	11000	なし	アルミボイスコイル
CD-800	8	8	7～8	72	11000	なし	アルミボイスコイル
CD-600	6・1/2	4	7～8	80	9000	なし	アルミボイスコイル
CD-603	6・1/2	4	7～8	80	9000	付き	アルミボイスコイル

[写真9-38]「コンサート」シリーズのCD-800型スピーカー（1954年）

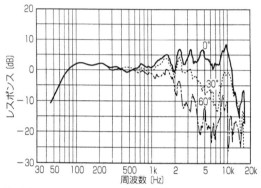
(a) 出力音圧周波数レスポンス

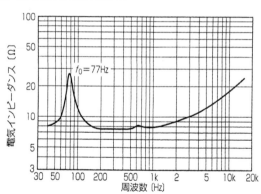
(b) 電気インピーダンス曲線
[図9-38] OE-2型スピーカーの特性（実測値）

真9-37のような小さい「しわ」が全面にあります．このためノンプレスコーンは，新しい音質として高い評価を得ました．

同社がノンプレスコーンの特許を取得したのは1950年で，宣伝は1952年ごろから強力に行われ，「オンキヨーのノンプレスコーン」は広く周知されることになりました．

ノンプレスコーンを使用した最初の製品は，1950年4月に発売されたパーマネント型のPD-365型とPD-465型です．その後，ノンプレスコーンを採用したHi-Fiスピーカーを開発して，1954年には広帯域再生用シングルコーン方式の「コンサート」シリーズ（表9-9）としてCD-1000型，CD-800型，CD-600型などの4機種を発表しました．写真9-38はCD-800型で，その特性は図9-38に示すように優れており，当時の技術レベルの高さを知ることができます．

一方，1953年の秋，全日本オーディオフェアに，同社はダブルコーン型スピーカーPD-121型PD-123型を発表し，翌年，このシリーズとしてPD-101型，PD-103型，PD-181型，PD-183型を発表しています．

オンキヨー製品で，この時期もう一つ技術的に新

9-6 「オンキヨー」（大阪音響）の高性能スピーカーの開発

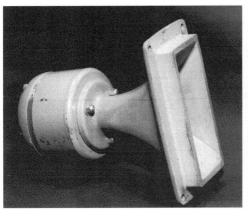
(a) 外観

(b) バックカバーを外したドライバー

［写真9-39］ 「プロフェッショナル」シリーズの高音用TW-5型ホーンスピーカー（1955年）

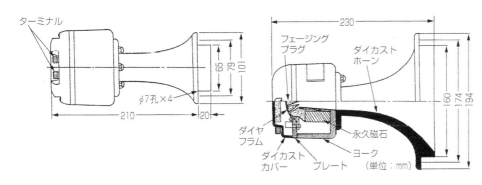

［図9-39］ TW-5型の概略構造寸法

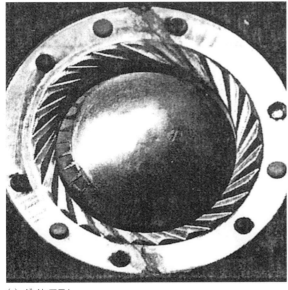
(a) ダイヤフラム

(b) フェージングプラグ

［写真9-40］ TW-5型のダイヤフラムとフェージングプラグ

237

第9章 戦後(1945～1955年)における日本の高性能スピーカーの復興と発展

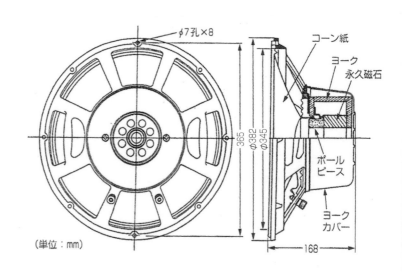

[写真9-41] W-15型低音用スピーカー(口径15インチ)

[図9-40] W-15型の概略構造寸法

概略寸法:W940×D800×H1370mm

[写真9-42] W-15型用のHN-155型フロントローディングホーンの内部

[表9-10] オンキヨーの「プロフェッショナル」シリーズのスピーカーの仕様(1955年)

(a) 高音専用スピーカー

型名	TW-5	TW-3	TW-2	TW-1
最大許容入力〔W〕	25	20	20	20
ボイスコイルインピーダンス〔Ω〕	16	16	16	16
ボイスコイル直径〔インチ〕	1・3/4	1.0	1.0	1.0
空隙磁束密度〔ガウス〕	17000	15000	13000	13000
ホーン拡散度〔°〕 水平	120	120	160	120
垂直	40	40	40	40
カットオフ周波数〔Hz〕	1000	1500	2000	2800
外寸〔mm〕	196×101	138×69	126×51	95×97
全長〔mm〕	230	158	105	87
重量〔kg〕	4	1.9	1.07	0.75

(b) 低音専用スピーカー

型名	W-15	W-12	W-10	W-8
口径〔インチ〕	15	12	10	8
最大許容入力〔W〕	25	20	15	10
ボイスコイルインピーダンス〔Ω〕	16	16	16	16
ボイスコイル直径〔インチ〕	3	—	—	—
最低共振周波数〔Hz〕	40	45	54	60
再生周波数帯域〔Hz〕	26～3000	30～4000	50～3000	50～4500
空隙磁束密度〔ガウス〕	12000	11500	10500	10000
外径〔mm〕	382	314	262	208
奥行き〔mm〕	168	146	144	108
重量〔kg〕	9.5	6.8	3.16	1.53

しい記録を残したものがあります。それは1955年に発表された「プロフェッショナル」シリーズのスピーカーで，その一つがホーン型の高音専用スピーカー TW-5型(**写真9-39**)です．**図9-39**に示すようにホーン開口は大きく，カットオフ周波数は1000Hzになっています．このコンプレッションホーンドライバーは，米国の技術を参考にしてアルミ系特殊金属板を成形したダイヤフラムをタンジェンシャルエッジ付きの振動板に仕上げたリアドライブ方式に，本格的なフェージングプラグを設けた構造で，**写真9-40**を見ると，戦後のわが国の最初の製品であったと推察されます．

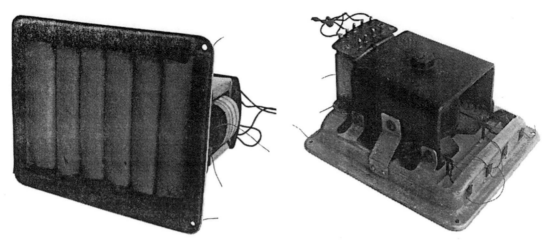

[写真9-43] 景山朋が考案したバンドダイナミック（通称「錦帯橋型」）平面振動板スピーカー（1949年）

[写真9-44]
SD-15型同軸型
複合2ウエイス
ピーカー（口径
15インチ）

また，低音専用スピーカーとして口径15インチのW-15型（**写真9-41**，**図9-40**）を開発し，高音用のTW-5型と組み合わせた複合型2ウエイ方式のスピーカーシステムを発表しました．エンクロージャーはフロントローディングホーン（**写真9-42**），海外製品に負けない製品として，業界では驚きをもって迎えられました．

このシリーズでは，姉妹機種として，ホーン型の高音専用スピーカー TW-3型，TW-2型，TW-1型と，低音専用スピーカーのW-12型（口径12インチ），W-10型（口径10インチ），W-8型（口径8インチ）を発表しました（**表9-10**）．

その後のスピーカーの変遷は第11章7項で述べます．

9-7 「ミューズ」（三陽工業）の高性能スピーカーの開発

三陽工業株式会社（ブランド名は「ミューズ」）は，1945（昭和20）年11月に友人関係であった谷和文平と景山朋の2人で創立した会社で，ピックアップやオーディオ製品を生産しました．

景山は，戦前からオーディオ関係の研究に熱心で，その成果をさまざまな雑誌に発表して著名だったので，彼が研究開発を担当しました．

景山が開発したさまざまなミューズの製品の中で，スピーカー技術面で注目されたのは「バンドダイナミック」スピーカーと称する平面振動板型スピーカー（**写真9-43**）でした[9-30]．このスピーカーは

239

第9章　戦後（1945～1955年）における日本の高性能スピーカーの復興と発展

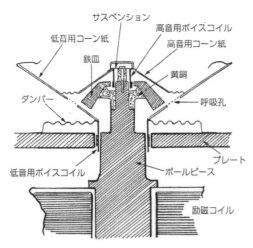

[図9-41]　SD-15型の駆動機構の概略構造

1949年6月に発表されたもので，外観形状から「錦帯橋型」スピーカーと呼ばれた，特徴ある振動板を持ったスピーカーです．これを駆動するボイスコイルは，2本の直線の磁極空隙にそれぞれ1ターンのリボン型導体が懸垂した構造で，この導体に取り付けられた脚に振動板がつながっています．その構造は第12章6項で詳述します．また，景山朋の2世の景山功によって詳細な報告があります[9-31]．時代的に早かったためか，市販はされませんでしたが，わが国の最初の平面振動板型スピーカーとして注目されました．

また，景山が開発した特徴あるスピーカーとしては，1950年に発表した大口径Hi-Fi再生用の同軸型複合2ウエイスピーカーがあります．口径15インチのSD-15型（**写真9-44**）は，高音用振動板を逆コーンにした同軸型で，特徴のある駆動系構造（**図9-41**）を採用しています．磁気回路のフィールドコイルは1つで，ポールピースを長くして鉄皿との間で高音用スピーカーの磁極空隙を作り，1つの磁気回路で，高音用と低音用のボイスコイルを独立させています[9-32]．逆コーンの採用には，高音の拡散をワイドに放射する狙いがありました．クロスオーバー周波数は3000Hzくらいで，再生周波数特性か

(a) SD-11型（口径11インチ）

(b) SD-10型（口径10インチ）

[写真9-45]　ミューズのSD-11型とSD-10型同軸型複合2ウエイスピーカー

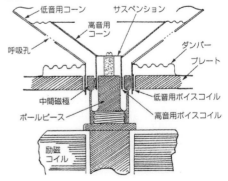

[図9-42]　SD-11型とSD-10型の駆動機構の概略構造

9-7 「ミューズ」(三陽工業)の高性能スピーカーの開発

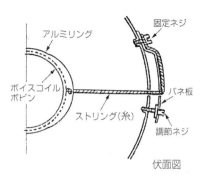

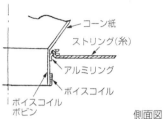

[図9-43] SF-6型のストリングダンパーの概略構造

[写真9-46] ストリングダンパーで注目を浴びたSF-6型スピーカー(口径6・1/2インチ, 1953年)

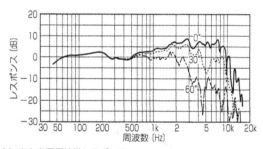

(a) 出力音圧周波数レスポンス

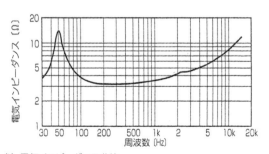

(b) 電気インピーダンス曲線

[図9-44] SF-6型の再生周波数特性

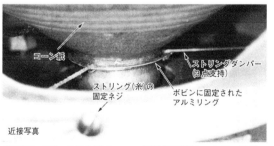

[写真9-47] SF-6型のコーン振動板頂部のストリングダンパー取り付け構造

ら見ると高音がなだらかに降下する特性であり, ミューズはこうした狙いの音作りを行っていたものと思われます.

このシリーズの後続として, 1952年に口径11インチのSD-11型と, 口径10インチのDS-10型同軸型複合2ウエイスピーカー (写真9-45) が開発され

ました. この2機種は, SD-15型とは異なった構造の同軸型で, 新しい駆動構造を考案しています (図9-42).

また, 景山は1953年3月に口径6・1/2インチのフリーエッジスピーカーにストリング (糸吊り) ダンパーを採用したSF-6型 (写真9-46) を発表して

241

第9章 戦後（1945～1955年）における日本の高性能スピーカーの復興と発展

[写真9-48]
ストリングダンパー付きSF-6P型パーマネントスピーカー（口径6・1/2インチ）

型名	口径〔インチ〕	入力〔W〕	ボイスコイルインピーダンス〔Ω〕	フィールドコイル 抵抗〔Ω〕	フィールドコイル 電流〔mA〕	付属トランス	備考
SD-15	15	20	15	1000	100～150	なし	複合型2ウエイ
SD-11	11	15	7	1000	80～120	付き	複合型2ウエイ
SD-10	10	10	8	1000	80～100	付き	複合型2ウエイ
SF-8	8	8	4	1500	60～80	付き	ストリングダンパー
SF-8P	8	8	4	パーマネント型			ストリングダンパー
SF-6	6・1/2	5	4	1500	60～80	付き	フリーエッジ，ストリングダンパー
SF-6A	6・1/2	5	4	1000	80		2A3s専用特別品
SF-6P	6・1/2	5	4	パーマネント型		付き	フリーエッジ，ストリングダンパー
SF-6AP	6・1/2	5	4	パーマネント型			2A3s専用特別品

[表9-11]
1955年ごろの「ミューズ」スピーカーの仕様

注目されました．

SF-6型には日本的な細かい心遣いが生かされ，糸吊りの張力を調整するユニークな構造が採用されています（**写真9-47**，**図9-43**）．このストリングダンパーの効果によって，口径6・1/2インチとしてはf_0が50Hzまで低くなっています（**図9-44**）．このため低音再生に注目が集まり，市場では一躍「ミューズ」スピーカーの名が高まりました．そして市場はSF-6型のフィールド型に対し，パーマネント型を要求したため，SF-6P型（**写真9-48**）が開発されました．

また，ミューズの製品にはマニアックな面があって，出力管UX-2A3のシングル駆動に最適なSF-6A型と称するスピーカーを開発するとともに，専用のエンクロージャーを発表するのみならず，SF-6型を6個搭載した電気蓄音機を発表したことが話題になりました．

デモ用として，SF-6型を20個バッフル板に取り付けてOTLアンプで駆動するなど，オーディオ愛好家には魅力あるメーカーとして注目されました．

1955年には**表9-11**のように多くの製品が開発され，高品位再生用スピーカーとしてファンも多かったのですが，1957年に景山が退職した後「ミューズ」スピーカーは姿を消してしまいました．

9-8 日本電信電話公社電気通信研究所の標準音源用スピーカー

「日本電信電話公社（現在は日本電信電話株式会社，Nippon Telegraph and Telephone Corporation；NTT）」は，電話関係の音響測定を行う標準音源用として，日本で最初のドーム型フルレンジスピーカー（**写真9-49**）を開発しました．このスピーカーは1956（昭和31）年，同社の電気通信研究所公開時のデモンストレーション（**写真9-50**）で初めて紹介され，一般に知られるようになりました[9-33]．

このドーム型スピーカーは，ホーン用のコンプレッションドライバーではなく直接放射型であるため，新しい技術が使われています．**図9-45**に示すように，エッジ部が磁気回路のプレートの内側にあり，振動板と一体のボビンに直接，平角線のボイスコイルが巻かれています．振動板は，高音を伸ばすために硬いチタンの薄板をドーム型に成形し，エッジの音放射を防ぐために，振動系は**写真9-51**の形状になっています．

この標準音源用スピーカーの再生周波数特性は，無響室でバッフル板を使用して測定し（**写真9-52**），優れた特性（**図9-46**）を得ています[9-34]．

この再生周波数特性について，標準音源用スピーカーの設計者であった早坂寿雄は，『音響工学』[9-34]で，標準音源用スピーカーの特性傾向のあり方を述べています．**図9-47**の特性Ⅰ，特性Ⅱ，

[写真9-49] 電信電話公社の標準音源用スピーカー

[写真9-50] 1956年の電気通信研究所公開時のデモンストレーション

(a) ダイヤフラムを含む振動系

[写真9-51] 標準音源用スピーカーのダイヤフラム振動系

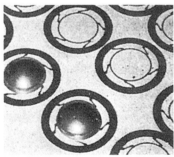

(b) 振動系パーツ

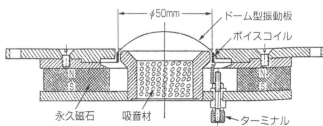

[図9-45] 標準音源用スピーカーの概略構造

[写真9-52] 無響室で測定されている標準音源用スピーカー

特性Ⅲについて，特性Ⅰは理想とする特性であり，特性Ⅱは小さな凸凹が生じても広帯域を実現している一般的なスピーカーの特性を示しています．しかし，特性Ⅱは過渡特性が悪く，製品の均一性に欠けやすいので，帯域を欲張らない単純な特性Ⅲにすることが望ましいとしました．特性Ⅲは単純な補正によって特性Ⅰに近付けることができると述べられています．

これに対して，コーン紙を使用したスピーカー開発者から設計思想の違いによる反論があり，議論になったことがありました．わが国ではこうした経緯があって，均一な再生特性を得るためには振動板のピストン振動域を組み合わせて複合化し，凸凹の少ない特性にして広帯域化を達成する方向に進展していきました．

一方，人間の聴覚生理の研究から，シャープな山谷の特性変化は認知されにくいといった研究報告9-35)があり，スピーカーの高性能化に際しての特性傾向に対する設計思想の違いがなくなってきました．

こうして誕生した標準音源用ドーム型スピーカーは，その後1967年からブームとなった高性能ドームスピーカー搭載の市販用ブックシェルフ型スピーカーシステムの開発に大きな影響を与えたと思われます．

9-9 「ミラフォン」（日本音響電気）の高性能スピーカーの開発

「日本音響電気株式会社」（住吉舛一）は，1932（昭和7）年10月に創立された会社で，工場は東京市品川区の大井水神町（現・南大井）にありました．1940年に東京芝浦電気からの入資により，子会社としてスピーカーなどの音響製品を製造し，戦時中は音響兵器を製造しました．

戦後，東芝の財閥解体により，子会社の日本音響電気は制限会社に指定され，生産ができなくなりました．工場は戦災により大森工場が焼失したた

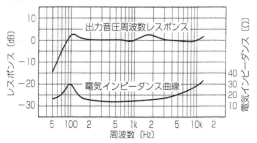

[図9-46] 標準音源用スピーカーの再生周波数特性と電気インピーダンス特性

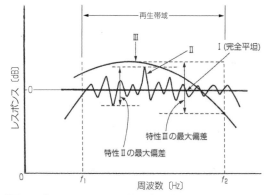

[図9-47] スピーカーの再生周波数特性のあり方

(a)『ラジオアマチュア』17号，6月

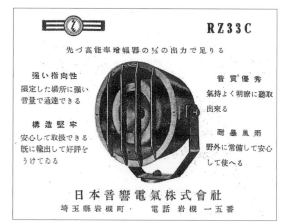

(b)『音響』6月号

[図9-48] 1948年の日本音響電気の広告例

9-9 「ミラフォン」(日本音響電気)の高性能スピーカーの開発

め、埼玉県岩槻市に移転しました.

1946年に民需生産の許可が下り,「ミラフォン(Mirror Phone)」ブランドで, 小規模ながらスピーカー生産を開始し, 4年後の1950年に制限会社の解除がされてからは本格的な活動が始まりました. 当時のスピーカーは図9-48のような拡声用スピーカーが最初でした.

住吉舜一のスピーカー設計思想の原点は, 第8章15項で述べたように, 戦前の東芝の源流の旧東京電気の「マツダ」スピーカーの技術の流れと, 旧芝浦製作所におけるGEとの技術提携による「ジュノラ」ブランドのスピーカー技術に関連しています. また, 戦中には株の関係で日本ビクターが東芝グループの一員であったため, 日本電気音響がRCAフォトフォン(第5章12項)系のスピーカーを製造するなどの技術を習得した関係もあり, 新しく開発す

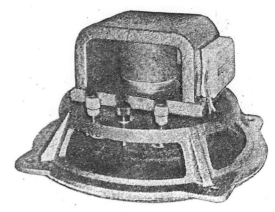

[写真9-53] 日本音響電気のダブルボイスコイル付き広帯域再生スピーカー(1956年)

る「ミラフォン」スピーカーの技術力は十分整っていたと考えます.

1949年にRCA系の技術によって開発したアコーディオンエッジスピーカーや, 1956年に開発し

[表9-12]
1960年ごろのミラフォンの高品位再生用スピーカーの仕様

型名	口径〔インチ〕	V_C〔Ω〕	入力〔W〕	f_0〔Hz〕	特徴
R17-V	6・1/2	4/8	7	65	フルレンジ
R21-V	8	8	8	75	
R21-S	8	8	11	45	メカニカル2ウエイ
R31-UA	12	16	25	25	アコサス用ウーファー
R31-ZA	12	16	30	20	
R31-U	12	16	25	60	
R31-Z	12	16	30	50	強力型
R31-UX	12	16	25	60	同軸2ウエイ
R31-ZX	12	16	30	50	同軸2ウエイ
R31-MX	8	16	11	45	同軸2ウエイ

[写真9-54] ダブルコーン方式のR21-S型スピーカー(口径8インチ, 1960年)

第9章 戦後（1945〜1955年）における日本の高性能スピーカーの復興と発展

[写真9-55] R31-UX型同軸型複合2ウェイスピーカー（口径12インチ）

[写真9-56] ミラフォンML-31UP型擬似平面式スピーカー（口径12インチ，1963年）

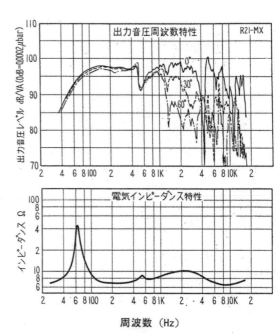

[図9-49] ミラフォンR21-MX型の再生周波数特性と電気インピーダンス特性（測定はNHK技術研究所，『電波科学』1960年12月号に掲載）[9-32]

たダブルボイスコイルスピーカー（写真9-53）など，日本音響電気のスピーカーは，戦後日本では最新だったRCA技術を駆使した製品でした．

　その後，オーディオ市場が好転することを予見した日本音響電気は，高品位再生用スピーカーの開発に主力を注ぎ，昭和35（1960）年には新しく開発したミラフォン製品を数多く発表しました（表9-12）．中でもR21-S型（写真9-54）や，R31-UX型（写真9-55）スピーカーなどは，市場で注目され

ました．

　NHK技術研究所が測定したR21-MX型同軸2ウエイスピーカーの特性（図9-49）[9-32]を見ると，当時の技術を知ることができます．

　昭和38（1963）年になって，住吉は振動板の剛性を高めるためコーン紙の周辺に近い部分まで大きな平面板を張り付けた口径30cm低音用のML-31UP型平面式スピーカー（写真9-56）を開発しました．そして，これと組み合わせる高音用として金

[写真9-57] メタルクラッド発泡コーン振動板搭載のML-31UP型スピーカー（1965年）

(a) ALE81型

[写真9-58] メタルクラッド発泡コーン振動板搭載のダブルコーン型MA-23GP型スピーカー

(b) ALE71型

[写真9-59] 「マクソニック」ブランドで発表されたフィールド型ユニット搭載スピーカーシステム（1973年）

属振動板を使用したMH-15C型スピーカーを搭載した非同軸複合型2ウエイスピーカーシステムRE-75UP型を製品化しています．

続いて1965年には，低音用スピーカーのために発泡プラスチックのコーン型振動板の表面に薄いアルミ箔を張り付けた「メタルクラッド発泡コーン振動板」を開発し，口径38cmのML-38VP型と，口径30cmのML-31UP型（**写真9-57**）および口径20cmのダブルコーン型MA-23GP型（**写真9-58**）など，8機種を製品化しました．

その後，1970年には新しい経営方針を打ち出し，高級スピーカーの製造に専念することにして，これまでのGE系やRCA系のスピーカーの設計思想から脱却して，米国のWE系であるアルテックやJBLのスピーカー設計思想に転換し，製品を開発することにしました．新しい設計思想で開発した製品に

は，それに相応しい新しいブランド名「マクソニック（Maxonic）」を採用し，これまでとは違った路線でスタートしました．

1973年に発表したALE81型と，ALE71型の2機種のスピーカーシステム（**写真9-59**）には，高音用励磁型ホーンドライバーD51EX型と低音用励磁型L401型スピーカーが搭載されていました．

その後，1979年4月には，社名を「株式会社日本音響電気」（小林法久）に改組し，オーディオコンポーネント市場を狙いました．

9-10 「アシダボックス」（アシダ音響）の高性能スピーカーの開発

「アシダ音響株式会社」の源流は，米国マグナボックスのスピーカーの東洋総代理店として輸入業

247

第9章 戦後（1945～1955年）における日本の高性能スピーカーの復興と発展

[図9-50] アシダボックス522D.C.型業務用口径12インチスピーカーの広告（1951年8月）

[写真9-60] アシダボックスWP8型ダブルコーンスピーカー（口径8インチ，1951年）

[写真9-61] アシダボックスFL522型業務用スピーカー（口径12インチ，1951年）

(a) PL-10型（10インチ）

(b) PL-8型（8インチ）

[写真9-62] アシダボックスのHi-Fi向けフルレンジスピーカー（1955年）

務を行った「アシダカンパニー」（芦田健）です．この会社は第8章2項で述べたように，日本市場に多くのスピーカーを輸入販売していましたが，戦時色が強くなった1943（昭和18）年に，米国からの輸入ができなくなったため，業務を継続することができなくなりました．このため，同社に1927年に入社して活躍していた柳川春雄が独立して「東京拡声器研究所」を創業し，これまでの業務を引き継ぎ，輸入品の代わりに純国産品を得意先に供給しました．

ブランド名は，これまで世話になったアシダカンパニーの社名を残す気持ちで「アシダボックス」と命名しました．

初期には，マグナボックススタイルの口径12インチの522D.C.型スピーカー（図9-50）などを作りました．

戦時中は，中島飛行機の協力工場として口径8インチのパーマネント型と口径10インチの励磁型スピーカーを生産していましたが，戦災に遭った工場を1947年に再建し，「アシダ音響株式会社」（柳川春雄）に改組し，パーマネントスピーカー専門工場を作り，組み立て着磁工法を早くから実施しました．

1950年に，「株式会社アシダ音響」（柳川春雄）に改称し，その後1984年には社長の長男の柳川譲

9-10 「アシダボックス」（アシダ音響）の高性能スピーカーの開発

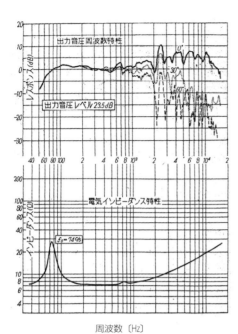

[図9-51] アシダボックスPL-8型の再生周波数特性と電気インピーダンス特性（『無線と実験』1955年10月号）

(a) 8P-HF1型（8インチ）

(b) 6P-HF1型（6インチ）

[写真9-63] MRコーンを搭載したアシダボックスのHi-Fi向けフルレンジスピーカー（1958年）

[写真9-64] 6P-HF1型専用の6C-SB-B型位相反転型エンクロージャー

が社長に就任し，2015年より柳川久が社長となっています．

当時の同社は主な製品として，センターコーンを偏楕円にカットしたオブリ型ダブルコーン方式のWF8型，WFL8型，WP8型（写真9-60）や，F81型，F61型，FL522型（写真9-61）を販売しました．また，一般拡声装置用のホーンドライバーユニットやフレックスホーンを開発し，業務用市場にも進出しました．

その後，1955年にはHi-Fi市場を狙って，広帯域のフルレンジスピーカー PL-8型，PL-10型（写真9-62），PL-6型の3機種を開発しました．これらは素晴らしい特性（図9-51）で，オーディオ愛好者に注目されました．

1958年には，同じくHi-Fi用フルレンジスピーカーとして，新開発のMRコーン振動板を搭載した6P-HF1型と8P-HF1型（写真9-63）を販売し，好評を得ました．そして，同年は6P-HF1型専用のエンクロージャー6C-SB-B型（写真9-64）を発売するなど，意欲的な取り組みを見せました．

また，1960年には当時のLPレコード再生に適したフルレンジスピーカーとして，同シリーズの上級機種8P-HF2型を開発し，アシダボックスのHi-Fi用スピーカーは，広く愛用されました．

249

9-11 「フォスター」(フォスター電機)の高性能スピーカー開発

「フォスター電機」は戦後に誕生した会社です.「信濃音響研究所」として1949(昭和24)年に,西村茂廣と篠原弘明の両名で設立された,小型スピーカーを主力とするスピーカーメーカーでした.

ブランド名は「パール(Pearl)」で,最初の製品として,口径3.5インチのセット用スピーカーを開発し,その後は口径4インチ,口径5インチのスピーカーを開発し,メーカー納めを主体とした生産を行いました.

1953年に,「信濃音響株式会社」(西村茂廣)に改組し,ブランド名を「パール」から「フォスター」に変更しました.

同社が大きく躍進したのは,1955年に東京通信工業(現・ソニー)が国産初の携帯用小型トランジスターラジオに搭載するスピーカーを受注したことに始まりました.これまで培ってきた実績から,小型のG-205型スピーカーを開発し,トランジスタラジオ用として納入しました(第14章2項参照).その結果,納入台数が伸び,業績は大きく躍進しました.

一方,LPレコードによる高忠実度(Hi-Fi)再生が市場動向として感じられることから,1955年,全日本オーディオフェアに参加できるよう高性能ス

(a) PH-100型
口径2-1/2インチ
ボイスコイルインピーダンス:8Ω
入力:20W
使用帯域:2000Hz〜

(b) PH-200
口径2-1/2インチ
ボイスコイルインピーダンス:8Ω
入力:10W
使用帯域:2000Hz〜

[写真9-65] フォスターブランド初のHi-Fi再生用高音用スピーカー(1955年)

(a) PW-8A型
口径8インチ
ボイスコイルインピーダンス:16Ω
入力:10W
f_0:45〜55Hz

(a) PX-8A型
口径8+2-1/2インチ(2ウエイ)
ボイスコイルインピーダンス:8Ω
入力:6W
f_0:45〜55Hz

(b) PH-8W型2ウエイキット
低音用口径8インチ
ボイスコイルインピーダンス:8Ω
入力:6W
f_0:45〜55Hz

高音用2-1/2インチ
ボイスコイルインピーダンス:8Ω
入力:6W
使用帯域:3000Hz〜

[写真9-67] フォスターの同軸型2ウエイと2ウエイキット(1957年)

(b) PH-300型
口径2-1/2インチ
ボイスコイルインピーダンス:16Ω
入力:15W
使用帯域:3000Hz〜

[写真9-66] フォスターの複合型2ウエイシステム向けスピーカー(1956年)

9-11 「フォスター」(フォスター電機)の高性能スピーカー開発

口径6・1/2インチ
ボイスコイルインピーダンス:8Ω
入力:5W
f_0:70〜90Hz

(a) PW-65A型ダブルコーンスピーカー

口径2・1/2インチ×3
ボイスコイルインピーダンス:16Ω
入力:15W
使用帯域:4000Hz〜

(b) PH-400型広角度高音用システム

[写真9-68]
フォスターのダブルコーンスピーカーと高音用システム(1957年)

口径30cm
ボイスコイルインピーダンス:16Ω
入力:20W
f_0:35〜50Hz

(a) PW-120型

口径9cm
ボイスコイルインピーダンス:16Ω
入力:20W
使用帯域:3000Hz〜

(b) PH-500型

[写真9-69]
フォスターの複合2ウエイ向けスピーカー(1958年)

ピーカーの開発を開始し,最初の製品は**写真9-65**(a)の高音用スピーカー PH-100型でした.

翌1956年には低音用のPW-12A型,PW-8A型および高音用のPH-300型(**写真9-66**)の3機種を開発しました.この組み合わせは複合型2ウエイシステムを狙ったユニットの販売でした.

次いで1957年には,PX-8A型同軸型複合2ウエイスピーカーおよびPH-8W型複合2ウエイスピーカーキット(**写真9-67**)を発売しました.また,ダブルコーンのPW-65A型スピーカー(**写真9-68**)

を開発し,Hi-Fiオーディオ市場に導入しました.

続いて1958年には,口径12インチの低音用スピーカーとPH-500型高音用スピーカー(**写真9-69**)を開発し,市販キャビネットを購入すれば複合2ウエイスピーカーシステムが自作できる製品を連続して市場に提供しました.

創立10周年を迎えた1959年,社名を信濃音響から「フォスター電機株式会社」に改称しました.新社名と同じになった「フォスター」ブランド最初のHi-Fi製品は,複合2ウエイ用スピーカーキット

第9章 戦後（1945〜1955年）における日本の高性能スピーカーの復興と発展

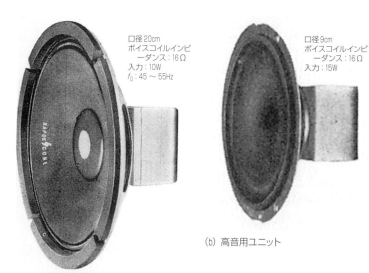

(a) 低音用スピーカー　　(b) 高音用ユニット　　(c) LC500型ネットワーク

[写真9-70]　社名変更後初のフォスターブランド製品Pet-666型2ウエイセット（1959年）

[写真9-71]　FE-103型フルレンジスピーカー（1959年）

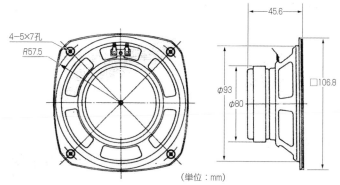

[図9-52]　FE-103型の概略構造寸法

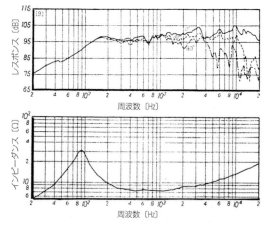

[図9-53]　FE-103型の再生周波数特性と電気インピーダンス特性

Pet-666型（**写真9-70**）でした．

また，この時期に新しく開発されたのが，今日までロングライフ製品として名声の高い口径10cmのFE-103型スピーカー（**写真9-71**，**図9-52**）でした．その特性は**図9-53**に示すように高音域が伸びており，低音はハイコンプライアンスのためf_0が90Hzまで下がっているので，小口径ながら広帯域です．販売は昭和39（1964）年からで，発売されるとオーディオ専門店の高い評価を得て，秋葉原ラジオストアーでは，このスピーカー専用のエンクロージャーBF-10型とBF-8型（**写真9-72**）が発売されるなど，市場では好感を持って販売されました．

252

9-11 「フォスター」（フォスター電機）の高性能スピーカー開発

概略寸法：W140×D180×H257mm
(a) BF-10

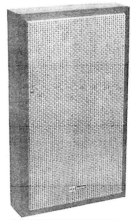
概略寸法：W270×D80×H450mm
(b) BF-8

[写真9-72] 秋葉原ラジオストアーで発売されたFE103型用エンクロージャー

[写真9-73] フォスターのSLE-20W型エッジレススピーカー（口径20cm）

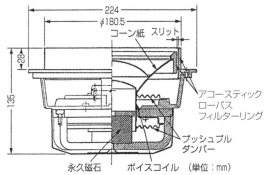

[図9-54] SLE-20W型の概略構造寸法

[写真9-74] SLE-20W型搭載のGZ-77型非同軸複合3ウエイスピーカーシステム（1970年）

　次に新しく登場したのが，口径20cmのエッジレススピーカーSLE-20W型（**写真9-73**）です．SLE（Super Liner Long Excursion）構造とは，**図9-54**のように，振動系を支えるのはプッシュプル式ダンパーで，細いスリット状にしたエッジ部はアコースティックローパスフィルターになっていて，振動板背面の音の漏洩を遮断する設計です．このため，低音の大きな振幅を歪み少なく再生できる特徴を持っていました．

　このSLE-20W型スピーカーを低音用として搭載したGZ-77型非同軸複合3ウエイスピーカーシステム（**写真9-74**）は，1970年に発売されました．そして市場の要求に応じて，2年後には，この低音用スピーカーユニットの販売も行われました．

　一方，フォスター電機は1970年に，米国のAR（アコースティックリサーチ：Acoustic Research）の日本総代理店となり，アコサス（アコースティックサスペンション）方式のARスピーカーシステムを国内販売しました．

　1971年になって，日本経済はニクソンショックによる多大な影響を受けましたが，フォスター電機の国内生産は量から質へ転換し，量的生産は海外工場に移管し，付加価値の高いものを主要製品として開発に注力しました．

　そして1973年には，フォスター電機の市販専門会社「フォステクス株式会社（2003年に吸収合併）」を設立して，高品位スピーカーは「フォステクス」ブランドで販売されました．

[写真9-75] 口径6・1/2インチのPD-65A型TGスピーカー（1952年ごろ）

[表9-13] 1953年ごろのTGスピーカーの機種と概略仕様一覧表

型名	口径〔インチ〕	特徴
PD-65A	6・1/2	普及型パーマネント型
PD-65B	6・1/2	フィールド型
PD-65TA	6・1/2	強力型
PD-80TA	8	強力型
PD-80	8	普及型
PD-50A	5	小口径

9-12 竹下科学研究所のシルクコーンスピーカーの開発

戦後，スピーカーの振動板の素材としては紙を抄造したコーン紙が中心でしたが，紙の耐久性や湿度による影響などがあるため，各メーカーは新素材を開発していました．

「竹下科学研究所」（竹下義彦）がスピーカー振動板の新素材として発明したのは，薄い絹布を数枚重ねて樹脂で成形した「絹芯樹脂質振動板」でした．この発明は，1951（昭和26）年に特許149708，特許167540，特許182666が認可されました．この振動板は「竹下式シルクコーン」と呼ばれ，商品名「TGスピーカー」として1952年7月ごろから発売され，話題になりました．

最初に，口径5インチのFC（フィールドコイル）型と口径6・1/2インチのFC型と口径6・1/2インチのPD（パーマネント）型の強力型と普及型の計4機種が発売されました．

写真9-75は，口径6・1/2インチのPD型，普及型です．振動板の樹脂質がフェノール系のためか，ややQの高い感じがあり，叩くと響きのある音がします．コーン紙と違って耐久性があり，明るくメリハリがあった音のためか，販売は伸びました．

翌年には会社名を「竹下科学工業株式会社」に改名するとともに，機種数も増して6機種となっています（表9-13）．

シルクコーンスピーカーは，今日では市場では見受けられなくなりましたが，当時の振動板技術を知る上で貴重な製品といえます．

9-13 「パーマックス」と「ブリランテ」のスパイラルコルゲーションスピーカーの開発

単一コーンスピーカーの高性能化の方法の一つとして，振動板に複数のコルゲーションを同心円に設けて広帯域化する整合共振法振動板がありますが，これに対して非軸対称コルゲーションを設けて共振を集中させないようにする発想から生まれたパナソニックの楕円コルゲーションや振動板斜面にスパイラル状のコルゲーションを付けて高性能化を

9-13 「パーマックス」と「ブリランテ」のスパイラルコルゲーションスピーカーの開発

図る方法があります．

戦前には，スパイラル状のコルゲーションを付けた振動板を持ったスピーカーとして，米国マグナボックスの150型や152型があり，国産ではワルツの62型（口径10インチ）がありましたが，音響特性改善などの説明はなく，表面の意匠的効果に終わっていました．

1949（昭和24）年，NHK技術研究所はスピーカーの性能改善の一つとしてこの研究に取り組み，図9-55の振動板を考案しましたが，製造上に大変難しい問題があり，実現しなかったようです．

そのころ，レコード用ピックアップメーカーとして先陣を切っていた西川電波が，ピックアップの技

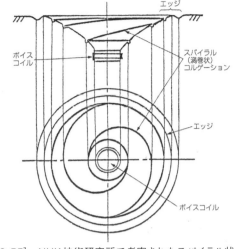

[図9-55] NHK技術研究所で考案されたスパイラル状コルゲーション付きコーン振動板（1949年）

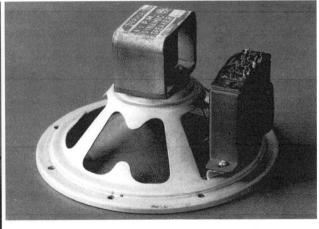

[写真9-76] スパイラル状コルゲーション付きコーンを使用したパーマックスのPD-65F型スピーカー（口径6・1/2インチ，1950年）

[写真9-77] スパイラル状コルゲーション付きコーンを使用したブリランテの630PH型スピーカー（口径6・1/2インチ，1953年）

術相談の関係でNHK技術研究所に出入りしていたことから，このスパイラルコルゲーションコーンに取り組むことになり，スピーカー事業を立ち上げました．

「西川電波株式会社」（西川儀市）は，1941年に西川製作所と西川電機株式会社が合併して設立された会社で，戦前は無線通信機などを製造していました．戦後の1946年に，レコード用ピックアップを製造して「パーマックス（Permax）」ブランドで販売し，成功した会社です．

同社は，問題のスパイラルコルゲーション付きコーン紙を実現させるため研究し，紙の漉き網を工夫して「透かし」の工法を応用し，紙の厚さを部分的に変えることで，コーン紙斜面にスパイラル状のコルゲーションを3本作ることに成功しました．これを1950年，口径6・1/2インチのPD-65F型フリーエッジスピーカー（写真9-76）とPD-65A型フィックスドエッジスピーカーに搭載して販売しました．

ところが，理由はわかりませんが，1953年初頭に同社の広告が一切消えてしまい，業界から撤退したと考えられます．その後の動向はわかりません．

一方，1953年，「ブリランテ（Brillante）」ブランドを持つ「芙蓉電気株式会社」が，これによく似たスパイラルコルゲーション付きコーン紙を搭載した，口径6・1/2インチの630PH型スピーカー（写真9-77）を新製品として発表しました．スパイラルコルゲーション付きコーンの効果で，目的の特性が得られたと思われます（図9-56）．

同社は，この振動板を「非共振非対称伝播型」と呼び，1954年に上級機種のS-08T型とS-16T型の2機種（ボイスコイルインピーダンスが8Ωと16Ωの違い）に採用して製品化しました（表9-14）．その特性は図9-57，9-58[9-36]のように，高音域の特性が伸びており，高音専用スピーカーとしても使用できるほどでした．

これらの製品は第2回全日本オーディオフェアにも出品され，オーディオファンからも高音がきれい

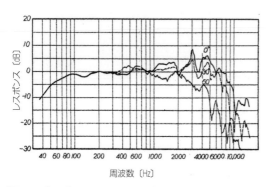

[図9-56] ブリランテ630PH型の再生周波数特性

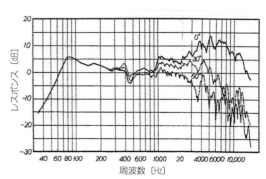

[図9-57] ブリランテS-08型の再生周波数特性

[表9-14] ブリランテの非共振非対称伝播型スピーカーの機種と仕様

型名	630PH	S-08T	S-16T
口径〔インチ〕	6・1/2	6・1/2	6・1/2
ボイスコイルインピーダンス〔Ω〕	4	8	16
最低共振周波数〔Hz〕	56	82	76
磁気回路	パーマネント型	パーマネント型	パーマネント型

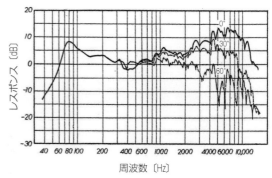

[図9-58] ブリランテS-16T型の再生周波数特性

なスピーカーとして高く評価されました．米国のEV（エレクトロボイス；Electrovoice）も本器の性能の優秀さを認めたと自社の宣伝に掲載しました[9-37]．

しかし，1955年8月以降，ブリランテ製品の広告はオーディオ誌から消えてしまいました．同社も，この業界から撤退したと推察されます．

その後，この技術を駆使したスパイラルコルゲーション付きコーン振動板のフルレンジ用スピーカーに取り組むメーカーは消えてしまいました．

9-14 「リスト」（日本拡声器）の高性能スピーカーの開発

戦後，国内の映画館の復活や新設，音楽喫茶店の復興，そして何よりも朝鮮戦争終結後，米国軍人の帰還の手土産としてのスピーカーの需要増大のため，英国のフェランティ系のスピーカーを作っていた久寿電気研究所の「ハーク」スピーカーと同様のスピーカーを製造するメーカーを目指して誕生した会社があります．

この会社は，山形市の「日本拡声器株式会社」（高橋源之助，稲村禎三，調所音松の共同代表）で，1946（昭和21）年に創立し，ブランド名を「リスト（List）」として高性能スピーカーを目指した製品を開発しました（図9-59）[9-38]．

開発設計は「ハーク」のスピーカーを設計した稲村禎三で，磁気回路はハークに負けない大きい

［図9-59］　リストの雑誌広告の例（『Audio of Tomorrow』1951年3月号）

［写真9-78］　リストのHi-Fi再生向けD-1型大型フィールド型スピーカー（口径8インチ）

［写真9-79］　リストの拡声用D-2型大型フィールド型スピーカー（口径13インチ）

257

第9章 戦後（1945～1955年）における日本の高性能スピーカーの復興と発展

ヨークを使用したフィールドコイル型で，振動板は英国から輸入したワットマン紙を使用した貼り合わせコーンの表面にシェラックワニスを塗布して剛性を高くする加工を施したものでした．製造面は，調所音松が工場長として活躍しました．

高忠実度再生を狙った製品に「D-1型」（**写真9-78**）と「D-4型」があり，拡声器用としては「D-2型」（**写真9-79**），「D-3型」，「D-12型」の主力製品がありました．また「D-13型」（**写真9-80**），「D-11型」，「D-16」（**写真9-81**）などもあり，1950年ごろの機種構成は**表9-15**のように充実したものでした．

その後は，山形市の「調所電器」（調所音松）に，その技術が存続されていると言われています．

[表9-15] 1950年ごろのリストのスピーカー機種と仕様

型名	口径〔インチ〕	インピーダンス〔Ω〕	入力〔W〕	フィールドコイル 抵抗〔Ω〕	フィールドコイル 電流〔mA〕
D-1	8	6	15	4000	75
				1000	150
D-4	8	6	7	4000	50
				1000	100
D-2	13	15	30	4000	75
				1000	150
D-3	13	15	20	4000	50
				1000	100
D-12	13	15	30	1000	150
D-13	13	15	20	1000	100
D-11	11	15	15	1000	100
D-16	6・1/2	7kΩトランス付き	4	2000	50
				1500	60
D-17	7	不明	7	不明	

[写真9-80] リストのD-13型フィールド型スピーカー（口径13インチ）

(a) D-11型（口径11インチ）

(b) D-16型（口径6・1/2インチ）

[写真9-81] リストの中型フィールド型スピーカー

型名	口径〔インチ〕	インピーダンス〔Ω〕	入力〔W〕	フィールドコイル 抵抗〔Ω〕	電流〔mA〕
D-1スーパーデラックス	11	8 (10)	30～50	1000	200
D-1スーパーデラックス	14	8 (10)	50	1000	200
D-1スーパー	8	6	25	1000	150～170
D-1-12	12	6	35	1000	150～170
D-2	8	6	20	1000	120～150
D-2-12	12	6	25	1000	120～150
D-2トゥイーター	6・1/2	6	8	1000	120～150
D-3	8	6	15	1000	100
D-3トゥイーター	6・1/2	6	6	1000	100
D-4	10	6	20	1000	100

[表9-16]
1951年ごろの「フェランティ」ブランドの機種と仕様

型名	口径〔インチ〕	インピーダンス〔Ω〕	入力〔W〕	フィールドコイル 抵抗〔Ω〕	電流〔mA〕
D-1スーパーデラックス	9	6～8	20～35	2000	130～150
D-1SD	14	8～10	40	2000	130～150
D-1DX	8	6	25	1000	150～170
D-1スペシャル	8	6	20	1000	120～150
D-1スペシャル12	12	6	25	1000	120～150
D-1スペシャル14	14	8	35	1000	120～150
D-4T	10	4	6～8	1000	70～80
D-5	8	6	15	1000	100
D-5-12	12	6	20	1000	100
D-6	6・1/2	4	3～5	1500	100
D-8	8	4	5～7	1000 1500	70～80 60～70
D-7	6・1/2	4	3～5	1500	40
D-1 0TL用デラックス	8	300 400 500	15	1000	150
D-1 0TL用スペシャル	8	300 400 500	15	1000	120

[表9-17]
1951年ごろの「ニューマン」ブランドの機種と仕様

9-15 「フェランティ」と「ニューマン」の高性能スピーカーの開発

1933（昭和8）年ごろ日本に輸入されて話題になった英国フェランティのスピーカーでしたが，1937年の日中戦争や，翌年のドイツ軍のポーランド侵攻などの国際情勢の影響で欧州からの輸入が難しくなりました．このため，国内販売を持続することが困難になったので，振動系の部品のみを輸入し，日本でノックダウン方式の生産を行い，急場をしのいだ時期がありました．この生産をしたのが久寿電気研究所（中村忠樹）で，その後，全部品を国産化して「ハーク」のブランド名でスピーカーを開発したのは，第8章12項で説明した通りです．

このため，戦前の国内には「フェランティ」のブランド名が消えてしまいました．

しかし，戦後になって輸入元の関係者から，英国フェランティのスピーカー再起の声があり，これに応えて設立されたのが「日本フェランティ音響株式会社」（吉原新人）です．創立年は不明ですが，ブランド名として当初は「フェランティ（Ferranti）」が使われましたが，1951年ごろから「ニューマン（Newman）」も使用され，2つの系列で異なった機種を構成して販売しました．

社長の吉原新人は長野県出身で，貿易のほうが得意とするところでしたが，趣味を生かしてスピーカー業界に戦後参加しました．会社を東京の目黒区緑が丘に置き，技術部長に松野吉松，常任監査役に三越百貨店本店で英国フェランティを取り扱った森宮庸次が就任しました．

表9-16に「フェランティ系」を，表9-17に「ニューマン系」の機種構成を示しますが，多くの機種があるため型名の区分がわかりにくいところがあります．デラックスタイプの磁気回路のヨークは円

第9章 戦後（1945〜1955年）における日本の高性能スピーカーの復興と発展

［写真9-82］ ニューマンのD-1型スーパーデラックス型スピーカー（口径9インチ）

［写真9-83］ フェランティのD-1型スーパーデラックス14型スピーカー（口径14インチ）

(a) D-1型スペシャル12型（口径12インチ）　　(b) D-1型スペシャル12型（口径8インチ）

［写真9-84］ ニューマンの特徴的なスピーカー

筒形のフィールド型が多く，ハークやリストとの差別化を図っています．

写真9-82はニューマンの強力型スピーカー「D-1型スーパーデラックス型」（口径9インチ）で，写真9-83はフェランティの「D-1型スーパーデラックス14型」（口径14インチ）で，これは入力50Wの強力型で，高級トーキー用スピーカーです．ほかにニューマン系の特徴ある製品を写真9-84に示します．

また，ニューマンシリーズには，オーディオ愛好者の要望に応えた，ボイスコイルインピーダンスが300Ω，400Ω，500ΩのOTL（アウトプットトランスレス）用スピーカーもありました．

9-16 YL音響系の高性能スピーカーの開発

著名なWEのコンプレッションホーンドライバー555型に日本製のものが存在することは，さまざまに噂されていました．早稲田大学教授であった伊藤毅の『音響工学原論』9-39)に掲載されていた日本電気の555-M型には，永久磁石を使用したパーマネント型であることを示す詳細な構造図（図9-60）があったからです．555-M型は日本電気がWEと音響機器の販売で，技術的にも交流があったことから生まれたものでした．

その後に，NECの大津製作所音響機器設計課主任の吉村貞男が，社内でWEのスピーカーに精通していたことから，『無線と実験』誌の1949年5月

9-16 YL音響系の高性能スピーカーの開発

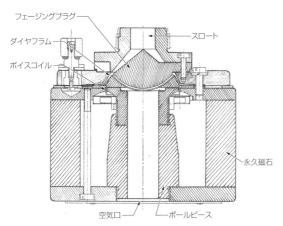

[図9-60] 伊藤毅の著書[9-39]に掲載された日本電気の555-M型ホーンドライバーの概略構造

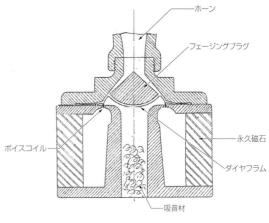

[図9-61] 吉村貞男が発表[9-40]した555-M型ホーンドライバーの概略構造

[写真9-85] ハザマ音響に納入された555-YL型ホーンドライバー

[写真9-86] YL音響のM-3型ホーンドライバー

号に「555-Mスピーカー」について執筆[9-40]し，日本電気製ホーンドライバー555-M型の内容を初めて明らかにしています．吉村が発表した555-M型の概略構造は図9-61で，伊藤の図に比べて簡素化されています．パーマネント型の永久磁石に住友金属のNKS鋼の磁石を使用し，空隙磁束密度20000ガウスを得ているといわれています．

555-M型が使用されたホーンは，WEの15A型以外に，屋外用として金属製の1200型と2000型だったようです．

わが国でWEの555系スピーカー技術を継承し

たのは吉村貞男で，新日本電気株式会社の分離独立時に退社し，「八幡電気産業株式会社」（越沼盛太郎）に就職しました．この会社は1951年ごろからWEのマイクロフォンの修理や改造，また電気メガホン，バスや電車の拡声などの製品を製造していたため，吉村はここでWEの555系スピーカーを再現することを考えていました．

ここで吉村が出会ったのが，当時八幡電気産業に勤務しており，後に独立して「有限会社ゴトウユニット」の代表者となった後藤精弥でした．後藤は，吉村から依頼されたWE製マイクロフォンのダイヤフラムをタンジェンシャルエッジにする加工や，拡声用ホーンスピーカーのドライバー製作といった高度な工作技術の腕前を揮っていました．最初は2人でスピーカー作りをしていましたが，吉村は八幡電気産業では夢を実現できないと，2年後の1955

第9章　戦後（1945～1955年）における日本の高性能スピーカーの復興と発展

[表9-18]
YL音響のホーンドライバーの機種と仕様

型名	周波数帯域〔Hz〕	V_c〔Ω〕	入力〔W〕	寸法〔mm〕	備考
555-YL	50～7000	16	20	φ150×150	
M-3	200～5000	16	10	φ100×90	
H-18	3000～20000	16	20		
SH-18	3000～22000	16/8	20		
T-25	2000～16000	16	20		
W-12A	30～600	16	25	300	MFBコイル付き

[表9-19]
YL音響のホーンの機種と仕様

帯域区分	型名	カットオフ周波数〔Hz〕	形状寸法〔mm〕			適合ドライバー
			高さ	幅	長さ	
高音用	H	1400	160	53	70	T-25
	MC-800	800	175	95	140	T-25
	EV	2400	110	32	47	SH-18/SH-18
	MC-1000	1000	110	70	110	SH-18/SH-18
中音用	S-400（ストレート）	400	200	380	450	555-YL/M-3
	MC-250（マルチ2×4）	250	350	540	830	555-YL/M-3
	MC-600（マルチ2×5）	600	135	260	410	555-YL/M-3
中低音用	R-180（折り返し）	180	270	620	550	555-YL/M-3
	R-120	400	200	380	450	555-YL/M-3
低音用	R-35（コーナー型）	35	750	1050		W-12A

年に独立し，「吉村ラボラトリー」を創立しました．吉村ラボラトリーでは，映画館などで使用された555型ドライバーの修理をハザマ音響から依頼されて行うとともに，ダイヤフラムの修理は，後藤の腕を見込んで依頼していたようです．

吉村は，この機会に555-YL型ドライバー（**写真9-85**）を開発し，60基ほどハザマ音響に納入しています．

555-YL型は内磁型磁気回路でしたが，ダイヤフラムはWEの555型の形状を踏襲し，日本における555型の継続製品といえるものでした．

WEの555型は，磁気回路の前にダイヤフラムを置くフロントドライブ方式で，ダイヤフラムの形状はWE独特のもので，フェージングプラグ（位相等価器）が構造的にリアドライブ方式に比較して単純になっています．今日では，この形状の方式の製品は見受けられません．それは良好なダイヤフラムの製造に高度な名人芸が必要なためかもしれません．

この555型が日本に根深く残って継承された理由の一つは，オーディオ研究家の高城重躬による国産ホーンドライバーに対しての深い研究で，中音用として555型を愛用し，高音質化のための改善を要求していたことの影響が大きいと思われます．

この555型の継承者である後藤精弥は，1957年の八幡電気産業倒産を機に吉村ラボラトリーに移り，ここで「吉村ラボラトリー」は「YL音響」（YLは吉村ラボラトリーの頭文字）改称され，再出発しました．

そして555-YL型の姉妹機種としてM-3型（**写真9-86**）を開発するとともに，このホーンドライバー専用のホーンを各種開発して，全体として**表9-18**，**9-19**のような機種を揃えています．**写真9-87**は，その代表的な製品です．また，1963年に低音用の振動板口径125mmのホーンドライバー（**写真9-88**）を開発し，その使い方の一例として，カットオフ周波数25Hzを狙った長さ7.3mにも及ぶエクスポーネンシャルホーンを提案しています．

そしてこれらを搭載したホーンスピーカーシステムを1961年から1967年ごろまでに各種開発しまし

9-16 YL音響系の高性能スピーカーの開発

板金製
カットオフ周波数：800Hz
概略寸法：W175×L140×H95mm

(a) MC-800型マルチセルラーホーン

アルミ鋳物製
カットオフ周波数：400Hz
概略寸法：W380×L450×H200mm

(b) S-400型ストレートホーン

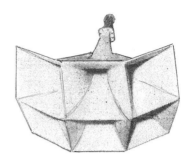
硬質塩化ビニル製
カットオフ周波数：250Hz
概略寸法：W540×L830×H350mm

(c) MC-250型マルチセルラーホーン

[写真9-87] YL音響のホーンスピーカーの代表例

[写真9-88] 吉村貞男が取り組んだ振動板径125mmの低音用ホーンドライバー

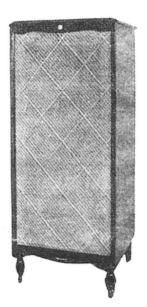

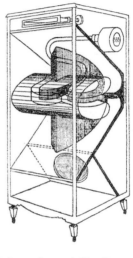

[写真9-89] YL音響の「コンサート・アップライト」型非同軸複合3ウエイスピーカーシステム（1961年）

　た．中でも1961年に発表した「コンサート・アップライト」型システム（写真9-89）は，欧州調の3ウエイでした．

　このように，吉村貞男は日本のホーンスピーカーの先駆者として活躍しましたが，残念ながら1968年に逝去しました．このためYL音響は1970年ころに解消し，ブランドを「オーディオノート株式会社」に譲渡し，これまでのYL音響の特許管理や製品のメンテナンスなどを行っています．一方，エール音響（遠藤忠男）がYL音響の系統を継続した製品を製造しています．

　後藤精弥は，1965年9月に独立し，独力でWEの555型系統のユニットを「ゴトウユニット」とし

入力：5W　ボイスコイルインピーダンス：16/8Ω
再生周波数帯域：100～6000Hz（実用帯域は200～4000Hz）
振動板：硬質ジュラルミンダイヤフラム＋FRPエッジ
空隙磁束密度：23000ガウス　概略寸法：Dφ130×H120mm

[写真9-90] 後藤精弥が開発した555型系を進化させたSG-555PS型中低音用ホーンドライバー（1966年）

263

て製造し，ローヤルオーディオで販売し，この系譜のドライバーを継承しています．

さらに，後藤精弥は振動板にデュポンのマイラーエッジを採用し，磁気回路を再び外磁型にして，磁極の磁性材料として最高の飽和磁束密度を持つパーメンダー（パーメンジュール；Permendur）を採用し，東北金属製に製造を依頼したものを使用して555型系統を進化させたSG-555PS型（**写真9-90**）を1966年に完成させています．

また，ダイヤフラムにチタンを使用したSG-555TT型もシリーズとして完成させています．

今日では，基本的な構造は同じですが，ダイヤフラム寸法を変化させて高音用や低音用などとした製品でバリエーションを増やしています．

1940年来，日本電気がWEと技術契約して得られた技術の中から，著名な555型ホーンドライバーの製造技術が，日本ではYL音響の吉村貞男と後藤精弥に継承されました．彼らが高度な製造技能を求めて研究した結果が，現在，オーディオノート，エール音響，ゴトウユニットの3つの事業所で根強く残っています．

9-17 「コーラル」（コーラル音響）の高性能スピーカーの開発

「コーラル音響」の源流は，1946（昭和21）年に梅原洋一が「福洋コーン紙株式会社」を創立して，スピーカー用コーン紙を生産し，メーカーにOEM供給したことです．

梅原は戦前，日本コロムビアの前身である日蓄工業でスピーカー用コーン紙を内作する工場の技術担当者として働いていましたが，1943年に福音電機製作所（現・パイオニア）社長の松本望から「自社のコーン紙工場の建設に協力してほしい」との要請を受けて日蓄工業を退社し，福音電機の社員としてコーン紙工場を完成させるため努力しました．しかし，工場は未完のまま終戦を迎えました．

戦後の日本社会の変化を受けて，梅原は考えるところがあって，1946年に独立を決意して松本に

[写真9-91] コーラルD-1210型フルレンジスピーカー（口径30cm，1954年）

退社を申し出ました．松本は「勝手すぎる」と怒ったようですが，梅原が設立する新会社でコーン紙を生産し，福音電機にも供給することを約束したため，松本は建設中であったコーン紙工場の設備を現物出資の形で提供するとともに，福音電機から資本金の1/3の出資をし，関連会社的な関係として独立するようにしました[9-41]．

社名は福音電機の「福」と本人の名前の「洋」を取って「福洋コーン紙株式会社」とし，工場は埼玉県与野市に建設しました．

ところが，戦後の混乱の中，大衆は娯楽を求めてラジオ放送を聴くので，ラジオ受信機の購入需要が大きく増加しました．この流れに注目していた梅原は，一方で，コーン紙のOEM提供先のラジオ受信機メーカーから，スピーカーユニットのOEM供給の要請を受けたこともあって，思い切ってスピーカー生産に踏み切りました．

この設備投資のため，スピーカー用永久磁石の供給を受けている住友特殊金属に協力を依頼し，資本金を出資を受けました．新会社は社名を「福洋音響株式会社」として設立し，社長には梅原洋一が就任し，住友特殊金属からも人材が送り込まれました．

9-17 「コーラル」(コーラル音響)の高性能スピーカーの開発

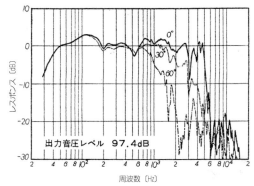

[図9-62] D-1240W型(口径30cm)スピーカーの再生周波数特性

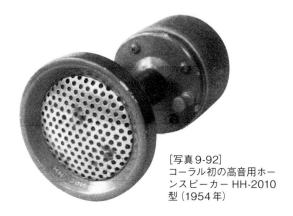

[写真9-92] コーラル初の高音用ホーンスピーカー HH-2010型(1954年)

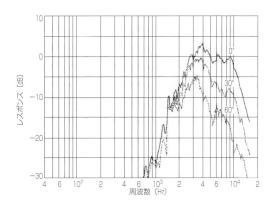

[図9-63] HH-2010型ホーンスピーカーの再生周波数特性

そして生産の一部を市場に販売することになり,市販用のブランド名を「コーラル(Coral)」として,福音電機(パイオニア)とは競争する立場に発展していきました.

1952年に,広告に掲載された機種としては,D-205P型(2・1/2インチ),D-601P型(6・1/2インチ)D-701P型(楕円),D-705P型(楕円),D-802型(8インチ),D-1001P型(10インチ),D-1200P型(12インチ)などがありました.

1950年代にLPレコードの販売が開始されると,市場にはHi-Fi(高忠実度)再生を求めるオーディオ愛好者が急増し,自作派の人びとが高品位再生用スピーカーユニットを求めるようになりました.この需要に対応して,梅原は1953年,本格的な高品位スピーカーユニットの販売に取り組みました.

最初の製品は,D-805型(口径20cm)やDF-805型,D-1210型(口径30cm),HJ-205型でした.中でもD-1210型(写真9-91)は,コーン頂部に複数の半円形のドームを貼り付けたフルレンジスピーカーで,その外観は人目を惹きました.

翌1954年には,低音用のD-805W型(8インチ),D-1055W型(10インチ),D-1240W型(12インチ),D-1600型(16インチ)を発表しました.これらの性能をNHK放送技術研究所で測定した結果,優れた特性(図9-62)[9-42]であったことがわかりました.

また,コーラルとして初めて高音用ホーンスピーカーHH-2010型(写真9-92)を開発しました.こ

の特性(図9-63)も素晴らしく,低音用と組み合わせて複合型システム用として使用できるユニットが整いました.

ほかには,フルレンジ用の口径16cmのD-650型,口径25cmのD-1050型が開発されています.

コーラル製品の周波数特性が優れている背景には,当時のコーラルは開発部門にスピーカー測定装置を設けて開発しており,性能重視の数少ないメーカーであったからだと推測されます.

1955年,口径20cmのD-806型(写真9-93)を発表しましたが,ちょうどこの年,松下電器産業(現・パナソニック)が8P-W1型を発表して一躍名声を得たため,コーラルはD-806型の販売に苦戦しました.すぐに対策として,高音域を改善したD-810型を開発し,意欲的に挑戦しています.

1956年に口径6.3cmのコーン型トゥイーター HJ-220型を開発しました.写真9-94のように前面にディフューザー兼センターホーンが付いており,その

265

第9章　戦後（1945～1955年）における日本の高性能スピーカーの復興と発展

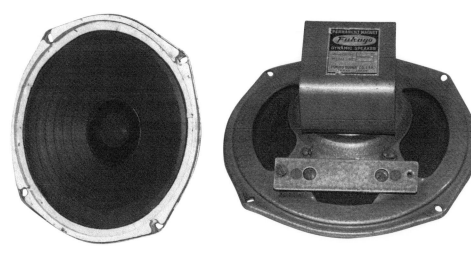

[写真9-93] コーン頂部付近に赤色のディフューザーが付いたD-806型フルレンジスピーカー（口径20cm）

[写真9-94] ディフューザー付きHJ-220型高音用スピーカー（口径6.3cm，1956年）

[写真9-95]　大型磁気回路搭載の15L-1型低音用スピーカー（口径38cm，1958年）

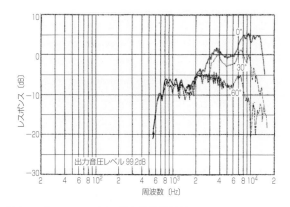

[図9-64]　HJ-220型の再生周波数特性

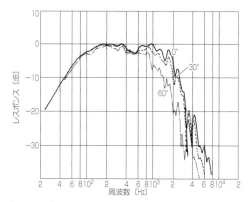

[図9-65]　15L-1型の再生周波数特性

後側の空間にウレタンフォームを詰めてコーン振動板をダンプしています．特性（**図9-64**）は10000Hz以上まで伸びていることが高い評価を受け，コーラルブランドが広く知れ渡りました．

1958年には低音用スピーカーの新機種として，

8L-1型，10L-1型，12L-1型，12L-2型，15L-2型，15L-1型などが開発されました．中でも口径38cmの15L-1型（**写真9-95**）は大型の磁気回路を持ち，その再生周波数特性（**図9-65**）はハイカットの共振が見事に抑えられた特性で，優秀な低音用スピ

9-18 「クライスラー」（クライスラー電気）の高性能スピーカーの開発

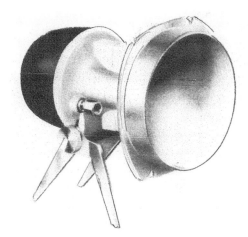

[写真9-96] ロングセラーとなったH-1型高音用ホーンスピーカー（1959年）

戦後になっても，政府は戦時中からの物品税をそのまま据え置きにし，ラジオ受信機やその部品に40%，電気蓄音機やその部品に100%の物品税を課したままでした．しかし，1947年にラジオと部品は30%，電気蓄音機と部品は80%に引き下げられ，さらに1951年と1953年には段階的に物品税が下がり，ラジオと部品は5%になりました．

この間にラジオ受信機の需要は大きく伸び，各地に，いわゆる「ラジオ少年」と呼ばれた，自らラジオを組み立てる人が増加し，1950年のNHKの聴取者の新規加入登録数によると，メーカー生産の3倍以上の89万台が民間で個人的に部品を調達して組み立てたラジオ受信機であったことがわかります．

このため，ラジオ部品の需要は大きな市場となり，スピーカーユニットも大きな事業になる可能性があるとの見込みから，次々とスピーカーメーカーが誕生しました．本章では，その代表的なメーカーの展開を述べてきました．

これと同時に，ラジオ受信機のキャビネットやスピーカーのエンクロージャーの需要も増加しました．

ーカーとの折り紙が付きました．このため1980年まで，22年間の超ロングセラー商品となりました．

翌1959年には，HH-2010型の後継機種としてH-1型ホーンスピーカー（写真9-96）が開発されました．高音域の特性が優れていたことから高く評価され，この機種もロングセラー商品として1980年まで販売されました．

こうして，コーラルはスピーカーユニットメーカーとしての名声を得て，1970年以降のオーディオブームに突き進んでいきました．

[表9-20] ステレオ時代初期のクライスラーの市販用スピーカーキャビネット

型名	適合スピーカーと方式	外径寸法〔mm〕 高さ	幅	奥行き
8B-1	20cm　2ウエイ　バスレフ	750	300	300
8B-2	20cm　2ウエイ　バスレフ	750	450	310
8B-3B	20cm　3ウエイ4SP　バスレフ	965	500	400
8B-15		725	510	310
8B-20		720	510	320
8B-22		690	500	325
8B-65	横置き脚付き	700	800	300
8BC-20	コーナー型	720	620	375
10B-100	25cm　3ウエイ3SP　バスレフ	760	500	300
12B-20		965	600	380
12B-50		965	600	380
12B-100	30cm　2ウエイ2SP　バスレフ	750	450	314
12BC-20	コーナー型	1010	790	495
15R-100	38cm　3ウエイ3SP　バスレフ	830	500	300

第9章 戦後（1945～1955年）における日本の高性能スピーカーの復興と発展

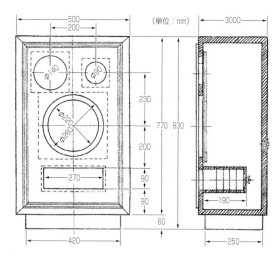

[図9-66] クライスラー15B-100型市販用エンクロージャーの概略構造寸法

[写真9-97] クライスラーCE-2型3ウエイスピーカーシステム（1967年ごろ）

[表9-21] 1967年以前のクライスラーの市販用スピーカーシステム

型名	適合スピーカーと方式		外径寸法〔mm〕		
			高さ	幅	奥行き
CE-503	30cm	3ウエイ3SP 密閉	600	390	300
CE-510	25cm	同軸2ウエイ バスレフ	600	390	300
CE-509	38cm	4ウエイ6SP バスレフ	965	500	400
JC-1	30cm	2ウエイ2SP バスレフ	750	450	310
BZ-3	25cm	同軸2ウエイ 密閉	—	—	—
CE-1	30cm	3ウエイ3SP アコサス	600	350	300
CE-2	30cm	3ウエイ5SP アコサス	600	350	300
CE-3	30cm	3ウエイ5SP アコサス	700	400	360
CE-4	12.5cm	2ウエイ 小型密閉	285	150	220
CE-102	25cm	同軸2ウエイ 壁掛け用	340	510	160
CE-103	12.5×18楕円2個 壁掛け用		350	510	100
CE-508	30cm	4ウエイ5SP 密閉	660	390	300
CE-520	25cm	2ウエイ2SP バスレフ	520	325	285
CE-530	30cm	3ウエイ3SP バスレフ	600	357	300

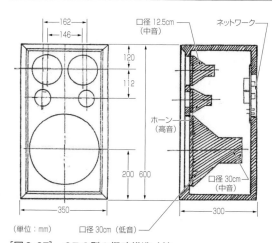

[図9-67] CE-2型の概略構造寸法

このため，古くからのキャビネットメーカーである老川工芸所，大島キャビネット，薄井木工製作所，佐藤部品株式会社，オカダケースなどが，こうした需要に対応してエンクロージャーを販売しました．

古くからのスピーカー用キャビネットメーカーだった「クライスラー電気株式会社」は，1960年にポスト・カラーテレビとしてのオーディオ産業の高需要の到来をチャンスに，ステレオセットの8H-30型やオーディオアンプのSTU-707型などを開発し，一方で1955年から続くスピーカーキャビネット販売に新しい機種を加え，14機種（**表9-20**）の販売を行うなど，オーディオ業界に大きく躍進してきました．

市販スピーカーキャビネットの代表例として15B-100型の概略構造を**図9-66**に示します．15B-100型は位相反転型で，どんなスピーカーにもマッチするようにポートが5分割されていて調整できるなど，細かく配慮されたエンクロージャーでした．

その後，1967年にスピーカーユニットをOEM調達してスピーカーシステムを開発し，**表9-21**のように数多くの機種を発売しました．中でも注目すべきはブックシェルフタイプの流行を先取りしたようなCE-2型（**写真9-97，図9-67**）で，小型のエンクロージャーに多量の吸音材を詰めたアコサス方式

低音用口径30cm
中音用ホーン
高音用ホーン（2）

[写真9-98] 1969年に改良されて大きく変わったCE-2a型スピーカーシステム

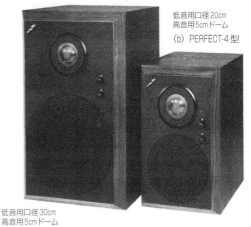

低音用口径20cm
高音用5cmドーム
(b) PERFECT-4型

低音用口径30cm
高音用5cmドーム
(a) PERFECT-5型

[写真9-99] PERFECT-4型と5型2ウエイスピーカーシステム（1973年）

の製品を販売しました.

　クライスラーのスピーカーを一躍有名にしたのは，その2年後の1969年に開発されたCE-1a型とCE-2a型（**写真9-98**）でした．これまでの外観の流れを一新して，前面ネットを取り外してバッフル面を見せ，音質調整のアッテネーターツマミを前面で操作するようにした製品でした．米国アルテックのシアターサウンドを手本にした音作りで，この音質と視覚的な店頭効果が相乗効果を上げ，注目されました.

　市場では，まだスピーカー前面はネットの織り柄や木格子などが固定されていてスピーカーユニットが見えない状態の製品が多い中，この新しくデザインされたバッフル面は，若いユーザーにオーディオマニアックな感覚の製品として受け入れられました．音を聴くときにネットを外す習慣を推奨するため，バッフル板のデザイン仕上げを美しくして見せたことや，スピーカーユニットの取り付けを前面から行うなど，これまでの慣例を打ち破ったのがこのスピーカーシステムで，新しいバッフル面のあり方を示し，スピーカーの意匠デザインにインパクトを与えた貢献には大きいものがあります．これはその後の各社のスピーカーシステムのデザイン傾向に大きな影響を与えたことからもわかります．

　クライスラーは，このシリーズを次々と改良して，

CE-1a型はCE-1ac型となり，さらにCE-1aⅡ型となるというように製品をリニューアルしていきました.

　また，ドーム形トゥイーターの流行に対し，ドーム形トゥイーターを搭載したPERFECT-1型からPERFECT-5型の4機種（**写真9-99**）を開発するなど，市場の流行に対応しました.

9-19　戦後のその他のスピーカーメーカー

　第2次世界大戦後，ラジオ受信機用スピーカーやLPレコードによるHi-Fi再生用スピーカーなどで需要が急増し，戦前からのメーカーの継続とともに，新しいスピーカーメーカーが次々と誕生しました.

　第9章2項から18項で述べたメーカー以外にも著名なメーカーがあるので，これを**表9-22**に示します.

第9章　戦後（1945～1955年）における日本の高性能スピーカーの復興と発展

[表9-22]　本章で触れた以外の戦後のスピーカーメーカー

ブランド名	会社名	代表者	創立年/活動年	代表機種
ニッサン	山口電機株式会社 ニッサン音響株式会社	山口素造	1946	PM8型，PM10型
ウエストン	ウエストン音響株式会社	西井達二 西井清	1931/1952	
ジュノー	ジュノー音響機株式会社 千代田無線製作所			T-10型
ノーブル（Noble）	帝国通信工業株式会社	村上丈二	1944/1948	FD-65S型，PD-65K型
JRC	日本無線株式会社		1946	D-50型，D-65型
ダイナトーン	丸山無線株式会社 ダイナミック音響研究所（製造元）			650型（20インチ）
スターボックス	山本金属工業株式会社	山本由吉	1929/1946	HP-8E型，HF-110A型
ダイナックス（Dynax）	不二音響工業株式会社			DS-10型，DS-12W型
ニート	タヤ音響			PD-10型，FD-10型
プリモ	武蔵野音響			T-501型
コロムビア	日本コロムビア（日蓄工業）		1953	DS-74B型

参考文献

9-1）例えば，松井英一，柴山乾夫，城戸健一：円錐型動電拡声器の研究，日本音響学会誌，7巻，1号，1951年

松井英一：円錐型拡声器の高音の限界，日本音響学会誌，7巻，1号，1951年

9-2）武井武：フェライトの理論と応用，丸善，1960年，p.240

9-3）米山義男，後藤慶一：音づくりに生きる，ダイヤモンド社，1986年12月

9-4）グラビアページ：三菱電機に新設された最新無響室，無線と実験，1953年8月号

9-5）藤木一：スピーカーの特性とその測定法，三菱電機技報，1954年臨時号

9-6）進藤，鈴木，木村，久保，小泉：レーザーホログラフィによるスピーカーの振動測定，三菱電機技報，1972年8月

進藤武男，木村博雄：レーザーホログラフィ法によるスピーカーの振動測定法，ラジオ技術，1973年3，4月号

9-7）進藤武男，佐伯多門，興野登：16cm単一コーン形高忠実度スピーカー（P-610A形），三菱電機技報，Vol.46，No.8（1972年8月）

9-8）佐伯多門：モニタースピーカー「610物語」，*JAS Journal*，1992年10月

9-9）生まれ変わったP-610D.F，電波科学，1982年6月号，pp.101～105

9-10）佐伯多門：スピーカー技術の100年（続々編），MJ無線と実験，2014年1月号，p.138

9-11）松本望：回顧と前進（下），電波新聞社，1978年（非売品）

9-12）星佶兵衛：エレクトロニクス講座　応用編1，2章，マイクロホンとスピーカー，共立出版，1958年

9-13）NHK技術研究所：8インチスピーカーの特性はどこまで期待できるか，無線と実験，1955年10月号

9-14）社史編纂実行委員会：SOUND CREATOR PIONEER，パイオニア，1980年

9-15）内田三郎：本格的4ウエイ360°無指向性スピーカーシステムとその装置，無線と実験，1957年2月号

9-16）例えば，二村忠元，城戸健一，松井英一，柴山乾夫：円錐型拡声器の研究，日本音響学会誌，7巻，1号，1951年

二村忠元，松井英一：円錐型拡声器の高音の限界，

日本音響学会誌, 7巻, 1号, 1951年

9-17) A. G. Zimmerman：米国特許1689513

9-18) 阪本楢次：可動線輪型スピーカーの改良について, ラジオ技術, 1952年6月号

9-19) 阪本楢次：ダブルコーンスピーカーの解剖, 無線と実験, 1955年2月号

9-20) Equipment Report：The Panasonic Loudspeaker, *Audio*, Dec., 1955, p.40

9-21) 抜山平一：電気音響機器の研究, 丸善出版, 1948年

9-22) 例えば, 松井英一, 柴山乾夫, 城戸健一：円錐型動電拡声器の研究, 日本音響学会誌, 7巻, 1号, 1951年など

9-23) 城戸健一：大正・昭和期の東北に於ける音響研究, 「50年のあゆみ」, 日本音響学会東北支部, 2005年12月

9-24) 日本特許公告：昭26-155

9-25) 無線と実験, 1949年4月号

9-26) 表紙写真：電波科学, 1949年7月号
大城倉夫：オブリコーンを使った小型スーパー, 電波科学, 1949年7月号

9-27) 佐伯多門：スピーカー技術の100年 番外編, 発見された幻の「オブリコーン」スピーカー OE-2型, MJ無線と実験, 2007年7月号

9-28) 実用新案公告：昭36-18103

9-29) 特許番号：第191,448号

9-30) 景山朋：驚異的特性を有するバンドダイナミックスピーカー, 無線と実験, 1949年6月号

9-31) 景山功：景山式平面スピーカーの歩み, MJ無線と実験, 2002年11月号〜2003年4月号

9-32) 景山朋：蓄音機に憑かれて50年, 日本オーディオ協会, 1970年

9-33) 電信電話公社電気通信研究所の公開を見る（グラビア）, 無線と実験, 1956年12月号

9-34) 早坂寿雄：音響工学, 日刊工業新聞社, 1957年

9-35) 早坂寿雄：電気音響学の概観, 日本音響学会誌, 28巻, 9号, 1972年

9-36) 折り込み測定データ, ラジオ技術, 1960年

9-37) 芙蓉電気広告, ラジオ技術, 1954年11月号, p.131

9-38) *Audio of Tomorrow*, 1951年3月号

9-39) 伊藤毅：音響工学原論（下）, コロナ社, 1957年

9-40) 吉村貞男：555-Mスピーカー, 無線と実験, 1949年5月号

9-41) 松本望著：回顧と前進（上）, 電波新聞社, 1978年（非売品）

9-42) 折込「HiFi用ウーファー, トゥイーター27種とピックアップ20種の特性表」, ラジオ技術臨時増刊第14集, 1957年8月

第10章

モノーラル時代の Hi-Fi 再生用 スピーカーシステム

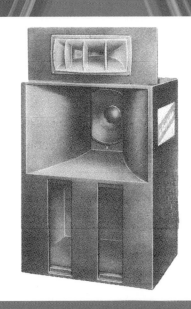

第 10 章　モノーラル時代の Hi-Fi 再生用スピーカーシステム

10-1　Hi-Fi 再生への胎動

スピーカーの歴史の中で，民生用（家庭用）スピーカーが大きく変貌したターニングポイントは，1948年6月21日の米国CBSコロンビアによるLPレコードの発売でした．

LPレコードは，SPレコードに比較して雑音が小さく，音質が飛躍的に改善され，演奏時間が長くなったため，クラシック音楽の観賞には画期的なものでした．この衝撃的なレコードの出現をマスコミも大きく扱い，*Fortune*誌では「Hi-Fiブーム来たる」と題した特集を組んだほどでした．

なお，本来「Hi-Fi」は「高忠実度（High Fidelity）」を示す言葉ですが，本章ではHi-Fiを「高品位」として進めます．

オーディオメーカーは，LPレコードのソフトを忠実に再生するためのオーディオ機器の研究開発を進め，需要者である音楽鑑賞家（レコード演奏家）やオーディオファンは「Hi-Fi（高忠実度）再生」への関心を高めていきました．そして，この動きを象徴するかのように，1949年には米国ニューヨークで第1回オーディオフェアが開催されました．

一方，英国の*Wireless World*誌の1947年4，5月号に，ウイリアムソン（D. T. Williamson）が開発した「ウイリアムソンアンプ」が掲載され，これを原点として，多量のNFB（負帰還）をかけた高品位再生用アンプが次々と登場して，LPレコードを鑑賞する高品位再生スピーカーの需要が一挙に高まりました．

こうした動向に準じて，1947年には*Audio Engineering*誌，1951年には*High Fidelity*誌が創刊されるなど，オーディオ技術の情報が次々と広がり，ビッグビジネスへの期待が大きく高まってきた時期でもありました．

Hi-Fi（高品位）再生用オーディオ機器は，従来の電気蓄音機やラジオ受信機とは違って，単独で優れた性能を持った製品を家庭用に提供するオーディオコンポーネント製品であり，スピーカーをは

じめそれぞれが性能を競って高性能化を進めました．

本章では，モノーラル時代の家庭におけるHi-Fi再生用スピーカーシステムの変遷とともに，特にスピーカーシステムで重要な低音再生の役割を持つエンクロージャーの方式や規模などについて，世界のスピーカー技術者たちが，どのように取り組んだか，それぞれの特徴を述べていこうと思います．

10-2　1950 年代初期の Hi-Fi 再生用スピーカーシステムの低音再生方式

戦前の日本のスピーカーは，主としてラジオ受信機用として発展してきたのに対し，米国を中心とした海外のスピーカーは，ラジオ受信機用とは規模の違う映画産業の大きな力の中で，トーキー再生の業務用スピーカーシステムの開発に資源が投入され，大きく発展してきました（第5章参照）．

家庭にHi-Fi再生オーディオシステムを設置して楽しむとき，最初に望まれるのはスピーカーの再生周波数帯域の広さで，特に豊かな低音再生が求められます．そこでまず問題視されたのは，映画館の大型の低音再生スピーカーと違って，いかにコンパクトにまとめて，家庭内で効率よく低音を再生するかでした．

1940年代，驚きをもって多くの人が耳にしたのは，映画館におけるトーキー再生用スピーカーからの低音でした．それは，家庭で聴くラジオ受信機からの低音や，電気蓄音器から再生する低音に比較して，圧倒的な迫力のある低音でした．この音を家庭で実現できるよう期待したのは当然かもしれません．

10W程度の駆動アンプで迫力ある低音を再生をするには，能率の高いホーン型スピーカーを求めるのは当然でした．しかし，低音の再生限界を低くするにはホーンの開口面積が大きくなり，家庭の部屋に収容するには無理があります．なるべく小型にまとめて，家庭にマッチする大きさで低音まで再生したいというのが，当時の願望でした．

274

10-2　1950年代初期のHi-Fi再生用スピーカーシステムの低音再生方式

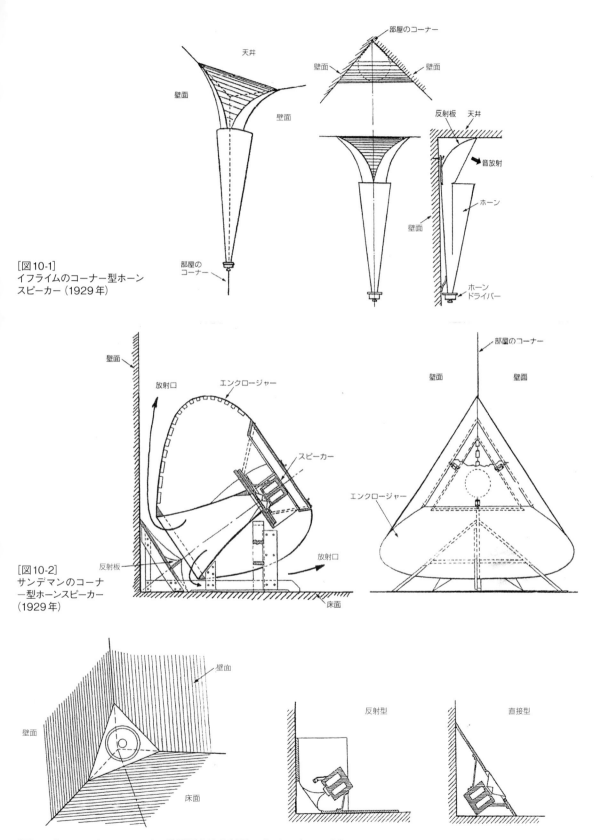

[図10-1]
イフライムのコーナー型ホーンスピーカー（1929年）

[図10-2]
サンデマンのコーナー型ホーンスピーカー（1929年）

[図10-3]　サンデマンのコーナー設置型直接放射型スピーカー（1929年）

第 10 章　モノーラル時代の Hi-Fi 再生用スピーカーシステム

[写真10-1]　フォクトのコーナー型フロントロードホーンスピーカーシステム（1934年）

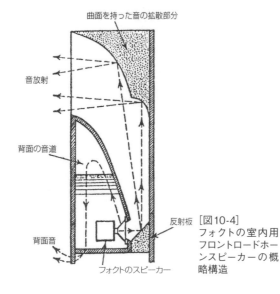

[図10-4] フォクトの室内用フロントロードホーンスピーカーの概略構造

　この願望を実現にするための一つの発想として，部屋の壁面を利用して音放射の効果を上げるという方法がありました．この方法の最初は，1929年にフランスのイフライム（A. F. Ephraim）が米国で出願した特許[10-1]で，両壁のコーナーと天井を利用した三面に囲まれた空間（π/2空間）に音源を置く配置でした（図10-1）．反射板の形態を利用して音放射し，室内拡声を狙う新しい考案でした．

　これに対して同年（1929年），英国WE（Western Electric）のサンデマン（E. K. Sandeman）が米国で特許出願[10-2]したものは，床面と両壁面を利用した三面に囲まれた空間（π/2空間）に音源を置くコーナー型フロントローディングホーンスピーカー（図10-2）と，直接放射型バッフル板付きスピーカーを同じくコーナーに置いた（図10-3）を考案しています．

　こうした動向を受けて，室内で低音再生を行うホーンローディングスピーカーを最初に実現させたのは，英国のフォクト（Paul Gustavus Adolphus Helmuth Voigt）でした．

　フォクトは，1934年にダブルコーンのフルレンジスピーカーを使用して，室内のコーナーに設置するフロントローディングホーンスピーカーシステム（写真10-1，図10-4）を製品化しました．

　フォクトは，1933年に特許を出願[10-3]しましたが，コーナーに置いた音響効果はあまり主張せず，

276

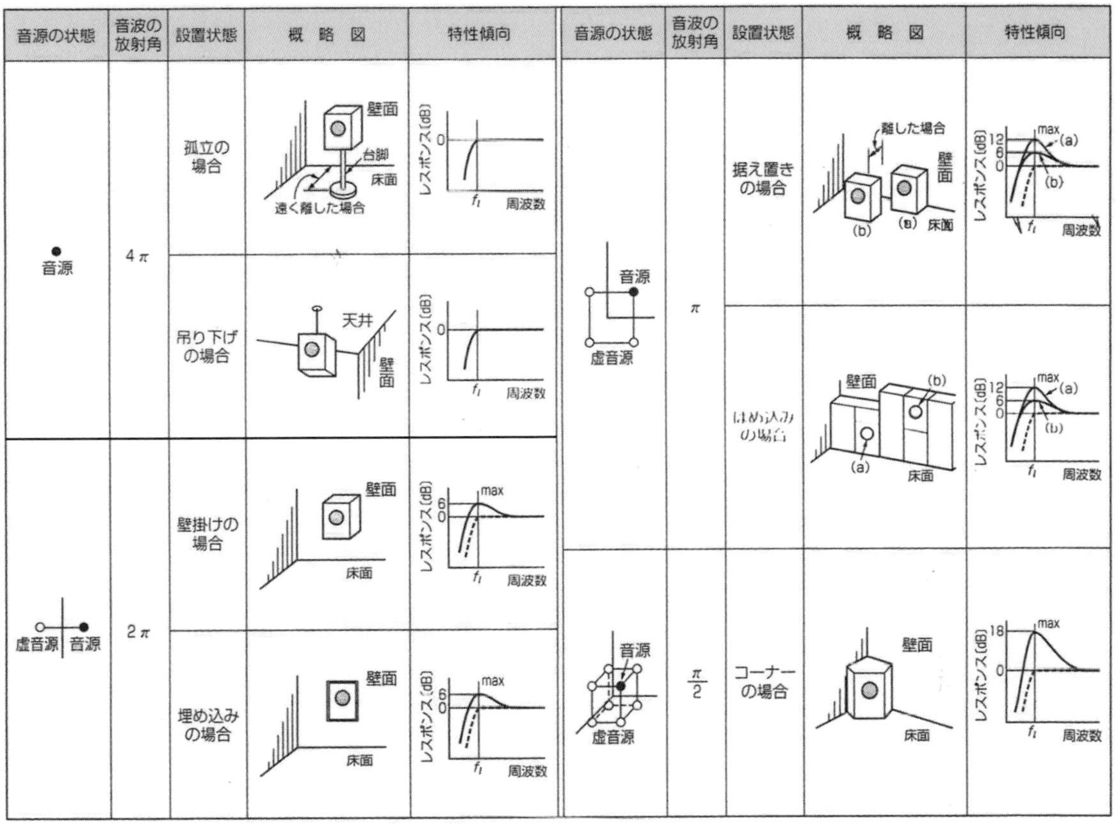

[図10-5]　スピーカーの設置状態の違いによる音放射角とその特性傾向

　ホーン上部に付けた反射板の形状に注目したことになっています．しかし，業務用ホーンスピーカーを家庭用フロントロードホーンとしてまとめたスピーカーシステムは記録上最も早く，その形態を考案して製品化したのは，歴史的に大きな意義があると思います．フォクトが，高能率で高品位な再生を目指して活躍したことが，このスピーカーからも伺えます[10-4]．

　1940年代になって，家庭内で使用する低音用ホーンの構造に新しい発想を持ち込んだのが，米国のクリプッシュ（Paul Wilbur Klipsch）でした．クリプッシュが発明したバックローディングホーンは，ホーンを短く折り返してホーンにすることと，コーナーを利用して設置する考案で，家庭内で使用する低音用ホーンスピーカーとして実現することになりました．そして後に，彼はフロントローディングホーンも発明しました．考案者の名を冠したこれらの「クリプッシュホーン」は，一気に注目され，

その後の高性能スピーカーシステムの低音用ホーンに多大な影響を与えました．

　このクリプッシュホーンの特徴は，長いホーンを折り返してコンパクトにまとめ，その開口面を床と両面の壁で囲まれたコーナーに設けて，狭い範囲の空間（π/2空間）から音を放射することで，波長の長い低音の音放射を効率良く行う狙いでした．

　このアイデアは，RCA（Radio Corporation of America）のオルソン（Harry F. Olson）の著書[10-5]を参考にしたと述べられており，通称「ミラーイメージ効果」という，虚音源による見かけの音源増加を狙っています．この違いをスピーカーの設置状態を区分して示すと図10-5になります．クリプッシュホーンは，π/2空間に音を放射するので，4π空間に音を放射する場合に比較して，最大8倍（18dB）の音圧の増加が期待されます．

　クリプッシュは，こうした設置条件を基本の構造条件に取り入れて，その後の家庭用低音ホーン口

第10章　モノーラル時代のHi-Fi再生用スピーカーシステム

ードスピーカーを各種開発しました．これを次の項で述べます．

10-3　クリプッシュホーンの発明と製品の系譜

クリプッシュは1904年生まれで，1926年にニューメキシコ州立大学を卒業，1934年にスタンフォード大学を卒業し，GE（General Electric）の電気技術者として仕事をしていましたが，趣味としていたスピーカーの研究から，「クリプッシュホーン」を発明し，独立して米国南部のアーカンソー州に工場を作りました．そしてクリプッシュは，1941年に米国の音響学会誌にその考え方を発表[10-6]し，そ

の技術力が高く評価されました．

クリプッシュの最初の特許[10-7]が認証登録されたのは1943年で，床面と壁面を利用した三面に囲まれた空間（$\pi/2$空間）に音源を置き，スピーカー背面に長い折り返しのバックローディングホーンによって効率の良い低音再生を行うというものでした．図10-6はこの考案の構造図で，部屋の両壁面をホーンの側面として利用しており，天井板と後面反射板を部屋のコーナーに当てることで，左右の設置位置が定まるようになっています．

しかし，このバックローディングホーンの構造は，すでに1936年にRCAのオルソンとハックレイ（R. A. Hackley）によるバックロードホーンやオルソンとマッサ（F. Massa）によるコンパウンドホー

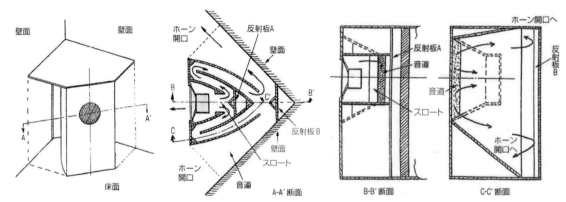

［図10-6］　クリプッシュホーンの概略構造（1943年）

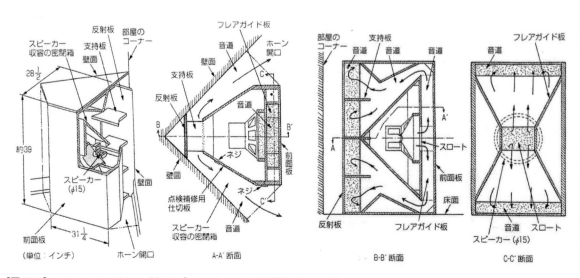

［図10-7］　フロントロードホーン型クリプッシュホーンの概略構造（1945年）

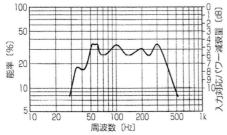

[図10-8] クリプッシュホーンの低音域の再生周波数特性の例

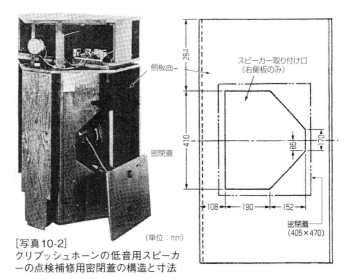

[写真10-2] クリプッシュホーンの低音用スピーカーの点検補修用密閉蓋の構造と寸法

んなどとして先例がありました（第6章4項参照）．また，1937年にオルネイ（B. J. Olney）が発表した，背面に長い折り返し音響管を設ける「アコースティカルラビリンス」などの考案がありました．これらの音響管とクリプッシュホーンの最大の違いは，コーナーに設置して低音再生を狙っている点です．

特許に示された諸定値は，ホーンの長さ69インチ，スロートの面積64平方インチ，開口面積1440平方インチですが，ミラーイメージ効果によって開口面積は5760平方インチ相当の面積になります．カットオフ周波数45Hz，再生周波数帯域35〜400Hz，音圧感度レベルは104dB/4フィート（約120cm）の高効率となっています．

クリプッシュは，さらにフロントロードホーンをコーナー型にすることを発明し，1942年に新しい特許[10-8]を出願しています．この特許は1945年に認証登録され，一躍有名になりました．このコーナー型フロントロードホーンの構造は複雑ですが，各部分の断面図（図10-7）を見ると，低音用スピーカーの前面は振動板面積よりバッフル板の前の矩形のスロット面積が小さく絞られていて音響変成器として働きます．スロートからフレアを付けたガイドで音道は上下に分かれ，スピーカーを収容した密閉箱の上下板と天井板および底面板に挟まれた両方の音道を通って，音は後面反射板を経て，部屋の壁面とスピーカー側面板でできた音道を通じて空間に放射されます．

このスロートから開口面までの音道の長さは40インチあり，カットオフ周波数は47Hzとなってい

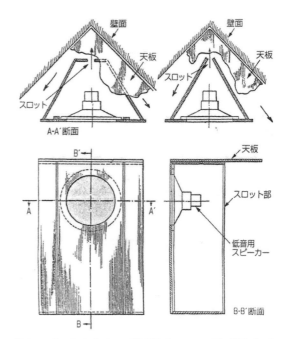

[図10-9] クリプッシュが発明したフォールデッド型バックロードコーナーホーン（特許出願図より）

ます．このフロントロードホーンの低音特性は，クリプシュ自身の発表によると図10-8[10-6]に示すように50Hzから均一です．

低音特性は良好でしたが構造が複雑なので，スピーカーのホーン仕切り板の一部がネジどめで開口するようになっていて，点検整備などに便利なように工夫されています（写真10-2）．

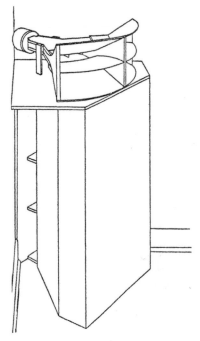

[図10-10] コーナーに設置したクリプッシュホーンで構成した2ウエイスピーカーシステムの例

[写真10-3] クリプッシュホーンを使用したスピーカーシステム例

フォールデッドホーン)と比較して,その容積は1/8になり,電気音響変換効率は25%高く,効率の良い低音再生が望めるとして,家庭用の低音用ホーンとして実用性を高めました.

そして,クリプッシュは具体的に低音ホーンと高音用ホーンをコンパクトにまとめた2ウエイオールホーンスピーカーシステム(図10-10)を発表[10-10]しています.これが,モノーラル時代の大型高品位再生用スピーカーの低音部エンクロージャーとして君臨し,次に述べる各社の製品構成に大きい影響を与えました(写真10-3).

10-3-1　バイタボックスのスピーカーシステム

クリプッシュホーンの特許とライセンス契約して,最初に家庭用ホーンスピーカーシステムを完成させたのは,英国のバイタボックス(Vitavox)でした.この会社は1932年の創立で,業務用オーディオ機器を製造し,優秀な業務用スピーカーユニットを各種販売したことで著名な会社です.この会社が1947年に,低音部にクリプッシュホーンを採用して,初めての家庭用最高級スピーカーシステムCN-191型を開発し,豪華な外観のコーナー型2ウエイ方式にまとめて発表しました(写真10-4).図10-11に示すように,高さ50・1/2インチ(1283mm)の大型システムで,低音用には,自社の業務用15インチスピーカー AK-157型,高音用は家庭用に開発したCN-481型セクトラルホーンを採用し,ホーンドライバー S2型と組み合わせた非同軸複合2ウエイスピーカーシステムです(写真10-5).クロスオーバー周波数は500Hzです.

また,業務用としてコーナー型クリプッシュホーンの上に8セルのマルチセルラーホーン CN-121型を搭載したCN-191W/CN-121型システム(図10-12)も開発しています.

10-3-2　エレクトロボイスのスピーカーシステム

米国のエレクトロボイス(Electrovoice;EV)が最初の大型家庭用スピーカーシステムを製造し

また,クリプッシュは,1952年に位相反転型のポートに相当するスロットを後ろ側に設け,コーナーを利用して低音を再生するエンクロージャー(図10-9)を発明し,特許[10-9]を取得しています.

発明した家庭用クリプッシュホーンは,これまでの業務用ホーンスピーカー(例えばWE製の大型

10-3 クリプッシュホーンの発明と製品の系譜

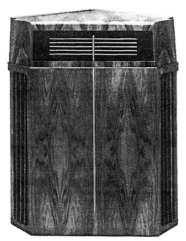

[写真10-4] クリプッシュホーンを採用したバイタボックスのCN-191型2ウエイシステム（1947年）

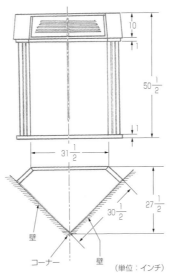

[図10-11] バイタボックスのCN-191型スピーカーシステムの概略寸法

(a) AK-137型（口径15インチ）

(b) S-2型高音用ホーンドライバー

(c) CN-481型セクトラルホーン

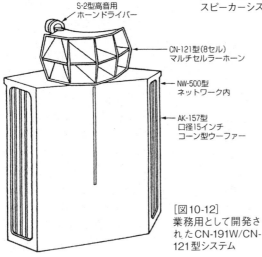

[図10-12] 業務用として開発されたCN-191W/CN-121型システム

[写真10-5] CN-191型に搭載されたスピーカーユニット

たのは1951年で，バイタボックスと同様にクリプッシュホーンに着目し，ライセンス契約を結んで低音部に採用して開発したのが，非同軸複合4ウエイスピーカーシステムとして著名な「ザ・パトリシアン（The Patrician）」スピーカーシステム（**写真10-6**）です．高さ60インチ（約1524mm），幅41インチ（約1041mm），奥行き30インチ（約762mm）の大型で，**図10-13**に構造を示します．低音用は，布にフェノール樹脂を含浸して成形したコルゲーション支持部をエッジとすることで，低音の大振幅にも耐えて長期間安定した動作をするように設計された18WK型（口径18インチ）です．中低音は，口径30cmの12W-1型に木製のホーンを付

けて受け持っています．中高音用は，8セルのマルチセルラーホーンにT-25型ドライバーを付けたものです．高音用は6セルのマルチセルラーホーンにT-10型ドライバーと，口径20cmの8BT型コーン型スピーカーが使われた，複雑な構造になっています[10-11]．

ザ・パトリシアンはクリプッシュホーンとは違い，部屋の壁面を利用した音道ではなく，自己完結型の音道を持ったエンクロージャーなので，設置する壁や床の条件による音質の違いが少なくなっています．また，低音用スピーカーを包む上下の面は直線ではなく2段に折り曲げてあり，低音の音道としてのフレアが滑らかになるようにしています（図

281

第10章　モノーラル時代のHi-Fi再生用スピーカーシステム

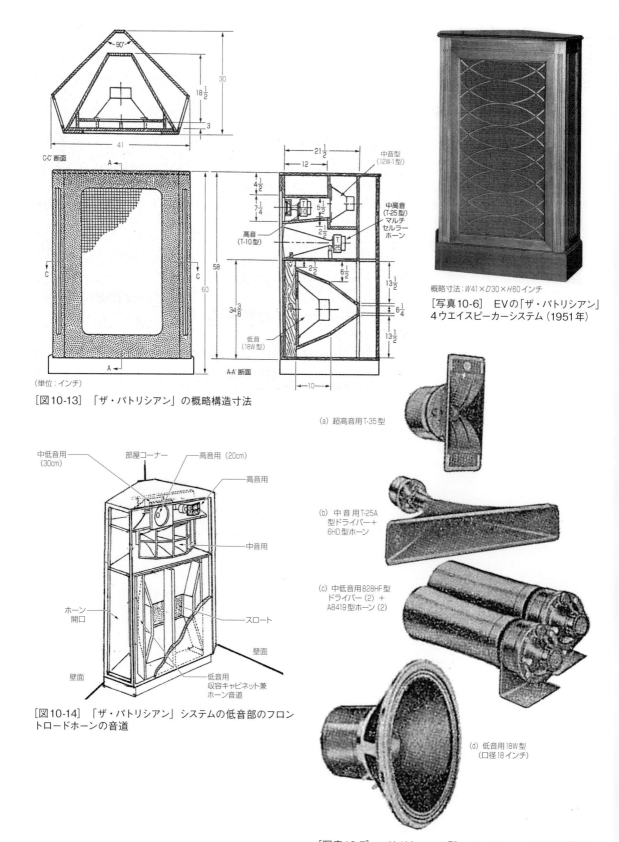

[図10-13]　「ザ・パトリシアン」の概略構造寸法

[写真10-6]　EVの「ザ・パトリシアン」4ウエイスピーカーシステム（1951年）

[図10-14]　「ザ・パトリシアン」システムの低音部のフロントロードホーンの音道

[写真10-7]　パトリシアンⅣ型，パトリシアン600型に搭載されたスピーカーユニット

10-3 クリプッシュホーンの発明と製品の系譜

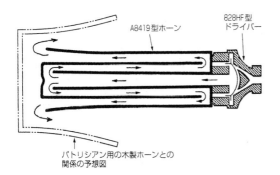

[図10-15] パトリシアンⅣ型の中低音用スピーカーの構造

[写真10-8] パトリシアン600型4ウエイスピーカーシステム

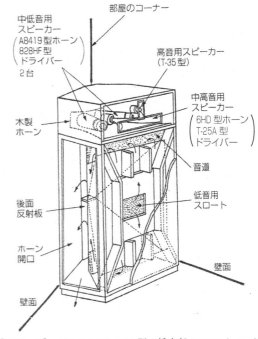

[図10-16] パトリシアン600型の低音部のフロントロードホーンの音道

10-14）．

　その後，1955年ごろに改良を行い，旧型と同じ外観ながら高さ62インチ（約1575mm），幅39インチ（約990mm），奥行き29インチ（約737mm）に変更された「パトリシアンⅣ型」となりました．ユニット構成が変更され（**写真10-7**），クロスオーバー周波数は200Hz，600Hz，3500Hzの非同軸複合4ウエイ方式になっています．

　パトリシアンⅣ型の低音部は，スピーカーを包む縦方向の面が直線になり，初期のクリプッシュホーンの構造に似ています．中低音用は，特殊な構造を持つA8419型ホーンに828HF型ドライバーを組み合わせて（**図10-15**），これを2組木製ホーンに取り付けています．中高音用は6HD型ホーンにT-25A型ドライバーの組み合わせで，超高音用はT-35型です．

　一方，スピーカー構成は同じですが，エンクロージャーの着せ替えをした「パトリシアン600型」（**写真10-8，図10-16**）があります．縦線が強調された外観になり，ホーン開口部の幅が1020mmから少し狭くなり，920mmになっています．

　その後，パトリシアンシリーズとして，低音部にクリプッシュホーンを使用しない「パトリシアン800型」（**写真10-9**）が発売されています．独自に開発した大口径30インチ（76cm）の30W型スピーカーを使用して，これまでと違った新しいデザインでまとめられています．

　図10-17に示すように，ホーンスロート面積を大きくしてホーンの全長を短くし，部屋の壁面を低音

ホーンの音道として利用し，両サイドから音放射する構造です．これによって，高さは51インチ（約1295mm），幅36インチ（約914mm），奥行き27・1/2インチ（約699mm）と小型になっています．システム全体としての構成は非同軸型複合4ウエイ方式で，低音部は100Hzまでを受け持ち，中低音部は口径30cmコーン型を直接放射型として使用し

283

第10章　モノーラル時代のHi-Fi再生用スピーカーシステム

概略寸法：
W36×D27·1/2×H51
インチ

［写真10-9］
パトリシアン800型4ウエイコーナー型スピーカーシステム

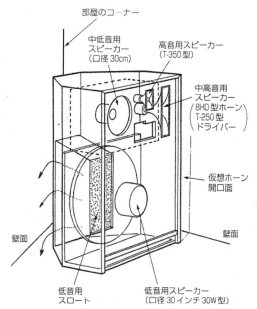

［図10-17］　パトリシアン800型の低音部のフロントロードホーンの音道

低音は
口径76cm
コーンスピーカー
概略寸法：
W920×D525×H1700mm

［写真10-10］
パトリシアンⅡ型4ウエイコーナー型スピーカーシステム（1983年）

て100〜800Hzの帯域を受け持っています．また，中高音はフェノール系のリングダイヤフラムを使用したT-250型ドライバーと8HD型ホーンの組み合わせです．高音用は，T-35型と同じ構造のT-350型を使用してユニットを一新しました．

パトリシアンシリーズは，1962年から1971年まで生産された後いったん生産を終了し，12年後の1983年になって「パトリシアンⅡ」（写真10-10）を復活させました．

10-4　英国のHi-Fi再生用スピーカーシステム

10-4-1　タンノイの大型スピーカーシステム

英国のタンノイ（Tannoy）は，1947年にLSU/HF/15L型「モニターブラック」同軸2ウエイスピーカー（写真10-11，第7章6項参照）を開発し，これを最初，オリジナルの位相反転型のコーナー型エンクロージャーに搭載したスピーカーシステム（写真10-12）を発表しました[10-12]．高さ43インチ（約1092mm），幅29インチ（約737mm），奥行き20インチ（約508mm）の大きさで，40Hzから均一再生する特性を持っていました．

モニターブラックを1953年に改良したものが，「モニターシルバー」同軸型複合2ウエイスピーカで，これをバックローディングホーン型エンクロージャーに搭載したスピーカーシステムを開発しました．「オートグラフ（Autograph）」（写真10-13）と名付けられたシステムは，早速ニューヨークのオーディオフェアに出品され，高い評価を受けました．オートグラフのエンクロージャーは，同軸2ウエ

10-4 英国の Hi-Fi 再生用スピーカーシステム

[写真10-11] タンノイのLSU/HF/15L型同軸2ウエイスピーカー(口径15インチ, 1947年)

概略寸法：W43×D26・1/2×H58・1/2インチ

[写真10-13] 「オートグラフ」バックロードホーンスピーカーシステム (1953年)

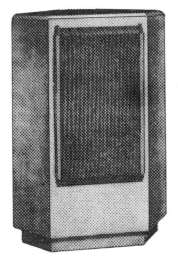

概略寸法：W29×D20×H43インチ

[写真10-12] LSU/HF/15L型を搭載したバスレフ型システム (1953年)

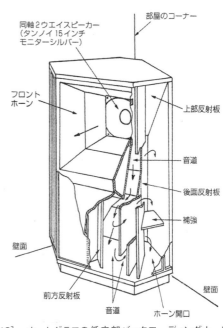

[図10-18] オートグラフの低音部バックローディングホーンの音道

イユニットのフロント側にはショートホーンを設けて中音域の200Hz以上の再生周波数帯域を再生し，後ろ側をバックローディングホーンにして低音を再生するというコーナー型です．これは，クリプッシュホーンとは異なり，RCAのオルソンとマッサによるコンビネーションホーンの系統に属する形態です．低音部は折り返しホーンの開口をコーナー側に設置して，低音の音放射効率を改善しています（図10-18）．市場が，前述のバイタボックスCN-191型やEVのザ・パトリシアンを意識している中で，欧州独自のアイデアを織り込んだ大型スピーカーシステムです．高さ58・1/2インチ（約1486mm），幅43インチ（約1092mm），奥行き26・1/2インチ（約673mm）と大型で，低音再生限界は30Hzとなっています．

このシリーズには，口径15インチの「モニターゴールド（LSU/HF/15/8）」ユニットを使用したコーナー型バックロードホーンの「G. R. F. オートグラフ」があります．

第10章 モノーラル時代のHi-Fi再生用スピーカーシステム

[写真10-14]
アメリカタンノイ製「オートグラフプロフェッショナル」スピーカーシステム

概略寸法：
W39×D24×H60インチ

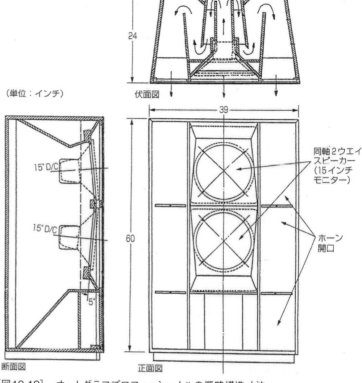

[図10-19] オートグラフプロフェッショナルの概略構造寸法

[写真10-15]
ロックウッドが製品化した標準型モニターシステム（1954年）

を使用した放送用モニタースピーカーを英国ロックウッド（Rockwood）が1954年に製品化しています（**写真10-15**）．

10-4-2 ワーフェデールのスピーカーシステム

英国ワーフェデール（Wharfedale）は，スピーカーメーカーとして，日本においても古くからよく知られた会社です．

この会社は，1932年にブリッグス（Gilbert A. Briggs）によって創立され，1958年までは「ワーフェデール・ワイヤレス・ワークス（Wharfedale Wireless Works）」という社名でした．ブリッグスはもともと音楽愛好家で，その熱が高じてスピーカーを製造する会社を作ってしまった人ですが，根っからのスピーカー技術者ではありませんでした．しかし，創立後にブラッドフォード工科大学（現・ブラッドフォード大学）の教授に個人指導を受け，後に多くのスピーカー技術書[10-13]を著すほどの専門技術を身に付けた努力家でした．

業務用では，アメリカタンノイで製造した「オートグラフプロフェッショナル」（**写真10-14**）があります．これは，モニターゴールドを2個使用した折り曲げ型のバックローディングホーン（**図10-19**）で，ホーン開口は両サイドに配置しています．高さ60インチ（約1524mm），幅39インチ（約991mm），奥行き24インチ（約610mm）の大きさで，低音再生限界は30Hzです．

一方，BBCが特許を持つ特殊なバスレフ方式のエンクロージャーにタンノイの「モニターシルバー」

10-4 英国の Hi-Fi 再生用スピーカーシステム

(a) コンクリートブロック柱型

(b) 木製角柱型

[写真10-16] ブリッグスが考案したオムニディレクショナル放射スピーカーシステムの例

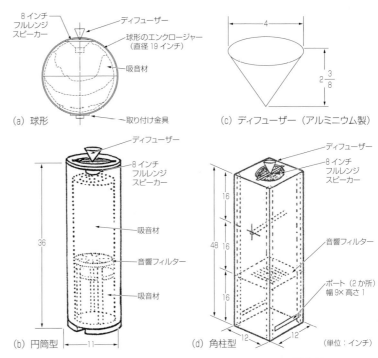

[図10-20] オムニディレクショナル放射のスピーカーシステムの構造例

同社のスピーカーの設計思想は，直接放射型のコーンスピーカーを徹底的に検討して，高品位再生用の優れたコーンスピーカーを開発することでした．また，「オムニディレクショナル放射（Omni-directional Radiation)」という，全方向に音を放射する無指向性スピーカーに早くから取り組んで，指向性のあるホーン型スピーカーと違う，点音源的な音の広がりを持つ音場再生を目指し，さまざまな製品（写真10-16）を発表しました．例えば，図10-20（c）の角柱エンクロージャーに8インチのフルレンジスピーカーを上向きに取り付け，ディフューザーによって水平面に音を拡散するといった無指向性スピーカー製品を何機種か開発しています．

ワーフェデールの当時のスピーカー製品を理解するには，米国のオールホーン型の高能率・広帯域の傾向とはまったく違った製品作りの道を歩んだブリッグスの設計思想を熟知しておく必要があります．その代表的製品は，1953年にニューヨークのオーディオフェアに出品した「砂入りバッフル（Sand-filled Panels）」コーナー型非同軸複合型3ウエイ方式のスピーカーシステム（写真10-17，図10-21）です．バッフル板の共振などの不要な振動を極力制動するという考えと，オムニディレクショナル放射を狙ったスピーカー配置に対して，米国人は驚きを隠せなかったでしょう．そして，その成果は，フェアで最優秀の評価を得たことに示されています．

シンプルで大型だったこのシステムは，すぐに日本にも輸入され，『無線と実験』誌1953年7月号の

287

第10章 モノーラル時代のHi-Fi再生用スピーカーシステム

[写真10-17] 砂入りバッフルのコーナー型3ウエイスピーカーシステム（1953年）

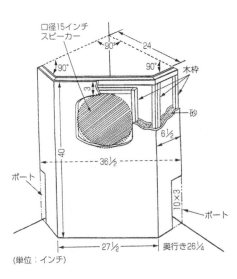

[図10-21] 砂入りバッフルのコーナー型3ウエイスピーカーの概略構造寸法

[写真10-18] レンガを積み上げて強固にしたコーナー壁に設置した砂入りバッフルのコーナー型3ウエイスピーカーの例

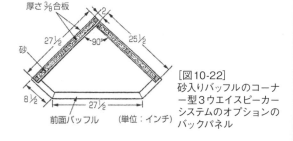

[図10-22] 砂入りバッフルのコーナー型3ウエイスピーカーシステムのオプションのバックパネル

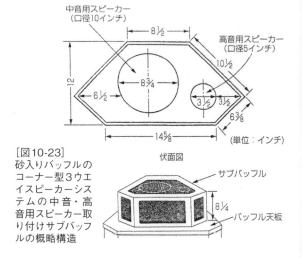

[図10-23] 砂入りバッフルのコーナー型3ウエイスピーカーシステムの中音・高音用スピーカー取り付けサブバッフルの概略構造

グラビア[10-14]で紹介されています．

口径15インチのW15/CS型低音用スピーカーを組み込んだバッフル板は，普通の使用時は部屋のコーナーに設置され，バッフル板と壁で囲まれた空気室がスピーカー後面の容積として働き，バッフル板の両サイドの下側がバスレフポートとして低音再生に効果を上げています．この場合，両側壁が振動しないようレンガを積み上げることもありました

288

10-4 英国のHi-Fi再生用スピーカーシステム

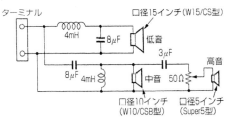

[図10-24] コーナー型砂入りバッフルの3ウエイスピーカーシステムのネットワーク回路

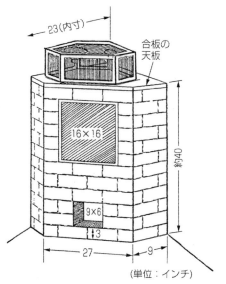

[図10-25] レンガを積み上げた「ブリックコーナーレフレックス」システムの概略寸法

[写真10-19] 砂入りバッフルのSFB/3型3ウエイスピーカーシステム（1953年）

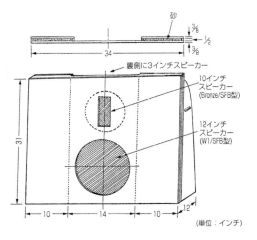

[図10-26] SFB/3型の概略構造寸法

（**写真10-18**）．また，コーナーに設置しないで使用する場合のために，オプションとしてバックパネル（**図10-22**）が用意されていました．

本機の中音用は口径10インチのW10/CSB型で，高音用は口径5インチのSuper 5型スピーカーで，これらを上向きに取り付けた六角形のサブバッフルが天井面に固定されています（**図10-23**）．

本機のネットワーク回路を**図10-24**に示します．

ワーフェデールはさらに，部屋のコーナーに積み上げたレンガでバッフル板を構成した「ブリックコーナーレフレックス（Brick Corner Reflex）」システム（**図10-25**）を発表し，ユーザーを驚かせましたが，これもバッフル板の振動を抑えることに注力したブリッグスの設計思想の結果であったといえます[10-15]．

同じく1953年に発表された後面開放型砂入りバ

289

第10章 モノーラル時代のHi-Fi再生用スピーカーシステム

[写真10-20] 1956年5月12日, ロイヤルフェスティバルホールで開催されたワーフェデールの大規模なデモンストレーション (生音と録音のすり替え実験)

[写真10-21]「エアデール」型3ウエイスピーカーシステム (1960年)

したシンプルな回路構成です. しかし, 中音はバッフルの開放孔を200×76mmに絞ることで音響的拡散を図り, 高音用を上向きにして高音の拡散を行っています.

ブリッグスは, 自分のHi-Fi再生に対する音質の取り組みの周知のために, 英国スピーカーメーカーとしては異例の大規模なデモストレーションを1954年11月1日にロンドンのロイヤルフェスティバルホールで行い, 1955年10月9日にはニューヨークのカーネギーホールにおいて, ワーフェデールのコーナー型3スピーカーシステムを使用したレコードコンサートを開催しています. さらに1956年5月12日には, ロイヤルフェスティバルホールで, 生のオーケストラ演奏やパイプオルガン演奏などの録音再生デモンストレーションを行っています (写真10-20) [10-16].

しかし, ワーフェデールは1958年に, ランク・オーガニゼーション (Rank Organization plc) に会社を譲渡したため, ブリッグスの設計思想のスピーカーとして最後の製品となったのが1960年初期に発表した「エアデール (Airedale)」(写真10-21) とW4型 (写真10-22) です.

エアデールはコーナー型で, 砂入りバッフルが一部使われるとともに, 中音と高音は上向きに置かれオムニディレクショナル放射思想を継承しています (図10-27). また, 箱鳴りを防ぐために音響抵抗を

ッフルのSFB/3型 (写真10-19) は,「箱鳴り」を避けて後面をオープンにした製品です. これにはデラックス型と称する外枠の付いた製品もありましたが, 日本には輸入されなかったようです.

バッフル板 (図10-26) は幅34インチ (約864mm), 高さ31インチ (約787mm), 奥行き12インチ (約305mm) で, 低音用W12/SFB型 (口径12インチ) と, 中音用Bronze/SFB型 (口径10インチ) をネットワークなしに並列接続し, 高音用のSuper3型 (口径3インチ) のみに4μFのコンデンサーを接続

10-4 英国の Hi-Fi 再生用スピーカーシステム

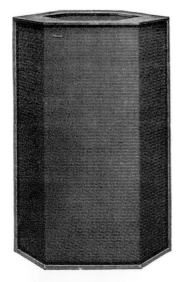

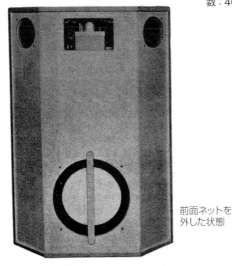

[写真10-22] W4型3ウエイスピーカーシステム

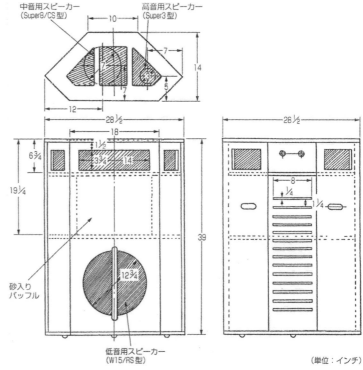

[図10-27] エアデールの概略構造寸法

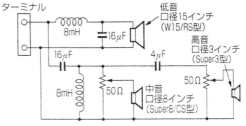

[図10-28] エアデールのネットワーク回路（クロスオーバー周波数：400Hz，3000Hz）

設けたスリット型の後ろ蓋が採用されています．

低音用はW15/RS型（口径15インチ），中音用はSuper8/CS型コーンスピーカー（口径8インチ），高音用にはSuper3型（口径3インチ）を使用しています．

ネットワークは-12dB/octフィルターで，クロスオーバー周波数は400Hzと3000Hzになっています（図10-28）．

W4型は，新開発の発泡スチロールの振動板を使用したWLS/12型低音用スピーカー（口径12インチ）を中心に，中音用のSpecial-5型（口径5インチ）を2個両サイドに配置し，高音用はSuper3

291

第10章　モノーラル時代のHi-Fi再生用スピーカーシステム

[図10-29］　アコースティカルマニファクチャリングのロゴマーク

概略寸法：W29×D15×H35.2インチ

[写真10-23］　アコースティカルマニファクチャリングのコーナー型2ウエイスピーカーシステム（1949年）

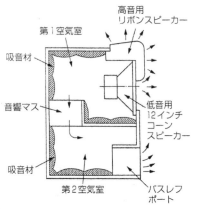

[図10-30］　コーナー型2ウエイスピーカーシステムの内部構造

[写真10-24］　リボン型スピーカー専用のアルミダイカスト製ホーン

型（口径3インチ）を上向きに使用しています．

　その後，ワーフェデールのブランドは残りましたが，企画や技術が変わり，ブリッグスの設計思想を継承した技術や製品は消えていきました．

10-4-3　アコースティカルマニファクチャリングのスピーカーシステム

　英国のアコースティカルマニファクチャリング（Acoustical Manufacturing Campany Ltd.）は，1936年にウォーカー（Peter J. Walker）によって設立された会社です．ロゴマークは図10-29が使用され，当初はQ. U. A. D.（Quality Unit Amplifier Domestic）のブランド名が，主としてアンプなどに使われましたが，後に会社名もQUADになりました．アンプ関係を中心に，高品位のオーディオ製品を作ってきた著名な会社といえます．

　スピーカー関係は，戦後に開発が開始され，最初にアコースティカルラビリンス（Acoustical Labyrinth）型[10-17]エンクロージャーによる試作検討が行われ，1948年に「コンサートラビリンスⅡ」型が発表されました．翌1949年にはロンドンのオーディオショーで「コーナーリボンラウドスピーカー」（写真10-23）を発表，ガラスのコップが割れる音を再生することで高音域の優れた性能をアピールして一躍有名になりました．

　形式はバスレフ型で，エンクロージャー内部は仕切り板で2つの空気室に隔てられています（図10-30）．これは150～200Hzの帯域でのダンピングを改善する効果があるといわれています[10-18]．

　このスピーカーは，非同軸型複合2ウエイ方式で，高音用にケリー（Stanley Kelly）が開発したリボン型スピーカーを使用し，ダイカストフレーム（写真10-24）でマルチホーンにして上部と正面に音を分割して音放射することで，高音の再生限界を30000Hzまで伸ばしています．クロスオーバー周

292

10-4 英国のHi-Fi再生用スピーカーシステム

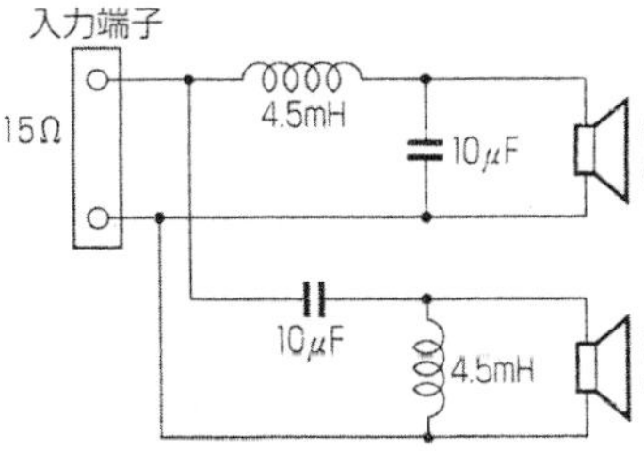

[図10-31] クロスオーバーシステムのネットワーク回路

[写真10-25] 1954年に発表されたグッドマンの「クロスオーバーシステム」2ウエイシステム（*Wireless World*誌1955年1月号広告より）

[写真10-26] グッドマンの「アキシエット」コーナー型スピーカーシステム（1959年）
概略寸法：W26-1/2×D18-1/2×H25-1/2インチ

概略寸法：W36-1/2×D13-3/4×H19インチ
[写真10-27] グッドマンの「アキシオム15/4」型4ウエイスピーカーシステム（1959年）

波数は公表されていませんが，3000～6000Hzと推測されます．

　低音用には，グッドマン（Goodmans Industries）の著名なダブルコーンスピーカ，アキシオム（Axiom）150型（口径12インチ）が使用されました．

　日本には1954年に輸入されていますが，使用したユニットの関係と，価格の点で大きな話題にならなかったようです．

　話題にならなかったため，ウォーカーはオリジナル製品の開発に注力し，1955年に*Wireless World*誌に「広帯域型の静電型スピーカ」[10-19]を発表し，この完成品を1956年のロンドンのオーディオショーに出品し，注目されました．これがE. S. L.（Electrostatic Loudspeakers）の誕生で，その後のクオードの主力製品として長期間販売され，今日に至っています．クオードの静電型スピーカについては第12章7項で詳述します．

10-4-4 グッドマンのスピーカシステム

　高性能のスピーカユニットを中心に製造する英国有数の会社であるグッドマン（Goodmans Industries）の創立は，ラジオ放送の始まった1920年代です．

　ワーフェデールと同じように，コルゲーション付きのカーブドコーンやダブルコーンによるフルレンジスピーカが多く，英国のフォクトの設計思想が少なからず継続しているようです．

　1954年のラジオショーに，グッドマンが大型の2ウエイスピーカシステム（写真10-25）を参考出品しました．30～15000Hzの再生周波数帯域をカバーする「クロスオーバーシステム」（図10-31）を使用した非同軸複合2ウエイで，高音用にアキシオム101型（口径8インチ）と，低音用にオーディオ

293

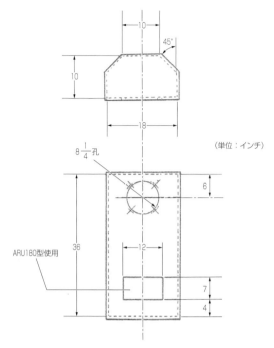

[図10-32] アキシオム80型1台専用エンクロージャー

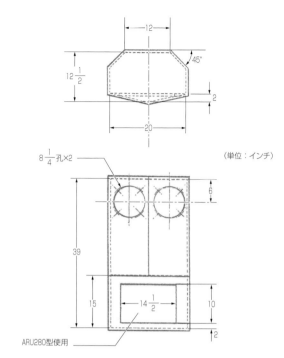

[図10-33] アキシオム80型2台専用エンクロージャー

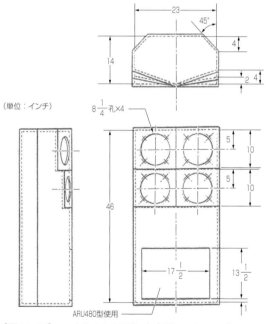

[図10-34] アキシオム80型4台専用エンクロージャー

[写真10-28] バスレフポートに使用するAUR

ム（Audiom）60型（口径12インチ）のスピーカーを使用したものです．このシステムは，各社から発表される大型スピーカーシステムへの対応として考えられたもので，*Wireless World*誌の1955年1月号などに広告が掲載されました．

1959年には，コーナー型の「アキシエット（Axiette）」（写真10-26）と，フロア型の「アキシオム15/4」型（写真10-27）非同軸複合型4ウエイスピーカーシステムを発表しました．

また，1961年には著名なアキシオム80型スピーカー用の専用エンクロージャーを3種類（図10-32～10-34）発表しました．

これらには同社が開発したAUR（Acoustical

10-4 英国のHi-Fi再生用スピーカーシステム

［写真10-29］ フォクトが改良した永久磁石を使用したダイナミックスピーカー

［写真10-30］ ラウザーの特別製PM-2型を搭載した4M型バックロードホーンスピーカーシステム（米国ブロシナー製）

Resistance Unit, 写真10-28）を位相反転方式のポートに取り付けることが指定されています．AURは，反共振周波数付近の制動を行うことと，ポートから放射されるエンクロージャー内部の音の抑制を目的としているといわれています．

その後同社は，スピーカーユニットを主体に展開し，使用に当たって推薦するエンクロージャーを次々と発表していきましたが，自社でスピーカーシステムをまとめることはありませんでした．

10-4-5 ラウザーのホーンスピーカーシステム

英国のラウザーマニファクチャリングカンパニー（Lowther Manufacturing Company）は，家庭用のバックローディングホーンスピーカーを開発した会社で，フォクトが特許を持つダブルコーンピーカー（第7章4項）を中心に，高能率フルレンジ型を製造してきました．また，1949年には，フォクトは念願していた永久磁石による磁極空隙磁束密度22000ガウスを得る超強力磁気回路（写真10-29）を開発[10-20]しています．これによって，パーマネント型ダイナミックスピーカーの高能率・高性能化が実現し，新しい技術として取り入れました．

1950年代に，チェイブ（Donald Maynard Chave）

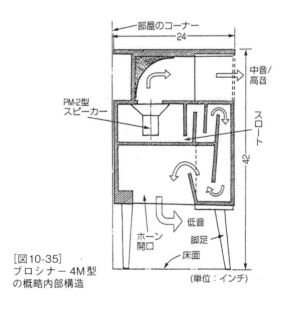

［図10-35］ ブロシナー 4M型の概略内部構造

が考案した大型イコライザー付きダブルコーンスピーカーは特許[10-21]を取得して，新しい高性能スピーカーとして製品化されました．この優れたスピーカーは，米国のブロシナー（Brociner Electronics Laboratory）にOEM供給され，クリプッシュホーンの承認を得たコーナー型のリアロードホーンに搭載され，1954年ごろ発売されました．特別製ラウザー PM-2型を使用した家庭用Hi-Fi再生用

295

第 10 章　モノーラル時代の Hi-Fi 再生用スピーカーシステム

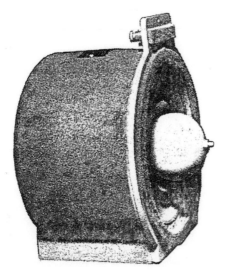

[写真10-31]
ラウザーTP-1型専用に開発されたPM-3型スピーカー

概略寸法：W32×D24×H47インチ

[写真10-32]　ラウザーのTP-1型スピーカーシステム（1954年）

スピーカーシステム（**写真10-30**，**図10-35**）です．

そこでラウザーは，会社発展のために経営者としてピーター・ラウザー（Peter Lowther）を迎え，口径6インチのラウザーPM-3型（**写真10-31**）スピーカーを開発し，ブロシナーの4M型に類似したコーナー型バックロードホーンスピーカー（コーナーリプロデューサー）TP-1型（**写真10-32**）を完成させました．このTP-1型の実際の営業的活動は

1954年1月からのようで，雑誌広告もこのころ始まっています[10-22]．

TP-1型は脚足が3本の豪華な外観で，コーナー型のリアロードホーンの開口は下面にあり，中音から高音はストレートのショートホーンで，スピーカーは下向きに取り付けられています（**図10-36**）．

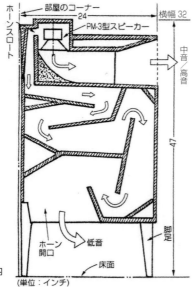

[図10-36]
TP-1型の概略内部構造

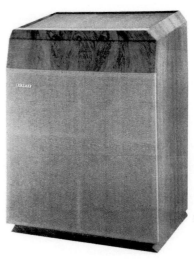

[写真10-33]
複合ホーンの「オーディオベクター」スピーカーシステム（1970年）

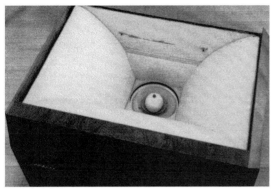

[写真10-34] オーディオベクター上部のネットを取り外して見たフロントホーン

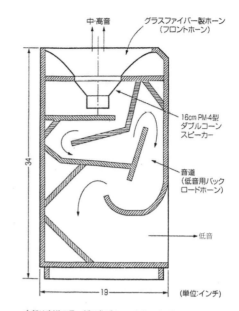

[図10-37] オーディオベクターの低音部のバックローディングホーンの概略内部構造

その後，1970年代に同じ設計思想を受け継いだ複合ホーン形式の「オーディオベクター」（**写真10-33**）が登場しました．口径16cmのPM-4型ユニットが上向きに取り付けられ，前面はショートホーン（**写真10-34，図10-37**），後面は折り返しホーンになっています．

日本にも輸入され，注目されました．

10-4-6　ウエストレックス（ロンドンウエスタン）のスピーカーシステム

英国でトーキー映画用スピーカーを製造していたウエストレックス（Westrex，通称「ロンドンウエスタン」）は「ウエストレックス」ブランドで，1957年ごろ民生用Hi-Fiスピーカーシステム「アコースティレンズ（Acoustilens）20/80」非同軸複合型2ウエイスピーカーシステム（**写真10-35**）を発売しました．

アコースティレンズ20/80型はフロア型のエンク

概略寸法：W33×D19-1/2×H44インチ

[写真10-35] ウエストレックスの「アコースティレンズ20/80」型システム（1957年ごろ）

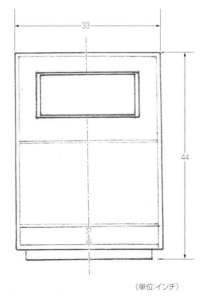

[図10-38] 20/80型の概略構造寸法

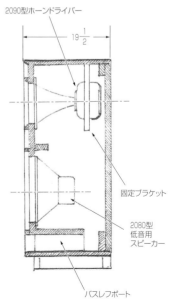

第10章 モノーラル時代のHi-Fi再生用スピーカーシステム

[写真10-36] 20/80型に使用された低音用2080型スピーカー（口径15インチ）

[写真10-37] 20/80型に使用された音響レンズ付きホーンと2090型ホーンドライバー

ロージャーで，サイズは高さ44インチ（約1118mm），幅33インチ（約838mm），奥行き19・1/2インチ（約195mm），位相反転型エンクロージャーの反共振周波数は30Hzの設計です（図10-38）に示します．

使用ユニットは，低音用が口径15インチの2080型スピーカー（写真10-36）で，高音用に音響レンズ付きホーンと2090型ホーンドライバーを組み合わせたスピーカー（写真10-37）です．クロスオーバー周波数は675Hzで，31772-A型ネットワークを使用しています（第5章11項参照）．

10-5 米国の民生用Hi-Fi再生スピーカーシステム

米国の1940年代は映画産業が活発で，スピーカーメーカーはトーキー映画用スピーカーシステムの開発に終始していましたが，前述（第10章1項）のように，1940年代後半になって米国コロンビアからLPレコードが発表されると，Hi-Fi再生のためのオーディオ機器の需要が急増し，機器の開発が急務になりました．このため米国の大手スピーカーメーカーは映画用スピーカーで蓄積した技術を応用して，高性能なHi-Fiスピーカーシステムを開発することに全力を注ぐようになりました．

高性能化のためには低音再生が重要視され，いかにして家庭の居住空間に低音用スピーカーをコンパクトにまとめるかが課題でした．このためには，どのようにクリプッシュホーンの特許に抵触しないように対応するか，米国大手メーカーの動向が注目されました．

当時は，まだ高能率な低音再生にはホーンを使用することが一般的であったため，エンクロージャーの研究開発に苦心した跡が伺えます．

メーカー間の競争に打ち勝つためには，低音特性の優れた音質の良いものを開発することが重要で，優秀なスピーカーユニットを開発してラインアップを充実させることが必要でしたが，それとともにユニットを収容するエンクロージャーに優れた意匠デザインと仕上げ（カラー）を施して，家庭のインテリアにふさわしいスピーカーシステムを提供しなければなりませんでした．

一方，販売面では，商品の価格ランクを考えて，同じエンクロージャーでスピーカーユニットの組み合わせをランク別に分けて設定し，口径が同じでも価格の異なるスピーカーを搭載したり，バッフル板を取り替えることで口径が異なるスピーカーを取り付けたりすることによって，顧客の求める価格に対応する商品をセットアップして販売する方法が取られました．

これが米国市場でのスピーカーシステムの販売

10-5 米国の民生用 Hi-Fi 再生スピーカーシステム

概略寸法：W31×D19-1/2×H34インチ

[写真10-38] 「サロンモード」名で発売された家庭向け「アイコニック」スピーカーシステム（1942年）

入力：25W
ボイスコイルインピーダンス
　低音：6Ω
　高音：15Ω
フィールドコイル
　F_c：2250Ω
励磁電源：DC300〜337V/133〜159mA
クロスオーバー周波数：1200Hz

[写真10-39] 口径15インチの601型フィールド型同軸2ウエイスピーカー（1943年）

方法であったため，スピーカーシステムの性能をみると，厳密に言えばミスマッチングのために低音特性に疑問の残る組み合わせもありました．現在，この時代の米国製スピーカーを入手する際には，製品構成や型番に十分注意して仕様をよく確認しないと，エンクロージャーとユニットの組み合わせが思っていたものとは違ったスピーカーシステムを求めることにもなるので，注意が必要です．

　本章では，こうした複雑な機種の構成の中でもオリジナルと思われる組み合わせのものを中心に述べ，そのバリエーションにも少し触れます．

10-5-1　アルテック・ランシング初期の大型スピーカーシステム

　家庭用の大型スピーカーシステムの開発に早くから取り組んだアルテック・ランシング（ALTEC Lansing Corporation）が，会社創立後，最初の製品として1942年に発売したのが「サロンモード」スピーカー（写真10-38）でした．これは社長に就任したJ.B.ランシング（James Bullough Lansing）自身が，ランシング・マニファクチャリング（Lansing Manufacturing Company）時代の1937年に開発した816型「アイコニック」スピーカーシステムをベースにしたものです．

　次いで1943年に，ランシングは口径15インチの601型同軸型複合2ウエイスピーカー（商標は「デュプレックス（Duplex）」，写真10-39）を開発し，これを専用のエンクロージャーに搭載した民生用の605型スピーカーシステム（写真10-40）を発売しました．このエンクロージャーの設計は低音限界60Hzを狙ったもので，外形寸法は高さ38インチ（約965mm），幅30インチ（約762mm），奥行き16インチ（約406mm）のフロア型です．

　605型スピーカーシステムは，搭載する601型スピーカーがフィールドコイル型であったため，励磁用電源F-820B型（DC330V，137mA）を内蔵しています．また，クロスオーバー周波数1200HzのN-1200-C型ネットワークも内蔵しています．

　一方，開発面では1944年ごろ，ヒリアード（J. K. Hilliard）とランシングは，アルニコ磁石を入手してパーマネント型スピーカーを次々と開発し，新しいスピーカーの流れを構築しました．

　名機として知られる口径15インチの604型同軸型複合2ウエイスピーカー（デュプレックス）は1944年に開発されました（第7章5-3項参照）．また，低音用の815型や815-U型は803型に改良され，高音用ホーンドライバーの801型は802型に，287型は288型にそれぞれパーマネント化され，これを使った新しいシステムが次々と開発されました．

　601型は新設計のパーマネント型604型に替わりました．これを民生用エンクロージャーに搭載した最初の製品は，フロア型の605A型システム（写真

299

第 10 章　モノーラル時代の Hi-Fi 再生用スピーカーシステム

[写真10-40]
601型スピーカーを搭載した605型スピーカーシステム

付属励磁電源：
F-820B型
ネットワーク：
N-1200-C型
概略寸法：
W30×D16×H38
インチ

[写真10-41]
604型同軸複合2ウエイスピーカーを搭載した605A型スピーカーシステム

クロスオーバー周波数：2000Hz
概略寸法：
W30×D16×H38
インチ

10-41）です．外形寸法は高さ38インチ，幅30インチ，奥行き16インチで，先の605型と同じですが，ネットグリルが異なっています．

このシステムの好評を受けて，604型スピーカーを搭載したエンクロージャーは，その後意匠や内容を変えて次々と製品化されました（表10-1）．また，この604型スピーカーを搭載した業務用のエンクロージャーも次々に開発され，著名な612型（通称「銀箱」）をはじめとした，表10-2の機種があります．

さらに604型スピーカーを搭載した民生用の製品は，意匠も洗練された新しい857A型や859A型（写真10-42）などが販売されるなど，モノーラル時代に長期間継続的に販売されました．

一方，この604型同軸型複合2ウエイスピーカーを中心に，600系と称するシリーズのスピーカーユニットが次々に開発されました（表10-3）．前述のように，同じエンクロージャーに異なるスピーカーユニットを組み合わせることで，価格ランク差を設けた複雑な製品構成となりました．

口径12インチの400型は，「ダイアコーン（Diacone）」と呼ばれるコーン振動板を使用したフルレンジスピーカーです．WEで考案されたバイフレックス（Biflex）コーン振動板にコルゲーションを付けてメカニカル2ウエイのような動作にしたフルレンジスピーカーを400系シリーズ（表10-4）として開発しました．民生用エンクロージャーのバッフル板の取り付け孔に合わせてこのシリーズの機種を用意して，ユーザーに幅広い対応できる製品系列

(a) 857A型　概略寸法：W27×D15-1/2×H20インチ

(b) 859A型　概略寸法：W30×D16×H38インチ

[写真10-42]　604型同軸複合2ウエイスピーカーを搭載したバスレフ型スピーカーシステム

300

10-5 米国の民生用 Hi-Fi 再生スピーカーシステム

[表10-1] 604型同軸型複合2ウエイスピーカーを搭載した初期の家庭用スピーカーシステム

型名	外観	外形寸法 $H \times W \times D$〔インチ〕	特記事項　その他
605		$38 \times 30 \times 16$	最初の604型用エンクロージャー フロア型 低音限界60Hz
605A		$35 \cdot 3/4 \ \times 31 \times \ 17 \cdot 1/8$	1945年開発 フロア型
606		$36 \times 36 \times 23 \cdot 1/2$	コーナー型 606A型は15インチ 606B型は12インチ
607		$35 \times 31 \times 17$	604型の本格的専用 エンクロージャー
608		$30 \times 36 \times 16 \cdot 1/2$	脚足付き　脚5インチ 608A型は15インチ 608B型は12インチ

301

第 10 章　モノーラル時代の Hi-Fi 再生用スピーカーシステム

[表10-2]　604型同軸型複合２ウエイスピーカーを搭載した初期の業務用製品

型名	外観	外形寸法 $H \times W \times D$〔インチ〕	特記事項　その他
612		29·1/2×25·1/2×17·3/4	Aは604型（15インチ） Bは601型（12インチ） バスレフ型
613		21·3/4×38×18	PA用 604型2台使用 バスレフ型
614		24·3/4×18·3/4×14·1/4	Aは604型（15インチ） Bは601型（12インチ） バスレフ型
618		22×17×13·1/4（上），9·3/4（下）	B/C 8インチ〜12インチ 携帯用，壁かけ用 密閉型
622B		17×22×13·1/4（上），7·1/16（下）	B/C 8インチ〜12インチ 携帯用，壁かけ用 密閉型

10-5　米国の民生用 Hi-Fi 再生スピーカーシステム

[表10-3]　アルテック・ランシングの600系シリーズのスピーカー

型名	外観	口径〔インチ〕	f_c〔Hz〕	V_c〔Ω〕	その他仕様
601 (1943年)		15	1200	20	フィールド型 2250Ω 高音2×3セルホーン
601A (1954年)		12	3000	8	f_0＝39Hz デュプレックス
602A (1954年)		15	3000	8	f_0＝42Hz デュプレックス
604A (1944年)		15	1500	16	f_0＝40Hz デュプレックス
605 (1945年)		15	1600	16	f_0＝25Hz デュプレックス
600 (1947年)		12	1ウエイ	8	ダイアコーン
603 (1947年)		15	1ウエイ	8	ダイアコーン マルチセルラーホーン

第 10 章　モノーラル時代の Hi-Fi 再生用スピーカーシステム

［表10-4］　アルテック・ランシングの400系シリーズのスピーカー

型名	外観	口径〔インチ〕	f_0〔Hz〕	V_c〔Ω〕	その他仕様
400 (1949年)		8	—	8	ダイアコーン
408A (1953年ごろ)		8	75	8	バイフレックス
412A (1953年ごろ)		12	36	8	バイフレックス
415A (1953年ごろ)		15	27	8	バイフレックス
420A (1953年ごろ)		15	27	8	バイフレックス
419-8B (1971年)	—	12	39	8	バイフレックス

バイフレックス (Biflex) とは，コーン振動板にミッドコンプライアンスが設けられたフルレンジスピーカーの商品名（図は412A型の振動板）

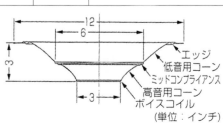

304

を作り，アルテック・ランシングは価格ランク別に製品を構成しました．

こうして活躍したランシングがアルテック・ランシングを退社した翌年の1947年には，低音部に口径15インチの803型スピーカー2台をダブル駆動のストレートホーンバッフル（カットオフ周波数80Hz）に搭載し，高音部に802B型ホーンドライバーとH-808型マルチセルラーホーンを組み合わせたビルトインタイプの820型大型非同軸複合型2ウエイスピーカーシステム（**写真10-43**）を開発しました[10-23]．820型は業務用でしたが，新しい構成のスピーカーとして業界から注目を浴びました．

早速，低音域を改善するためエンクロージャーを開発し，1952年にアルテック・ランシングの大型高性能スピーカーシステム820A型（**写真10-44**）を市場に投入しました．低音部のエンクロージャーはストレートのフロントロードホーンと位相反転（バスレフ）型を組み合わせたコンビネーションホーン方式で，ホーンのカットオフ周波数約80Hz，それ以下は底面の台脚の部分に設けた位相反転ポートから音放射するとともに，コーナー設置による音の放射効率を利用して低音補強を行う設計のコ

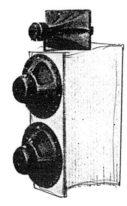

低音部
803型（15インチ）2台
80Hzカットオフのフロントホーン

高音部
802B型ホーンドライバー
808型マルチセルラーホーン
ネットワーク：N-800-D型
概略寸法：W42-1/2×D29×H47-3/8インチ

[写真10-43] ビルトインタイプでダブル駆動の820A型ホーン型2ウエイシステム（1947年）

ーナー型エンクロージャーです．**図10-39**を見ると，エンクロージャーの底部と床面の間が複雑になっていることがわかります．

1954年には，高音部に新しいH-811B型セクトラルホーンと802C型ドライバーを搭載し，再生周波数帯域を改善するなどの改造がさらに進んだ820C型が登場しました．

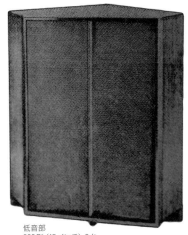

低音部
803型（15インチ）2台
821A型エンクロージャー
高音部
802B型ホーンドライバー＋808-C型マルチセルラーホーン
ネットワーク：N-800-D型
概略寸法：W42-1/2×D29×H47-3/8インチ

[写真10-44] 民生用として登場したダブル駆動の820A型ホーン型2ウエイシステム（1952年）

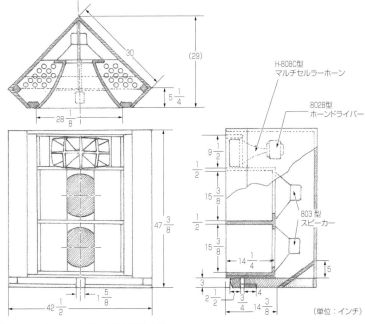

[図10-39] 820A型の概略構造寸法

第10章 モノーラル時代のHi-Fi再生用スピーカーシステム

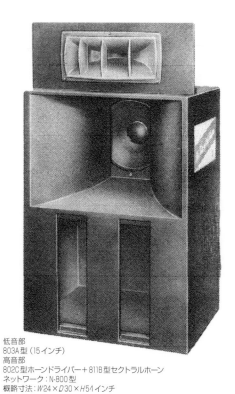

低音部
803A型 (15インチ)
高音部
802C型ホーンドライバー＋811B型セクトラルホーン
ネットワーク：N-800型
概略寸法：W24×D30×H54インチ

[写真10-45] 民生用として販売されたA7型スピーカーシステム（1954年）

低音部
803A型
高音部
802型ドライバー＋811型ホーン
概略寸法：W37-1/2×D20-1/2×H28インチ

(a) 826A型（1956年）

低音部
515型/416A型
高音部
288型
概略寸法：W37-1/2×D20-1/2×H28インチ

(b) 856A型（1966年ごろ）

[写真10-46] 改良が進められた800型2ウエイバスレフ型スピーカーシステム

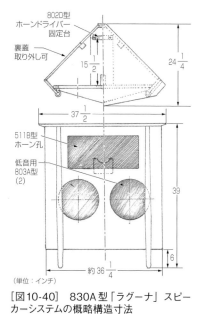

[図10-40] 830A型「ラグーナ」スピーカーシステムの概略構造寸法

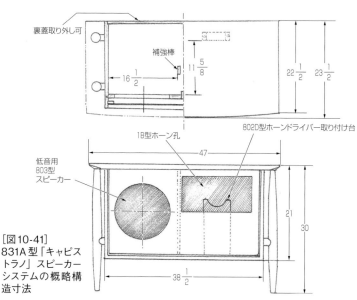

[図10-41] 831A型「キャピストラノ」スピーカーシステムの概略構造寸法

306

10-5 米国の民生用Hi-Fi再生スピーカーシステム

[表10-5] 1957年に開発された800系の3機種のスピーカーシステム

型名	外観	外形寸法 H×W×D〔インチ〕	特記事項　その他
830A	ラグーナ（Laguna）	46・1/2×42・1/2×26・1/2	非同軸2ウエイ 低音は803A型×2 高音は802D型と511B型ホーン コーナー型
831A	キャピストラノ（Capistrano）	30×47×22・1/2	非同軸2ウエイ 低音は803A型 高音は802D型と811B型ホーン 脚足付きローボーイ型
832A	コロナ（Corona）	39×37・1/2×24・1/4	非同軸2ウエイ 低音は803A型 高音は802D型と811B型ホーン コーナー型

　また，同年の1954年に映画用スピーカーシステムA7型（写真10-45）を民生向けに発売しました．高音部にバッフルを設け，802C型ドライバーとH-811B型ホーン，低音用には803A型を搭載し，N-800型ネットワークで構成した非同軸型複合2ウエイスピーカーシステムで，高さ54インチ（約1371mm），幅30インチ（約762mm），奥行き24インチ（約610mm）の外形寸法でした．

　しかし，意匠的について反響があったのか，1956年にはA7型と同じユニット構成で，民生用らしくデザインしたフロア型の826A型スピーカーシステムを開発しました．高さ20・1/2インチ（約520mm），幅37・1/2インチ（約953mm），奥行き28インチ（約711mm）です．続いて，木組み格子

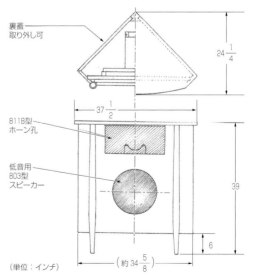

[図10-42] 832A型「コロナ」スピーカーシステムの概略構造寸法

第10章　モノーラル時代のHi-Fi再生用スピーカーシステム

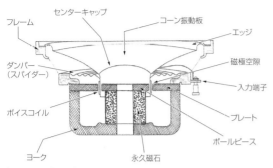

[図10-43]　対称的な磁束分布の磁極空隙構造を持つ内磁型磁気回路

[写真10-47]　ランシングが考案した，ボイスコイルを磁極空隙に接触なく懸垂させて組み立てる治具（これによって4インチ径ボイスコイルの低音用スピーカーが生産できるようになった）

[表10-6]　ランシングが1948年までに開発したスピーカーユニット

型名	外観形状	種別	口径〔インチ〕	入力〔W〕	V_C〔Ω〕	ボイスコイル径〔cm〕	f_0〔Hz〕	形状寸法〔インチ〕
D101	アルミドームキャップ付き	全帯域型	15	20	15	3	55	15・3/16 7・3/4
D130	アルミドームキャップ付き	全帯域型	15	20	16	4	55	15・3/16 5・5/8
D130A		低音用	15	25	16	4	40	15・3/16 5・5/8
D130B		低音用	15	25	32	4	40	15・3/16 5・5/8
D131	アルミドームキャップ付き	全帯域用	12	20	16	4	70	12・1/8 5
D175		高音用	25	16	1・3/4			
			ホーンドライバー D175型（口径4・1/2インチ） H1000型マルチセルラーホーン付き					
N1200		デバイディングネットワーク	推奨クロスオーバー周波数1200Hz 減衰特性 −12dB/oct					

10-5 米国の民生用 Hi-Fi 再生スピーカーシステム

入力：25W
ボイスコイルインピーダンス：16Ω
再生周波数帯域：40～10000Hz
低音用
　D130A型
高音用
　D175型ホーンドライバー＋H1000型ホーン
ネットワーク：N1000型（N1200型）
概略寸法：W24×D16×H37-1/4インチ

[写真10-48] JBLが最初に発売したD1002型2ウエイスピーカーシステム（1948年）

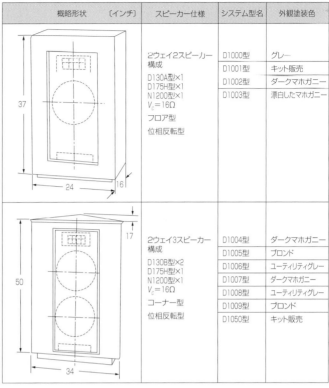

[表10-7] 1948～1949年のランシング・サウンドのスピーカーシステムの機種名と構成品（1939年）

概略形状 〔インチ〕	スピーカー仕様	システム型名	外観塗装色
2ウェイ2スピーカー構成 D130A型×1 D175H型×1 N1200型×1 V_c＝16Ω フロア型 位相反転型		D1000型	グレー
		D1001型	キット販売
		D1002型	ダークマホガニー
		D1003型	漂白したマホガニー
2ウェイ3スピーカー構成 D130B型×2 D175H型×1 N1200型×1 V_c＝16Ω コーナー型 位相反転型		D1004型	ダークマホガニー
		D1005型	ブロンド
		D1006型	ユーティリティグレー
		D1007型	ダークマホガニー
		D1008型	ユーティリティグレー
		D1009型	ブロンド
		D1050型	キット販売

を前面に取り付けた856B型スピーカーシステムを開発するなど，800系スピーカーシステムを民生用途に衣装を変えながら次々と登場させました（写真10-46）.

アルテック・ランシングはその後，1957年にこれまでの流れと違ったスピーカーシステムを打ち出しました．表10-5に示すように，830A型（図10-40），831A型（図10-41），832A型（図10-42）などの洗練されたデザインのスピーカーシステムを市場に導入し，モノーラル時代のHi-Fi再生用スピーカーシステムを大きく進展させました．

10-5-2　JBL創立後の民生用スピーカーシステムの開発

J. B. ランシングがアルテック・ランシングを退社後，彼自身で1946年に「ランシング・サウンド・インコーポレーテッド（Lansing Sound, Incorporated）」を設立し，第5章14項で述べたように経営的に苦難の中，JBLの基幹製品となるユニット群を開発しました．

J. B. ランシングの活躍によって，エッジワイズ巻きのボイスコイル，エアプレスによるダイヤフラム成形，ポール径が大きく，磁極空隙の磁束分布が上下対称になるような内磁型磁気回路（図10-43）などが考案され，それらを盛り込み，優れた技術で他社との差別化を図った高性能ユニットが次々に誕生しました．

最初に開発されたD101型（口径15インチ）は，ボイスコイル径3インチ，ボイスコイルインピーダンス15Ωのスピーカーでした．翌1947年には，ボイスコイル径4インチ，口径15インチのスピーカーを開発し，ランシングが考案した組み立て治工具（写真10-47）を使って量産化に成功し，D130型，D130A型，D131型のコーン型スピーカーを作り上げました．また，これに対応して組み合わせる高音用D175型ホーンドライバーと，4セルのマルチセルラーホーンH1000型を開発しました．こうして2年後の1948年には，表10-6の機種を整え，これを

309

第10章 モノーラル時代のHi-Fi再生用スピーカーシステム

型名	化粧板塗装色	適用スピーカーユニット（口径）	開発年
D500	グレー	D130（15）	1949
D501	グレー	D131（12）	1949
D502	ダークマホガニー	D130（15）	1948
D503	ダークマホガニー	D131（12）	1948
D504	漂白マホガニー	D130（15）	1949
D505	漂白マホガニー	D131（12）	1949
D508	グレー	D208（8）	1949
D509	ダークマホガニー	D208（8）	1949
D510	ブロンドマホガニー	D208（8）	1949

概略寸法：W23・3/4×D15・3/4×H31・1/4インチ

[写真10-49] 1948年から1949年に開発した1ウエイ用「500シリーズ」のスピーカーシステム

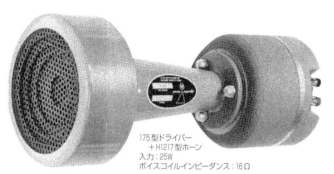

175型ドライバー
＋H1217型ホーン
入力：25W
ボイスコイルインピーダンス：16Ω

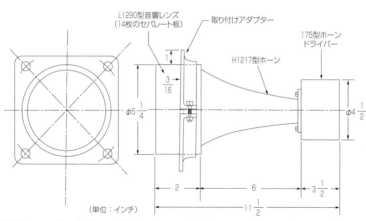

[写真10-50] 音響レンズ付き175DLH型高音用ホースピーカー（1951年）

搭載する民生用デザインのエンクロージャーを次々と開発し，システムとして組み合わせました．

その最初の完成品が，D1000型（グレー），D1002型（ダークマホガニー），D1003型（漂白マホガニー）の3機種で，同一仕様でエンクロージャーの外装仕上げの色違いで区分されています．写

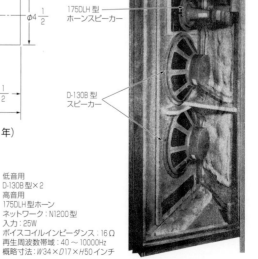

低音用
D-130B型×2
高音用
175DLH型ホーン
ネットワーク：N1200型
入力：25W
ボイスコイルインピーダンス：16Ω
再生周波数帯域：40～10000Hz
概略寸法：W34×D17×H50インチ

[写真10-51] D1050型低音のダブル駆動方式のコーナー型2ウエイスピーカーシステム（1951年）

310

[表10-8]
JBLのスピーカーとエンクロージャーの組み合わせマトリックス表（1955年）

組み合わせ番号	001	050	080	081	083	085	086	087	208DH
スピーカーユニットとパーツ	130A	130B	150-4	150-4C	150-4	150-4C	150-4C	150-4C	D208
	N1200	130B	150-4	N500	150-4	N500H	N500H	N500	H208
	175DLH	N1200	N500	375	N500	375	375	375	
		175DLH	375	537-500	375	H5039	537-509	537-509	
			537-500		537-509	10BD			
エンクロージャー型名 C30						●			●
C31		●							
C32	●	●							
C33	●	●							
C34	●								
C37, C35	●	●							
注文C30							●		
C550		●	●		●				
C435	●			●				●	
C81H		●							

真10-48は，D1002型の外観と概略仕様を示すもので，D130A型を低音用に使用し，高音部にD175型ホーンドライバーとH1000型ホーンに使った非同軸複合2ウエイ方式のフロア型スピーカーシステムです．ネットワークはN1200型で，クロスオーバー周波数1200Hzです．

また，コーナー型のエンクロージャーに組み込んだ，D1004型（ダークマホガニー），D1005型（ブロンズ），D1006（グレー）の3機種も同一仕様で，外装の色違いの製品が**表10-7**に示す構成になっています．外形寸法は高さ50インチ（約1270mm），幅34インチ（約864mm），奥行き17インチ（約432mm）で，低音用スピーカーはD130B型（32Ω）をダブルドライブした2ウエイスピーカーシステム

です．ほかに，システムのキット商品としてD1001型が販売されました．

1949年になって，ここまで会社を作り上げてきたJ. B. ランシングが突然死去し，この会社を引き継いだ新社長のトーマス（W. H. Thomas）は，社名やロゴマークも一新し，新しいJBLとしてスタートしました．

当時は，まだSPレコードを音源とした再生だったため，新しいJBLではフルレンジスピーカーを搭載した「500シリーズ」を1949年から1950年にかけて9機種発表しました（**写真10-49**）．形状はそのままに，外装の色調仕上げと搭載するスピーカーユニットで型名を詳細に区分していました．

1951年になって，新開発の175DLH型音響レン

第10章　モノーラル時代の Hi-Fi 再生用スピーカーシステム

[表10-9]　1952年から1954年ごろの JBL の家庭用スピーカーシステム

型名	外観	外形寸法 $H×W×D$〔インチ〕	特記事項　その他
C31 D31050		49×37・1/2×28	非同軸複合2ウエイ 低音は130B型×2 高音は175DLH型 コーナー型 フロントローディングホーン バスレフ型
C34 D34001		39・3/4×23・3/4×22・3/8	非同軸複合2ウエイ 低音は130A型 高音は175DLH型 コーナー型 バックローディングホーン
C35 D35001		38・1/2×23・13/16×15・13/15	非同軸複合2ウエイ 低音は130A型 高音は175DLH型 フロア型 バスレフ型
C36 D36002		23・3/4×19・3/8×15・7/8	非同軸複合2ウエイ 低音はD131型 高音は075型 フロア型 バスレフ型
C37 D37001		25・11/16×35・7/8×15・13/16	非同軸複合2ウエイ 低音は130A型 高音は175DLH型 フロア型ローボーイ バスレフ型

10-5　米国の民生用 Hi-Fi 再生スピーカーシステム

[表10-10]　1954年から1957年ごろのJBLの家庭用スピーカーシステム

型名	外観	外形寸法 $H \times W \times D$〔インチ〕	特記事項　その他
C38 D38002		19・3/4×37・1/2×28	非同軸複合2ウエイ 低音はD131型 高音は075型 フロア型 バスレフ型
C39 D39050		36・9/16×25・1/2×23・1/8	非同軸複合2ウエイ 低音は130B型×2 高音は175DLH型 コーナー型
C550 D550080		50・1/2×23・13/16×15・13/15	非同軸複合2ウエイ 低音は150-4A型×2 高音は175DLH型 バックローディングホーン型
C435 D435001		23・3/4×19・3/8×15・7/8	非同軸複合2ウエイ 低音は150-4C型 高音は175DLH型 バックローディングホーン型
C30 D30085 ハーツフィールド		43・3/4×47×24・1/2	非同軸複合2ウエイ 低音は150-4C型 高音は375型＋H5039型＋10DB フロントローディングホーン型 コーナー型

第10章 モノーラル時代のHi-Fi再生用スピーカーシステム

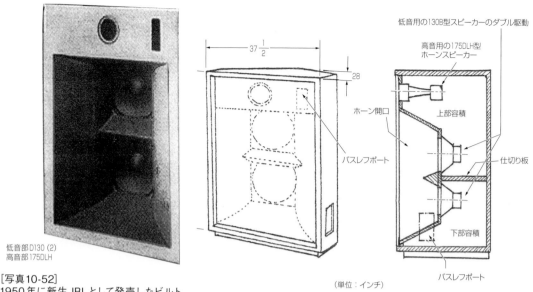

[写真10-52]
1950年に新生JBLとして発売したビルトインタイプのD31040型非同軸複合2ウエイスピーカー（バッフル板のみ）

[図10-44] フロントローディングホーン搭載のC31型非同軸複合2ウエイスピーカーシステムの概略構造（1952年）

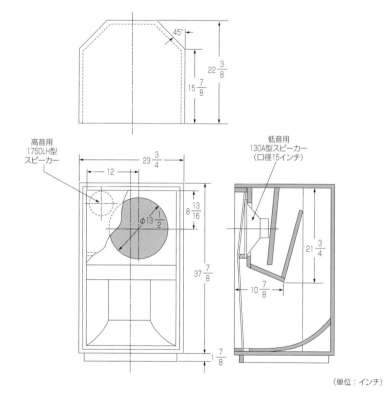

[図10-45]
バックローディングホーンを搭載したC34型スピーカーシステムの概略構造（1952年）

ズ付き高音用ホーンスピーカー（**写真10-50**）を使った新しいD1050型2ウエイスピーカーシステム（**写真10-51**）を開発[10-24]し、1948年からの継続機種群に加えました．

LPレコードによるHi-Fi再生を狙ったコンポーネントが各社から登場して、競争が激しくなってくることを察知したJBLは、大きく変革を図ります．社長のトーマスは、手持ちの優秀なスピーカーユニ

314

10-5 米国の民生用 Hi-Fi 再生スピーカーシステム

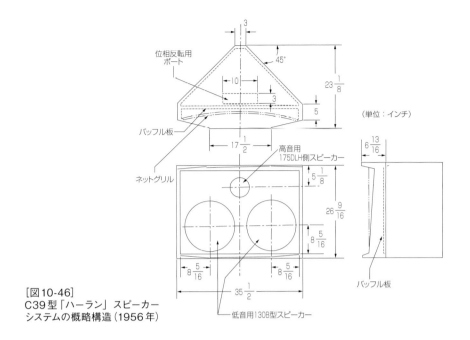

[図10-46]
C39型「ハーラン」スピーカーシステムの概略構造（1956年）

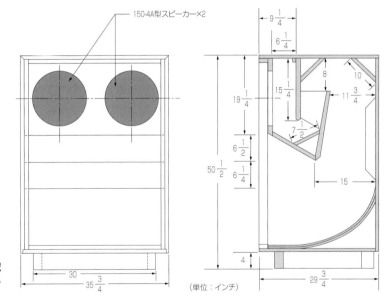

[図10-47]
バックローディングホーン搭載のC550型スピーカーシステムの概略構造（1957年）

ットと新しい構成のエンクロージャーを組み合わせて，好みのスピーカーシステムを構成できるようマトリックス表示方法を考案し，ユーザーの好みに応じてそれぞれに価格を付けて，オーディオ店での販売や通信販売できる資料を作成し，これを展開しました．

マトリックス表（**表10-8**）の黒丸が，組み合わせ可能のスピーカーシステムを示しています．エンクロージャーはCが頭に付いた2桁番号で縦行に，ユニットの構成番号は3桁で横列に配置しています．JBLは，このために1952年から1955年までに**表10-9, 10-10**の機種を揃えて販売しました．これまでの流れと違って，デザイン的にも設計技術的にも大きく向上した，特徴あるエンクロージャーが登場

315

第 10 章　モノーラル時代の Hi-Fi 再生用スピーカーシステム

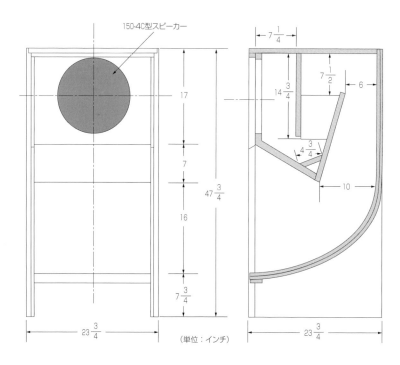

［図10-48］
バックローディングホーンのC435型エンクロージャーの概略構造（1957年）

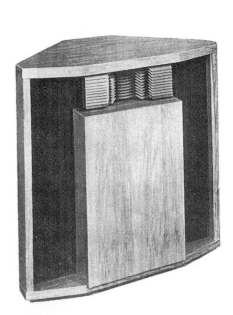

［写真10-53］　D30085型ハーツフィールド２ウエイオールホーンスピーカーシステム

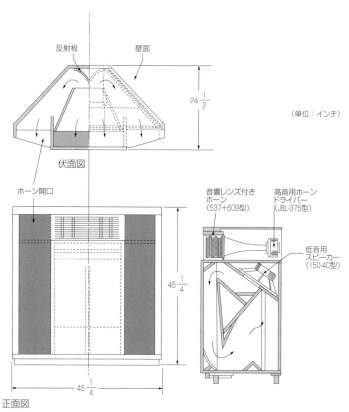

［図10-49］　ハーツフィールド D30085型フロントローディングホーンの２ウエイスピーカーシステムの概略構造（1954年）

316

10-5 米国の民生用Hi-Fi再生スピーカーシステム

しています.

この新しい流れのスピーカー構成の原点となったのは,1950年に開発したビルトイン方式のD31040型スピーカーシステム(写真10-52)で,新生JBLを狙った製品でした.フロントローディング方式の非同軸複合2ウエイ方式をバッフル板で構成した業務用向けの製品でした.

しかし,これが限られた市場であったためか,この設計思想を受け継いで民生用にフラットバッフルのエンクロージャーに収容したD1050型を1951年に,続いて2つのポートを持つ特徴あるバスレフ方式のエンクロージャーに収容したC31型を1952年に新しく開発しました.そのC31型の概略構造を図10-44に示します.

また同年,コーナー設置用のバックローディングホーンを採用したC34型(図10-45)は,JBLでは初めての定幅の折り返しホーンです.

1956年に開発されたモダンなデザインのコーナー設置のC39型「ハーラン(Harlan)」(図10-46)は,ダブル駆動の非同軸複合2ウエイスピーカーシステムです.

業務用的なデザインが特徴的なバックローディングホーンは,完全な定幅型ホーンとして仕上げられているC550型(図10-47)とC435型(図10-48)です.この2機種は,1957年に型名を変更し,C55型,C43型になっています.

そしてJBLを一躍有名にしたのが「ハーツフィールド(Hartsfield)」D30085型フロントローディングホーン搭載の非同軸複合2ウエイスピーカーシステムです(写真10-53).

この設計はハーツフィールド(W. L. Hartsfield)によるもので,フロントローディングのコーナーホーン[10-25]は,図10-49に示すようにクリプッシュホーンとは異なった新しい構造で,これまでのJBL製品になかった快心作でした.これを早速商品化し,1957年のニューヨークのオーディオフェアに出品し,一躍注目を浴びました.その結果,JBLの民生用スピーカーシステムの優れた性能が国際的

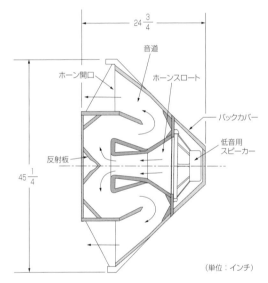

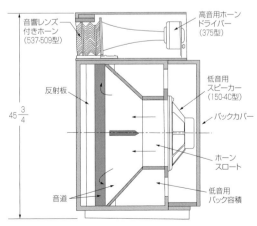

[図10-50] H208型ホーンエクステンションを付けたハーツフィールドC30208B型1ウエイスピーカーシステム用エンクロージャーの概略構造

[図10-51] ロカンシーが低音用ホーンを改善したハーツフィールド2ウエイスピーカーシステムの概略構造(1965年)

第10章　モノーラル時代のHi-Fi再生用スピーカーシステム

に知れ渡ることになりました.

　日本でも,輸入業の「河村電気研究所」(河村信之)がニューヨークのオーディオフェアで見つけ,他国に先立って発注したものが,1954年11月14日にプレジデント・アーサー号で日本に到着しました.これは世界的にも非常に早い調達で,早速『無線と実験』誌の1955年2月号グラビアに掲載[10-25]され,日本のオーディオ愛好家を驚かせました.そして1955年3月8日に東京丸の内ホールで最初の発表演奏会を開催し,多くの来場者を唸らせました.

　このハーツフィールドC30型は,高さ45・1/4インチ(約1150mm),幅45・1/4インチ,奥行き24・1/2インチ(約622mm)のコーナー型ホーンスピーカーシステムです.

　低音用スピーカーユニットは,トーキー映画用として使用されていた150-4C型で,高音用ホーンドライバーは375型,先に開発していた3種類の音響レンズ(図6-40参照)のうち「波状板(サーペンタインプレート)型」付きの537-509型ホーンを使用し,非同軸型複合2ウエイ構成の家庭用スピーカーとしています.新しい意匠デザインと,音質の良さで,完成度の高い製品として登場しました[10-27].

　JBLはこの時期に,外観はハーツフィールドと同じで,口径8インチのD208型ユニットを1個使用したD30208B型(図10-50)をキットとして発売しています.

　初期のハーツフィールドは,低音用ユニットのメンテナンスを行ううえで不便な構造になっていましたが,1965年にロカンシー(B. N. Locanthi)が,低音用スピーカーの取り付け位置を斜め上側から裏側に変更したために音道が変わりました(図10-51).

　このようにJBLは,モノーラルレコードのHi-Fi再生時代の後期に大きな足跡を残すとともに,ステレオ時代初期には著名なパラゴン(Paragon)などの登場などで圧倒的な知名度を上げるとともに,話題の製品を次々と登場させました.

10-5-3　ジェンセンの民生用スピーカーシステムの開発

　ジェンセン(Jensen)は,マグナボックスでプリッドハム(E. S. Pridham)とともにダイナミックスピーカーの実用化の元祖として活躍したジェンセン(Peter L. Jensen)が独立して1928年に創立した会社です.ブランド名は「Jensen」です.

　これまでの活躍は第2,3章で述べましたが,P. L. ジェンセンはマグナ・ボックスのラジオ受信機を中心とする経営方針に対し,もっと高性能なスピーカーユニットやスピーカーシステムを開発したいとの希望を持っていたので,独立してスピーカーの黎明期に次々と最先端のスピーカーを開拓しました.

　その活躍で記録に残るものは,
①米国内初のパーマネントスピーカーPM-1型(図10-52)の開発(1931年)
②高音専用ホーンスピーカーQ型(写真10-54)の開発(1933年)
③口径18インチのL-18型低音専用スピーカー(写真10-55)の開発(1935年)
④位相反転型エンクロージャー(図10-53)の開発と,商品名「バスレフレックス」の登録(1937年)
⑤一般用途向けの同軸複合2ウエイスピーカーの開発(1940年)
⑥高品位再生用の同軸複合2ウエイスピーカーの開発(1946年)

　というように,ジェンセンは多岐にわたる記録的なスピーカーを生み出しました.

　また,WEとの関係を深めたジェンセンは,トーキー映画用の「ワイドレンジシステム」のTA-4151A型低音用スピーカーはじめ,TA-4165型など4機種を1933年に提供したり,1936年には同軸型複合2ウエイスピーカーの原型となった「ザ・タブ」の開発に協力し,磁気回路のセンターポールを貫通した高音用ホーンを実現したりしています(第7章6-2項参照).

　ジェンセンが,自社の民生用スピーカーシステム開発に取り組んだのは1937年ごろからで,ジェンセンが商標権を持つ「バスレフレックス」の名称で

318

10-5 米国の民生用 Hi-Fi 再生スピーカーシステム

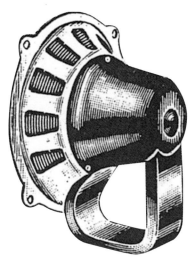

［図10-52］ 米国内で最初に製作したPM-1型パーマネントスピーカー（1931年）

［写真10-54］ Q型フィールド型励磁電源付き高音専用ホーンスピーカー（1933年）

［写真10-55］
低音専用スピーカー（口径18インチ）
　　　　　　　　(a) L-18型（励磁電源付きAC型，1935年）　　　　　　　　(b) PMJ-18型（1948年にL-18型をパーマネント化）

位相反転型エンクロージャーを使ったスピーカーシステムを発売しました．これに搭載するスピーカーとして，先に開発した一般用途向けの同軸複合2ウエイスピーカー（**写真10-56**）などと高品位再生向けのHNP-51型同軸型複合2ウエイスピーカー（**写真10-57**）を使用して，**表10-11**に示すRDシリーズとRBシリーズの2種類の機種系列を作り，スピーカーを組み込んで製品化し，特注品として，RMシリーズ（**写真10-58**）エンクロージャーの注文を受け付けました．これらは主としてFMラジオ用やSPレコード再生用などの広い需要に対応した製品です．

［図10-53］
位相反転型「バスレフックス」エンクロージャー（1937年）

第10章　モノーラル時代の Hi-Fi 再生用スピーカーシステム

[写真10-56]　一般家庭用として開発されたJAP-60型同軸複合2ウエイスピーカー（口径15インチ）

[写真10-57]　ホーン型高音用スピーカーを搭載したHNP-51型同軸複合2ウエイスピーカー（1946年）

概略寸法：W24×D18×H36インチ（外寸）

RMシリーズの型名	適合するスピーカー（口径）
RM-251	HNP-51型同軸型2ウエイ（15インチ）
RM-252	JAP-60型同軸型2ウエイ（15インチ）
RM-253	JHP-52型同軸型2ウエイ（12インチ）

[写真10-58]　特注用バスレフレックスエンクロージャーRMシリーズ

　LPレコードの登場によってジェンセンも高品位再生に一段と熱が入り，機種内容が一変しました．
　その最初の製品が1950年に開発した口径15インチの同軸型複合3ウエイスピーカーG-610型（第7章6-2項参照）で，これはアルテック・ランシングの604型をしのぐ"Hi-Fiスピーカーとして一躍有名になりました．そこで，このG-610型スピーカー専用のエンクロージャーの設計に同社のプラッチ（D. J. Plach）とウィリアムス（P. B. Williams）が取り組み，その成果を1952年に発表しました[10-28]．外観は写真10-59で，スピーカー背面が複雑な折り返しのバックローディングホーンでした（図10-54）．
　同社は，引き続き家庭用のHi-Fi製品として英国のフォクトの考え方に似たバーチカルホーン型を検討し[10-29]，開口が上向きのバックローディングホーン型を1954年に開発しました．これが，RS-100型（写真10-60）とPR-100型（写真10-61）の2機種です．両機種のホーン構造は同じですが，外観には違いがあります．
　RS-100型は，別名「ラボラトリーリファレンススタンダード（Laboratory Reference Standard）」

320

10-5 米国の民生用 Hi-Fi 再生スピーカーシステム

[表10-11] バスレフレックスシリーズのエンクロージャーとスピーカーの組み合わせ（1937年ごろ）

搭載スピーカーの型名と概略仕様	RDシリーズ $H×W×D$〔インチ〕	RBシリーズ $H×W×D$〔インチ〕
NHP-51 口径15インチ 同軸2ウエイ 高音はホーン型 入力25W アルニコ磁石 V_c=500〜600Ω 奥行き10・5/8インチ	RD-151 31×27・3/4×13・3/8	RB-151 30・3/4×27・1/4×12・1/4
JAP-60 口径15インチ 同軸2ウエイ 高音はコーン型 入力17W パーマネント型 V_c=500〜600Ω 奥行き8・1/8インチ	RD-152 31×27・3/4×13・3/8	RB-152 30・3/4×27・1/4×12・1/4
JHP-52 口径15インチ 同軸2ウエイ 高音はコーン型 入力14W パーマネント型 V_c=500〜600Ω 奥行き7・1/2インチ	RD-153 31×27・3/4×13・3/8	RB-153 30・3/4×27・1/4×12・1/4
JRP-40 口径12インチ 同軸2ウエイ 高音はコーン型 入力10W パーマネント型 V_c=6〜8Ω 奥行き5・5/16インチ	RD-122 31×27・3/4×13・3/8	RB-121 28・3/4×23・3/4×11・1/4

第10章　モノーラル時代のHi-Fi再生用スピーカーシステム

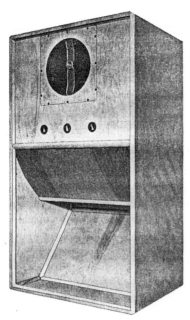

［写真10-59］　バックローディングホーンを持つG-610型同軸型複合2ウエイスピーカー専用エンクロージャー

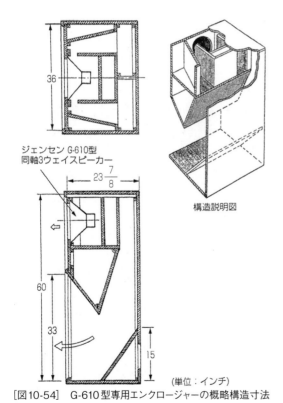

［図10-54］　G-610型専用エンクロージャーの概略構造寸法

概略寸法：
W32-7/8×
D24-11/16×H50-3/8
インチ

［写真10-60］
RS-100型「ラボラトリーリファレンススタンダード」バックロードホーンスピーカーシステム（1954年）

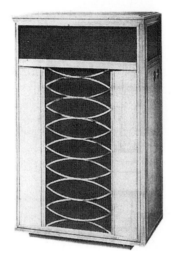

概略寸法：W32-5/8×
D24-5/8×H53-1/4
インチ

［写真10-61］
PR-100型「インペリアル」バックロードホーンスピーカーシステム（1954年）

と称し，かなりグレードの高い高性能スピーカーとして開発されたもので，一方のPR-100型は「インペリアル（Imperial）」と称し，家庭用の家具にマッチするよう，意匠的に凝った高級製品となっています．

　この設計は，先述のプラッチとウィリアムスによる[10-30]もので，図10-55に示すように，天井板の下に三方向にホーン開口を設けられています．これを部屋のコーナーに設置することで，壁面の効果を利用して低音再生をより強力なものにしています．

　スピーカーは，低音用に口径15インチのP15-LL型をバックローディングホーンドライバーに使用し，中音用のRP-201型ホーンスピーカーと高音用の

322

10-5 米国の民生用 Hi-Fi 再生スピーカーシステム

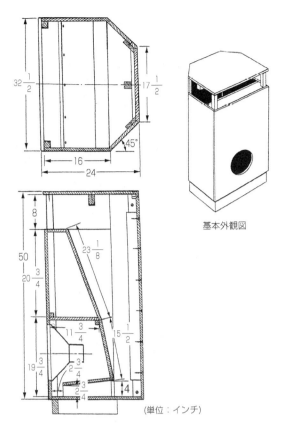

［写真10-62］ 一体化されたPS-100型およびPR-100型の中高音用ホーンスピーカー

［図10-55］ PS-100型およびPR-100型の低音用バックローディング・ホーンの概略構造寸法図

低音：P15-LL型コーン（15インチ）
中音：RP-201型ホーン
高音：RP-302型ホーン
クロスオーバー周波数：600Hz，4000Hz
ボイスコイルインピーダンス：16Ω
概略寸法：W26×D19・7/8×H38・5/8インチ

(a) TP-200型「トライプレックス」非同軸複合3ウエイスピーカーシステム

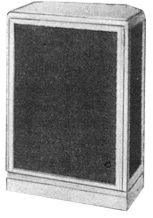

低音：P12-NL型コーン（12インチ）
高音：RP-102型マルチセルラーホーン
クロスオーバー周波数：2000Hz
ボイスコイルインピーダンス：16Ω
概略寸法：W22・5/8×D17・1/16×H30・1/2インチ

(b) CT-100型「コンサート」非同軸複合2ウエイスピーカーシステム

［写真10-63］ 「バスウルトラフレックス」TP-200型とCT-100型スピーカーシステム（1956年開発）

RP-302型ホーンスピーカーを組み合わせて（**写真10-62**）ホーン開口に取り付けた非同軸複合3ウエイスピーカーシステムとしてまとめています．クロスオーバー周波数は600Hzと4000Hzになっています．

RS-100型は，PR-100型と比較すると外形寸法に違いがあり，高さが3インチほど高くなって53・1/4インチ（約1352mm），幅32・5/8インチ（約828mm），奥行き24・5/8インチ（約625mm）で，スピーカー構成はPR-100型と同じです．

その後1956年に，開発者のプラッチとウィリアムスの両名は，位相反転型エンクロージャーを開発しました．商品名「バスウルトラフレックス」と呼

323

第10章 モノーラル時代のHi-Fi再生用スピーカーシステム

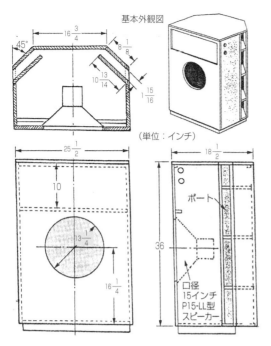

[図10-56]「バスウルトラフレックス」TP-200型低音部の概略構造寸法

(a) RP-302型

(b) RP-102型高音

[写真10-64]「バスウルトラフレックス」用高音用ホーンスピーカー

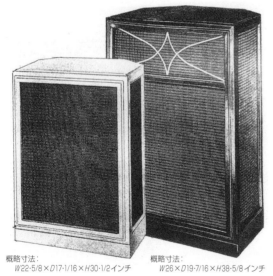

概略寸法：
W22·5/8×D17·1/16×H30·1/2インチ

(a) BL-220型
（ユニットはオプション）

概略寸法：
W26×D19·7/16×H38·5/8インチ

(b) BL-250型
（ユニットはオプション）

[写真10-65] エンクロージャーのみで発売された「バスウルトラフレックス」BLシリーズ

ばれた製品には，口径12インチの低音用スピーカー P12-NL型を搭載したCT-100型「コンサート（Concerto）」と，口径15インチのP15-LL型を搭載したTP-200型「トライプレックス（Tri-Plex）」がありました（写真10-63）．

図10-56に示すように，これらはエンクロージャーの背面に細いスリット状のポートを設け，コーナーの壁面に沿ってポートからの低音放射をより強力に行う構造のエンクロージャーです．

CT-100型は非同軸複合2ウエイスピーカーシステムで，高音用にマルチセルラーホーンの付いたRP-102型を搭載しており，クロスオーバー周波数は2000Hzとなっています．TP-200型は非同軸複合3ウエイ方式で，中音にはRP-201型ホーンスピーカーと高音用のRP-302型が搭載されています（写真10-64）．

また，「バスウルトラフレックス」のBLシリーズとして，CT-100型とTP-200型と同じデザイン（写真10-65）で，ユニットがオプションのBL-280型とBL-250型のエンクロージャーが販売されました．

一方で，3ウエイ用と2ウエイ用のスピーカーシステムコンポーネントが販売され，ユーザーの好みや予算に応じて組み合わせができました．

10-5 米国の民生用 Hi-Fi 再生スピーカーシステム

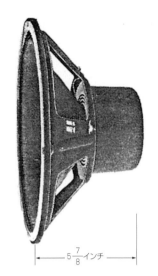

再生周波数帯域：
　40～4500Hz
ボイスコイルインピーダンス：
　8Ωまたは16Ω
空隙磁束密度：13000ガウス

[写真10-66] ボザークのB-199A型低音用スピーカー（口径12インチ）

再生周波数帯域：200～3500Hz
ボイスコイルインピーダンス：8Ω
　　　　　　　　　　　または16Ω
ボスコイル径：1・1/2インチ
空隙磁束密度：13000ガウス

[写真10-68] ボザークのB-209B型中音用スピーカー（口径6・1/2インチ）

再生周波数帯域：
　50～10000Hz
ボイスコイルインピーダンス：
　8Ωまたは16Ω
ボスコイル径：1・1/2インチ
空隙磁束密度：13000ガウス

[写真10-67] ボザークのB-800型フルレンジスピーカー（口径8インチ）

10-5-4　ボザークの大型スピーカーシステム

　米国のボザーク（Bozak）は，1950年にボザーク（R. T. Bozak）によって創立された会社で，ブランド名も「ボザーク（Bozak）」です．会社創立以前の1939年にボザークは，ユナイテッドテレトン（United Teletone Corp.）のシノーダグラフ（Cinaudagraph）でチーフエンジニアとして活躍していた時期があり，そこでスピーカー設計開発の実力を示す口径27インチ（約686mm）の低音用スピーカーを開発（第12章1項）し，世間を驚かせた記録が残っています．

　そのボザークが自らの会社を創立後，振動板から発生する固有音を徹底的に抑えることをポリシーとしたスピーカー開発研究を行いました．その結果として，コーン振動板の紙の繊維に羊毛を混漉してQの低い紙質にした低音用の口径12インチスピーカー B-199A型（**写真10-66**）を開発し，さらに，ネオプレンゴムでアルミ箔をサンドイッチした中低音用と中高音用のコーン振動板を開発して特許10-31)を取得，この振動板に対応する強力な磁気

325

第10章 モノーラル時代のHi-Fi再生用スピーカーシステム

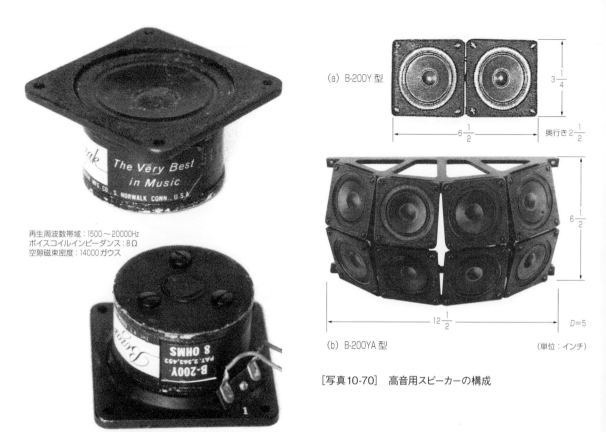

再生周波数帯域：1500～20000Hz
ボイスコイルインピーダンス：8Ω
空隙磁束密度：14000ガウス

(a) B-200Y型

(b) B-200YA型

［写真10-69］ ボザークの高音用スピーカーB-200Y型のスピーカー単体

［写真10-70］ 高音用スピーカーの構成

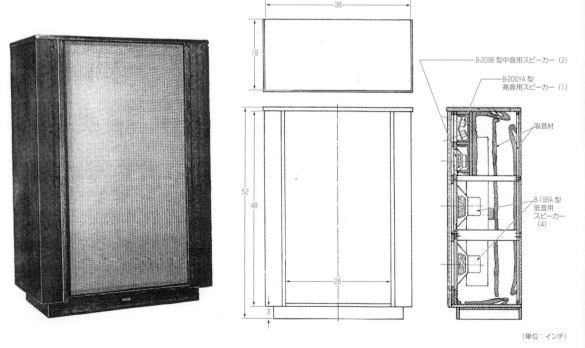

［写真10-71］ ボザークのB-310A型非同軸複合型3ウエイスピーカーシステム（1956年）

［図10-57］ B-310A型非同軸複合型3ウエイスピーカーシステムの概略構造寸法（14個スピーカー搭載）

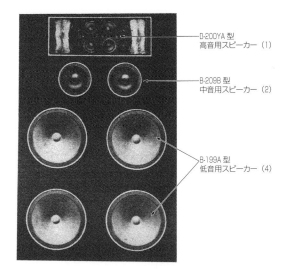

[写真10-72] B-310P型のバッフル面のスピーカー配置

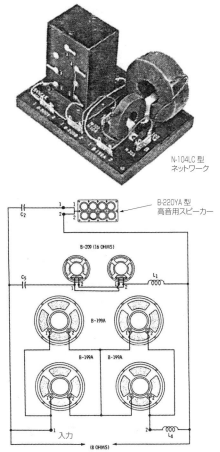

[図10-58] B-310A型のN-104LC型ネットワークとユニットの接続

回路を搭載した口径8インチのB-800型（写真10-67）と口径6・1/2インチのB-209B型（写真10-68）を開発しました．

また，高音用は口径2・1/2インチのアルミ振動板に薄いゴム系材料をコーティングしてベルベットのような芳醇な高音再生を狙った高音用スピーカー（写真10-69）を開発し，これを2台組み合わせたB-200Y型を基本的な形態（写真10-70（a））とし，さらに横に4列円弧状に並べた2段構成の8個使って，それぞれ音軸を変えて指向特性を改善したB-200YA型（写真10-70（b））を発売しています．

ボザークのスピーカーシステム設計の思想には，ホーンの音質を避けるという点があり，これを基に，自ら開発した直接放射型コーンスピーカー4種類のユニットをキーパーツにして組み合わせることで高性能スピーカーシステムを次々と開発しました．そしてこれらのスピーカーに「The Very Best in Sound」のキャッチフレーズを付けました．

1956年，最初の高性能スピーカーシステムを開発したのがB-310A型（写真10-71，図10-57）です．大型のエンクロージャーで，低音4個，中音2個，高音8個の計14個というユニット構成（写真10-72）の非同軸複合3ウエイスピーカーシステムです．そ

の電気的接続は図10-58で，ネットワークは−6dB/octの緩やかな減衰特性にしています．

その後，1958年にかけてステレオ再生のために高音部のバッフル板配置を改良し，最初のバッフル中央に配置したB-310P型から，高音部を中心に縦一列に8個並べたB-310BP型配置と，高音用を縦一列に8個並べてバッフル端に並べたB-410P型配置を作り，ステレオで左右対称配置の製品としました．ボザークはこれを「コンサートグランド」シリーズ（図10-59）と称して，メイン機種として発売しました．

その後，ユニットの構成規模を小さくし，ステレオ左右対称配置のバッフル板にして，これをデザインの異なるエンクロージャーに組み込んだ「シンフォニーNo.1」シリーズのスピーカーシステムを

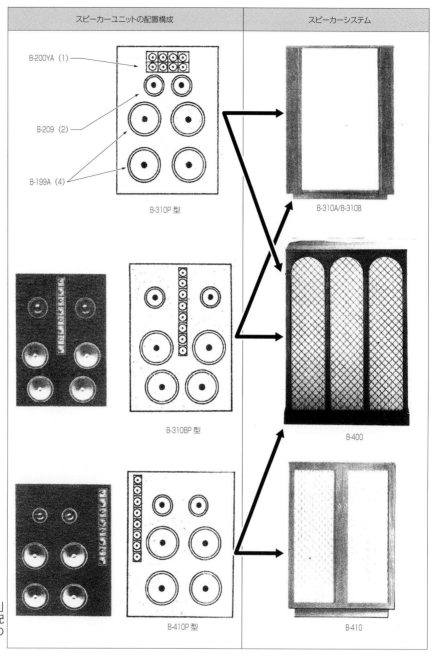

[図10-59]
ボザークの「コンサートグランド」シリーズのスピーカーユニット配置構成とスピーカーシステムとの関係

製品化しました（**図10-60**）．P-4000P型のB-4000型の「モーリッシュ（Moorish）」，「クラシック（Classic）」とと「モダン（Modern）」の3機種で，このほかにも，顧客が好みや価格でチョイスできるようにスピーカー構成の異なるバッフル板を開発し，ニーズに対応しました．

また，ローボーイ型のエンクロージャー用に同軸複合型2ウエイスピーカーB-207A型（**写真10-73**）

を開発し，P-305P型やB-207A型などを用意して，エンクロージャーに組み込んだB-305型「センチュリー（Century）」やB-304型「モーリッシュ」などの「コンサートグロス」シリーズを開発しました（**図10-61**）．

また，エンクロージャーとのキット商品も販売しています．

1968年にはトリオ商事（現・ケンウッド）が日

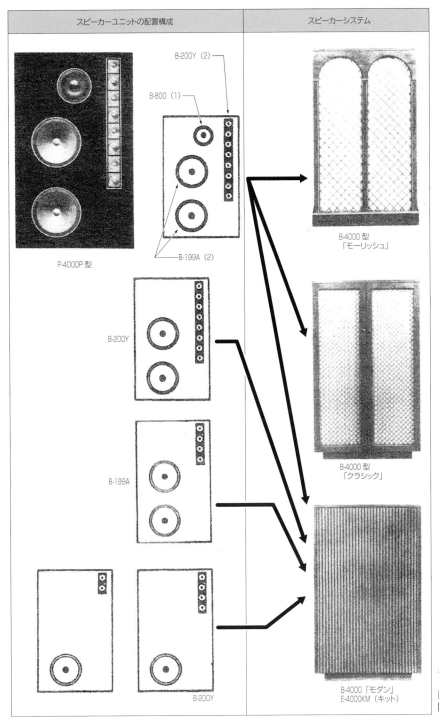

[図10-60]
ボザークの「シンフォニー No. 1」シリーズのスピーカーユニット配置構成とスピーカーシステムとの関係

本の総代理店となってボザークの製品を販売しました．日本国内で販売されたのは，B-4000型やB-305型などの製品（**図10-62**）でした．

このように，ボザークは限られたスピーカーユニットを組み合わせて，複合方式のスピーカーシステムを次々と開発して製品系列を作り上げていった特徴あるスピーカーメーカーです．

低音用：B-199A型(1)
高音用：B-200Y型(2)
再生周波数帯域：40～20000Hz
ボイスコイルインピーダンス：8Ω
クロスオーバー周波数：2500Hz
外形寸法：外径15×奥行き7インチ

[写真10-73] ボザークのB-207A型同軸型複合2ウエイスピーカー

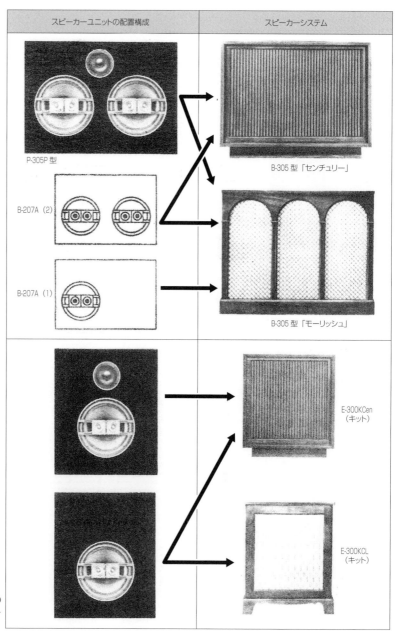

[図10-61]
ボザークの「コンサートグロス」シリーズのスピーカーユニット配置構成とスピーカーシステムとの関係

10-5-5　エレクトロボイスの大型スピーカーシステム

　エレクトロボイス（EV；Electrovoice）の大型スピーカーシステムは，第10章3項で述べたクリプッシュホーンを搭載した「ザ・パトリシアン」がフラッグシップ機種として著名ですが，その後1957年ごろまでのモノーラル時代に，EVはこのシリーズの機種を次々と開発しました．
　1954年に作られた「ジョージアン（Georgian）」（写真10-74）[10-32]はザ・パトリシアンの姉妹機種で，クリプッシュ（Paul Wilbur Klipsch）が開発したフォールデッドホーンを低音部に採用したコーナー型フロントローディングホーンスピーカーシステムで，低音ホーン開口は両コーナーの壁に沿うように設けられています．システムは非同軸複合4ウエイ方式で，低音は口径15インチの15WK型がホーンドライバーとして使われ，中低音域300～1000Hzと中高音域1000～3500HzはEV独特の

10-5 米国の民生用 Hi-Fi 再生スピーカーシステム

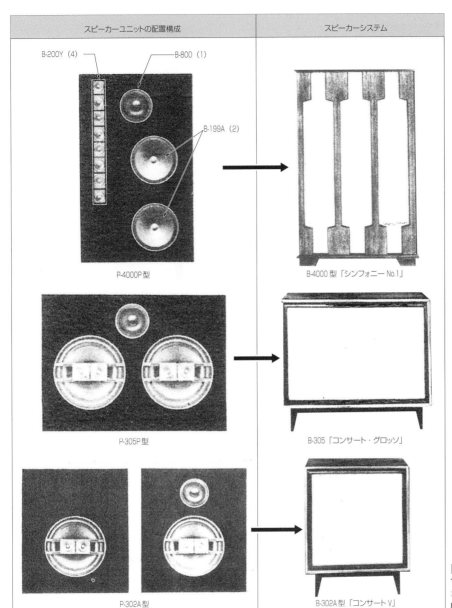

[図10-62]
1968年ごろの日本市場販売されていたボザーク製品の構成

一体型ホーンスピーカー848HF型，高音域はT-35型ホーンスピーカーで構成されています（**写真10-75**）．外形寸法は高さ53インチ（約1346mm），幅34インチ（約864mm），奥行き26インチ（約660mm）です．

ジョージアンの姉妹機種として，類似した意匠でやや小ぶりの「センチュリオン（Centurion）」（**写真10-76**）があります．低音は口径12インチの12WK型が使われたコーナー型のクリプッシュホーンで，これも低音ホーン開口は両コーナーの壁に沿うように設けられています．構成は非同軸複合4ウエイ方式で，中低音域300〜1000Hzと中高音域1000〜3500HzはEV独特の一体型ホーンスピーカー847型，高音はT-35が使われています．外形寸法は高さ42インチ（約1067mm），幅29インチ（約737mm），奥行き22・1/2インチ（約572mm）です．

1953年に発表されたローボーイ型の「リージェンシー（Regency）」（**写真10-77**）は，外形寸法が高さ29・5/8インチ（約752mm）に対して幅

331

第10章　モノーラル時代のHi-Fi再生用スピーカーシステム

概略寸法：W34×D26×H53インチ

［写真10-74］　EVの「ジョージアン」非同軸複合4ウエイスピーカーシステム（1954年）

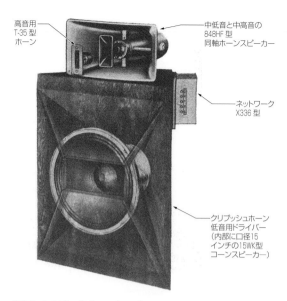

［写真10-75］　「ジョージアン」のスピーカーユニット配置の概念的構成

概略寸法：W29×D22・1/2×H42インチ

［写真10-76］　EVの「センチュリオン」非同軸複合4ウエイスピーカーシステム

概略寸法：W33・1/2×D19×H29・5/8インチ

［写真10-77］　EVの「リージェンシー」非同軸複合スピーカーシステム（1953年）

が33・1/2インチ（約851mm）で，奥行き19インチ（約483mm）のコーナー設置型です．このエンクロージャーにはさまざまなスピーカーの組み合わせがあり，リージェンシーⅠ型からⅢ型まで4種類があります（表10-12）．写真10-78にⅢ型のユニット配置の概念的構成を示します．低音のホーン開口は，コーナーの壁に沿うように設けられています（図10-63）．

リージェンシーの姉妹機種として「エンパイア（Empire）」（写真10-79）があります．これはエコノミークラスの製品で，スピーカーユニット構成は非同軸複合型の2ウエイ方式あるいは3ウエイ方式で，さまざまな組み合わせがあります．両サイドにホーン開口孔がない，簡易型のクリプッシュホーンのフォールデッドホーンになっています．外形寸法は高さ29・5/8インチ（約752mm），幅32インチ

332

10-5 米国の民生用 Hi-Fi 再生スピーカーシステム

[表10-12]
「リージェンシー」の
スピーカー構成

型名	ユニット番号	概略構成	低音部	高音部ホーン	超高音部	クロスオーバー周波数
Ⅰ	116		15BW	T10A 8HD	—	800Hz
ⅠA	116A		15BW	T10A 8HD	T35B	800Hz 3500Hz
Ⅱ	114		15W	T25A 8HD	—	800Hz
Ⅲ	114B		15W	T25A 8HD	T35	800Hz 3500Hz

[写真10-78]
「リージェンシー」のスピーカーユニット配置の概念的構成（3ウエイ方式の組み合わせ型名Ⅲ型でユニット番号114Bの場合）

中音用の
T-25A型ホーンドライバーと
8-HD型ホーンスピーカー

高音用はT-35型
ホーンスピーカー

ホーンの開口部

低音用は15W型
コーンスピーカー
（15インチ）

333

第10章 モノーラル時代のHi-Fi再生用スピーカーシステム

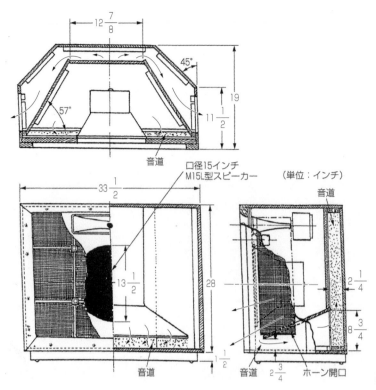

[図10-63]「リージェンシー」（Ⅲ型，ユニット番号114B）の概略構造

概略寸法：W32×D16×H29・5/8インチ

[写真10-79] リージェンシーの普及版として開発された「エンパイア」スピーカーシステム

[写真10-80]
1952年に開発した「アリストクラット」スピーカーシステム

（約813mm），奥行き16インチ（約406mm）です．

1952年に発表された「アリストクラット（Aristocrat）」（**写真10-80**）は，低音部に口径12インチスピーカーを搭載したシンプルな構造（**図10-64**）で，後ろ側の縦スロットよりコーナーを利用して低音放射を行うコーナー型バックローディングホーン

ピーカーです．

外形寸法は高さ29・5/8インチ（約752mm），幅19インチ（約483mm），奥行き16・5/8インチ（約422mm）です．

この機種は，搭載するスピーカーユニットの構成で**表10-13**の4種類に区分され，顧客の要求に対応

334

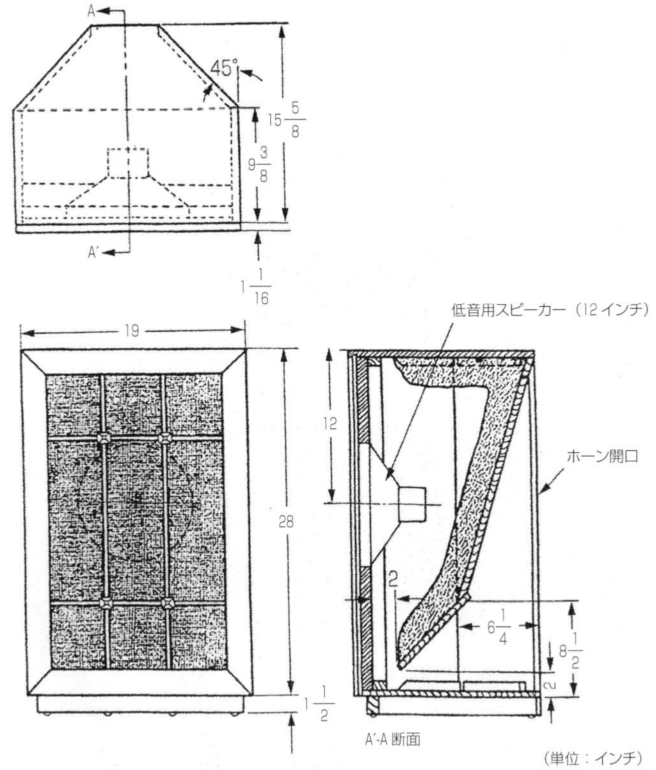

10-5 米国の民生用 Hi-Fi 再生スピーカーシステム

45°

15 5/8

9 3/8

1 1/16

低音用スピーカー（12インチ）

ホーン開口

19

12

28

2

6 1/4

8 1/2

2

1/2

1/2

A'-A 断面

（単位：インチ）

[図10-64]　「アリストクラット」の概略構造（ユニットは低音用のみの記入）

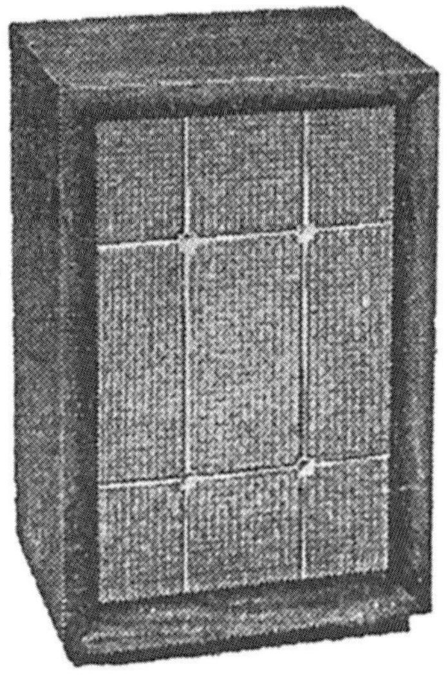

概略寸法：W19×D14・1/2×H29・5/8インチ

[写真10-81]　アリストクラットの普及版として開発された「マーキス」スピーカーシステム

[表10-13]
「アリストクラット」のスピーカー構成

型名	ユニット番号	低音部	高音部		超高音部	クロスオーバー周波数	
			ドライバー	ホーン			
Ⅰ型	108	12BW	T10A	8HD	—	800Hz	
ⅠA型	108A	12BW	T10A	8HD	T-35B	800Hz	3500Hz
Ⅱ型	111	12W	T25A	8HD	—	800Hz	
Ⅲ型	111プラス	12W	T25A	8HD	T-35	800Hz	3500Hz

してセレクトできるようになっています．アリストクラットⅠ型は，標準型スピーカーユニットを搭載した非同軸複合2ウエイ，アリストクラットⅠA型はⅠ型の構成に超高音用T-35B型が追加した3ウエイ構成，同様にⅡ型は2ウエイ，Ⅲ型はⅡ型に超高音用T-35B型が追加された3ウエイ構成となっています．

さらにアリストクラットの姉妹機種に「マーキス（Marquis）」（写真10-81）があります．これもエコ

ノミータイプで，低音用スピーカーは口径12インチで，これを主体とした同軸2ウエイスピーカーなどが組み合わされています．エンクロージャーはコーナー型ではない六面体仕上げのバスレフ方式になっており，外形寸法は高さ29・5/8インチ（約752mm），幅19インチ（約483mm），奥行き14・1/2インチ（約368mm）で，アリストクラットより奥行きが短くなっています．

1957年ごろ，バッフル板が上向きに傾斜した「バ

335

概略寸法：W16×D12×H25・1/2インチ

[写真10-82] EVの「バロネット」小型スピーカーシステム（1957年ごろ）

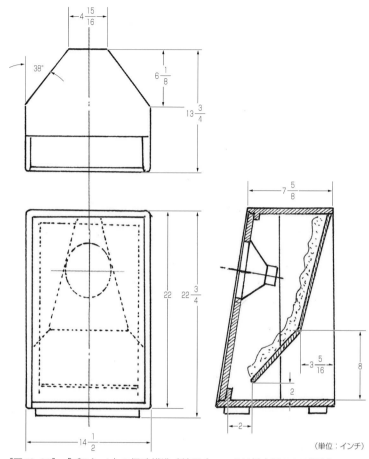

（単位：インチ）

[図10-65] 「バロネット」の概略構造寸法図（ユニットは低音用のみの記入）

ロネット（Baronet）」（**写真10-82**）が登場しました．低音は口径8インチのスピーカーを使用したフォールデッドホーンで，エンクロージャー構造は図10-65です．

このように，EVは多くの機種を開発し，1957年ごろまでのLPレコード再生のモノーラル時代のオーディオ市場の需要に対応しました．

10-6 低音再生にヘルムホルツ共振を利用したエンクロージャーの系譜

1950年代になって「Hi-Fi再生」を目指した新しいスピーカーシステムが次々に誕生し，市場では，いかに低音再生を行うか，エンクロージャーの方式や形状が注目されました．

スピーカーメーカーは，自社のオリジナリティを打ち出して他社との技術的差別化を図り，音質の違いをユーザーに大きくアピールすることを考えました．また，特許の権利獲得に激しい競争が展開された時代でした．

直接放射型スピーカーのエンクロージャーとしては，第7章3項で述べたように基本的な分類としては密閉型，位相反転型がありますが，この時代にはさらなる理論技術を駆使して，少しでも低音が豊かに再生できる方策が考案されました．その中で，「ヘルムホルツ共振」を利用して低音の改善を行った商品が次々と登場しました．

10-6-1 GEのディストリビューテッドポート型エンクロージャー

1954年にGEが開発した「ディストリビューテッドポート」型エンクロージャーは，位相反転型のポ

10-6 低音再生にヘルムホルツ共振を利用したエンクロージャーの系譜

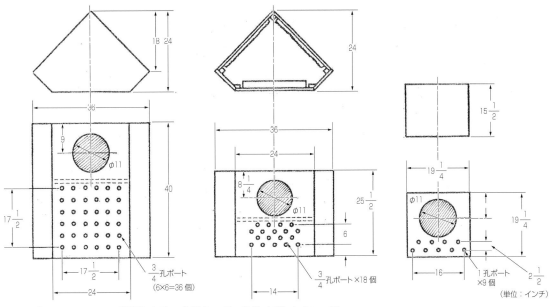

[図10-66] GEのペトリーが評価したディストリビューテッドポート型エンクロージャー

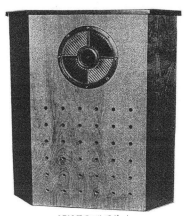

[写真10-83] ディストリビューテッドポートシステムを採用したGEのAl-400型同軸2ウエイスピーカーシステム（1954年）

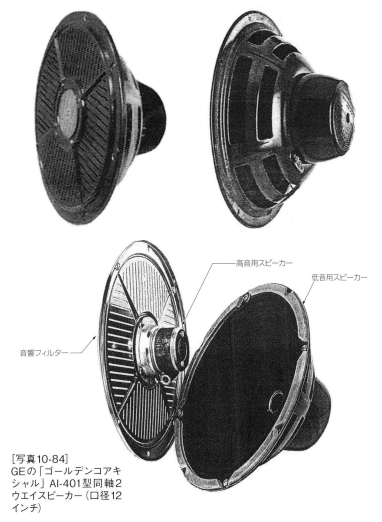

[写真10-84]
GEの「ゴールデンコアキシャル」Al-401型同軸2ウエイスピーカー（口径12インチ）

337

[写真10-85] GEのAI-406型コーナータイプスピーカーシステム（1956年）

ートを小さい丸孔を多数設けた構造にしたものです．この構造の位相反転型は，1930年にベル電話研究所のサラス（Albert Lauris Thuras）が発明した方式（第7章2項参照）を発展させたような形式で，バッフル面に36個の孔を設けてポートとし，ヘルムホルツ共振による低音改善を狙ったものです．

これは，小孔のために音響的な空気の動きに抵抗が生じ，ヘルムホルツ共振時の共振Qが制動効果で低くなるために，ダンピングの良い低域拡張効果が期待できる方式です．また，特徴としてポートから内部で生じた中音域の共振音などが放射されにくい効果もあります．

この開発を担当したペトリー（Adelore F. Petrie）は，容積の異なる3種類のエンクロージャー（図10-66）を製作し，その性能を検討しています．

10-33）

マルチポートバスレフでコーナー型のAI-400型（写真10-83）に搭載するスピーカーユニットは，口径12インチの「ゴールデンコアキシャル」AI-401型同軸型複合2ウエイスピーカー（写真10-84）です．低音用スピーカーの前面に設けた音響的な格子に高音域を減衰させるフィルター効果を持たせており，高音用は，その前面に口径2・3/4インチのコーン型スピーカーが取り付けられています．このスピーカーは1954年の発売当初はシステム名と同じ型名AI-400型でしたが，1957年にはAI-401型になっています．

製品としては1956年に発売された，脚付きのAI-406型コーナータイプのディストリビューテッドポートスピーカーシステム（写真10-85）があります．外形寸法は高さ31・1/4インチ（約794mm），幅25・5/8インチ（約650mm），奥行き18・1/4インチ（約464mm）で，塗装仕上げの違いで4種のバリエーションがあります．

10-6-2　ケルトン型エンクロージャー

米国ケルトン（Kelton）のラング（Henry C. Lang）が1953年に発明した「ケルトン」型スピーカーシステム10-34）は，開発当初，日本ではあまり知られてなかったのですが，ニューヨークのオーディオフェアに出品されたときは，小型ながら低音再生に優れていると評価されたものです．

このエンクロージャーは，ラングが出願した特許

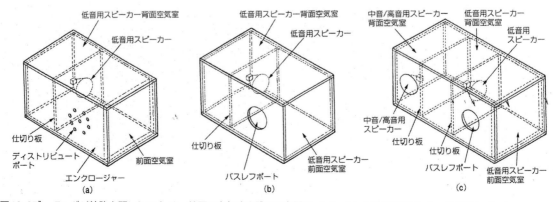

[図10-67] ラングが特許出願したスピーカー前面に空気室を設けて音響フィルターとした低音用スピーカーのバリエーション

10-6 低音再生にヘルムホルツ共振を利用したエンクロージャーの系譜

[写真10-86] ラングが1954年に発表したケルトン型スピーカーシステム

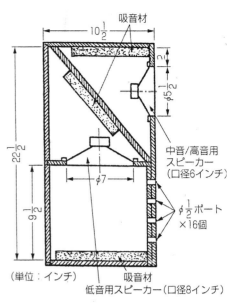

[図10-68] ケルトン型2ウエイスピーカーシステムの概略構造

の図（**図10-67**）[10-35]に示すように，3つのバリエーションが考案されており，この中で中音から高音を受け持つ別のスピーカーを使用した2ウエイ構成の**図10-67**（c）が「ケルトン型」と呼ばれるもので，1954年にスピーカーシステム（**写真10-86**）として発表されました．

ケルトン型2ウエイスピーカーシステムには，図10-68のように2つのスピーカーが使われ，低音用スピーカー（口径8インチ）の前に空気室が設けられています．この前室とディストリビューテッドポートによるヘルムホルツ共振を音響的フィルターとして利用して，特定の周波数帯域の低音を放射するのがケルトン型です．したがって，中高音は別の口径6インチのスピーカーが受け持っています．

その後，この方式の低音再生はディストリビューテッドポートではなく，ダクト付きポートを使用し

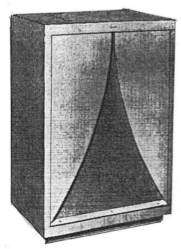

[写真10-87] カールソンが1953年に発表したカールソン型スピーカーシステム

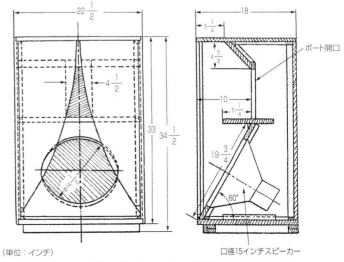

[図10-69] カールソン型スピーカーシステムの概略構造（15型の例）

339

第10章 モノーラル時代のHi-Fi再生用スピーカーシステム

た形式のケルトン型が作られ，低音再生の一つの方式として検討され，各社で活用されて存続しています．

10-6-3 カールソン型エンクロージャー

次に紹介するのが，1953年にカールソン（John E. Karlson）が考案した「カールソン」型スピーカーシステムです．このスピーカーシステムもニューヨークのオーディオフェアに出品されて話題になりました．写真10-87のようにバッフル板の前に上部より指数曲線で開いた前面板がある独特な形状の外観です[10-36]．

このエンクロージャーの効果は，位相反転型のポートから放射された低音がポート前室からエクスポーネンシャル曲線に従って下部に向かって放射されて広がっていくといわれています（図10-69）．

製品には，口径15インチスピーカーを搭載した15型と口径12インチのスピーカーを搭載した12型があり，15型はエンクロージャーの仕上げによって8種類に分類され，12型は高さ25・3/4インチ（約654mm），幅16・3/4インチ（約425mm），奥行き13・3/4インチ（約349mm）で，仕上げの違うものが5種類あります．

この方式名は残りましたが，製品は短命に終わりました．

10-6-4 R-J型エンクロージャー

このエンクロージャーは，1953年にロビンソン（F. Robinson）とジョセフ（W. Joseph）が考案し，両者の頭文字をとってR-J型エンクロージャーと命名した製品です．

図10-70に示すように，スピーカー取り付けのサブバッフルを本体前面のバッフル板との間に空隙ができるように取り付け，この空隙にポートの役割

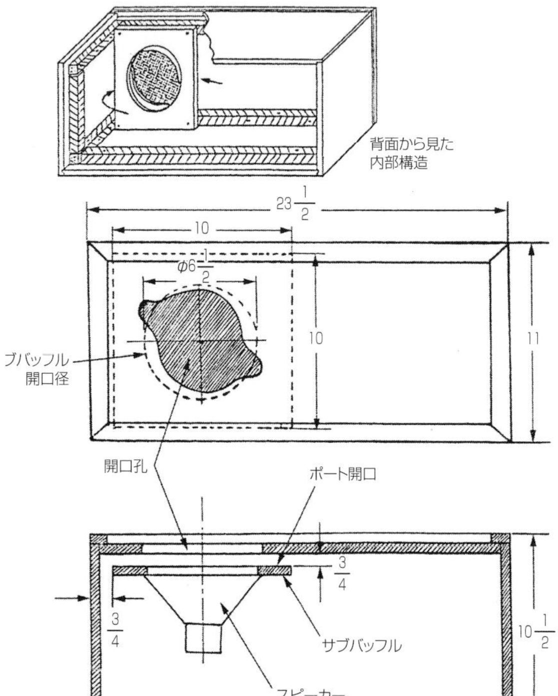

[図10-70] R-J型スピーカーシステムの概略構造

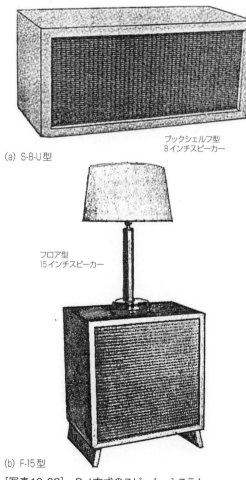

(a) S-8-U型 ブックシェルフ型 8インチスピーカー

(b) F-15型 フロア型 15インチスピーカー

[写真10-88] R-J方式のスピーカーシステム

10-6 低音再生にヘルムホルツ共振を利用したエンクロージャーの系譜

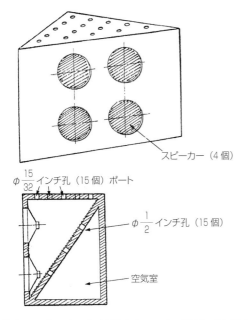

[図10-71] バルチが考案したコーナー型ディストリビューテッドポートシステムの概略構造

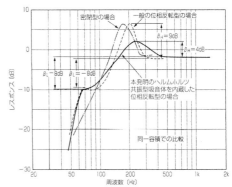

[図10-72] 特許の説明に使用されたヘルムホルツ共振型吸音体使用時の効果

を担わせ，スピーカー前面に音放射する構造になっている位相反転型エンクロージャーです．

開発者は，スピーカーとポートが密着しているために，相互放射により低音放射の効率が高いと言っています．

この製品は，「MAXIMUM BASS-MINIMUM SPACE」をキャッチフレーズに，小型ながら低音再生ができるとデモを行い，一時期話題を呼びました．

機種としては，口径8インチスピーカーを搭載したブックシェルフ型のS-8-U型と，口径15インチのスピーカーを搭載したフロア型のF-15型の2種の製品があります（**写真10-88**）．

しかし，後続機種はなく，短命に終わりました．

10-6-5 バルチのコーナー型ディストリビューテッドポート付きエンクロージャー

1953年に，バルチ（J. J. Baruch）によって考案[10-37]された小型スピーカーシステムで，その概略構造を図10-71に示します．

これは一見して，ディストリビューテッドポート型エンクロージャーと変わりませんが，小容積にしたため，図10-72の特性のように第2共振の山が顕著になり，低音再生の平坦な再生は望めませんが，内部に設けたヘルムホルツ共振型吸音体の中心周波数を第2共振に合わせておけば，これを吸収して平坦な特性になるという考え方です．

商品名は「ウルトラソニック（Ultrasonic）U-25」で，口径5インチのスピーカーが4個使用され，前面は幅19インチ（約483mm），高さ13インチ（約330mm），奥行き9・1/2インチ（約241mm）のコーナー型です．データを見ると，第2共振周波数は200Hz付近にあり，制動されて60Hzくらいまで平坦再生特性が得られたとのレポートがあります[10-38]．

10-6-6 レッドの4通りの可変型エンクロージャー

1953年にレッド（Oliver Read）が，米国人ならではの発想で考案したのが，1台のエンクロージャーで低音再生を密閉型か，位相反転型か，バックローディングホーン型か，コンビネーションホーン型か，好みの再生方式に変えられる万能型の構造を持ったエンクロージャーで，これを特許出願しています[10-39]．

この考案は，図10-73に示すように両側の扉の開閉で，バックローディングホーン型か，コンビネーションホーン型に切り換わり，一方でポート前のシャッターの開閉で位相反転型か密閉型に切り換えられる機構をもっています．したがって，この扉の開閉とシャッターの開閉の両者の組み合わせで，4

第10章 モノーラル時代のHi-Fi再生用スピーカーシステム

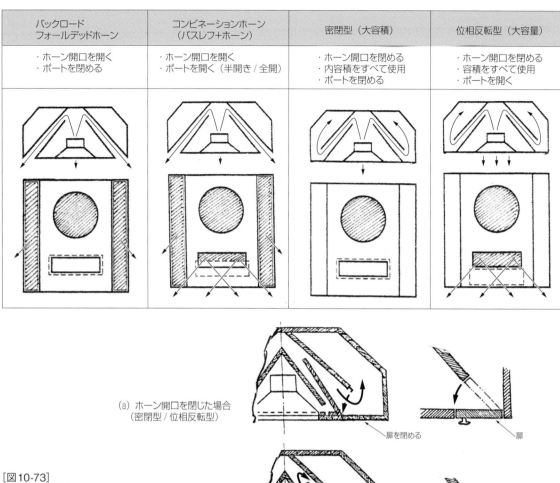

[図10-73]
レッドの可変型エンクロージャー「フォールド・ア・フレックス」型使用時のバリエーション

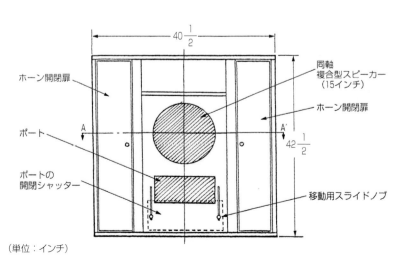

[図10-74]
「フォールド・ア・フレックス」型の概略構造

種類の低音再生を選択することが可能になります。

　図10-74はこのスピーカーシステムの正面から見た概略構造で、大きさは高さ42・1/2インチ（約1080mm）、幅40・1/2インチ（約1029mm）です。

　商品名は「フォールド・ア・フレックス（Fold-A-Flex）」で、口径15インチスピーカー用と、口径12インチスピーカー用の2機種があります（写真10-89）。

10-7　音響管を利用した低音再生方式

　スピーカー用エンクロージャーに音響管の共振を利用することで、低音の増強を図るさまざまな方法が考案されました。

　図10-75は、この方式の基本動作を示したものです。片面が閉じられた開放管では音響的な共振が伴います。音響管の長さが1/4波長あるいは奇数倍（3/4波長）の波長になるときは、スピーカー側の音圧は「腹」、粒子速度が「節」となるため、スピーカーから見たインピーダンスが非常に大きくなり、制動されます。また、波長が1/2の場合は位相が反転して、スピーカー側に助勢する（同相）音を放射します。

　スピーカーのエンクロージャーの低音域を平坦な良い特性にするためには、これらの共振点のQを制動する必要があるので、音響管の径方向に生じる高音の共振を抑えることも兼ねて、管内部に吸音材が貼り付けられます。

　この原理を利用して、音響管の長さの4倍の波長になる周波数をスピーカーの低域共振周波数f_0に合わせるとf_0は制動され、Qを低くすることができます（図10-76）。しかし、40Hzでは音響管の長さは約2m強、60Hzでも約1.5mと長くなるので、家庭用スピーカーに利用するためには、音響管を折り曲げる必要があります。

　この原理を応用したさまざまな低音再生用エンクロージャーが考案されているので、以下に解説します。

10-7-1　ラビリンス型エンクロージャー

　1936年にRCAのオリネイ（Benjamin. J. Olney）が、米国の音響学会誌に論文[10-40]を発表した「ラビリンス（Labyrinth）」型スピーカーエンクロージャーが、この音響管を応用した最初です。

(a) 口径15インチ用

(b) 口径12インチ用

[写真10-89]　レッドが1953年に開発した「フォールド・ア・フレックス」型スピーカーシステム

第10章 モノーラル時代のHi-Fi再生用スピーカーシステム

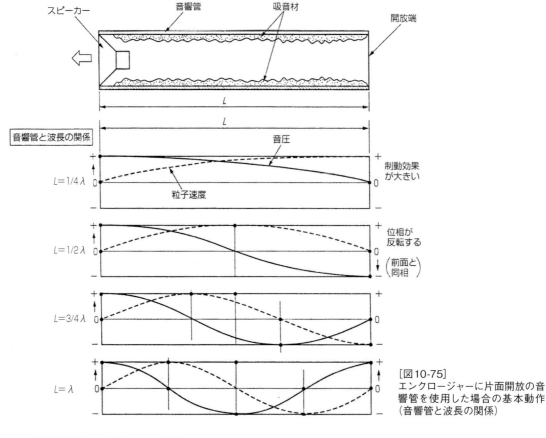

[図10-75] エンクロージャーに片面開放の音響管を使用した場合の基本動作（音響管と波長の関係）

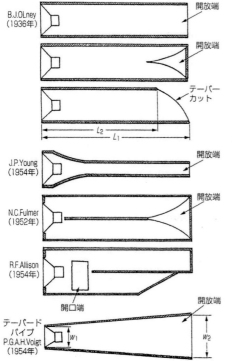

[図10-76] エンクロージャーにさまざまな音響管を使用した場合の基本構造

このラビリンス型（**図10-77**）は、一見バックロードホーンに似ていますが、同一断面の角型の音響管を折り曲げた構造で、内周に吸音材を貼り詰めて（**写真10-90**）、低音だけの効果を狙っています。

10-7-2 フルマー型エンクロージャー

1952年にフルマー（N. C. Fulmer）が特許[10-41]を取得した構造は2種類（**図10-78**）ありますが、どちらも音響管の開放端をエクスポーネンシャル曲線に沿った切り口にして、音響的な共振をブロードにして再生帯域を広くすることを狙っています。そしてこのエンクロージャーを部屋のコーナーに設置して低音の音放射効果を高めています。

音響管として原理的には似ているものに、1954年にヤング（J. P. Young）が考案し、特許を出願した[10-42]スピーカーエンクロージャーがあります。**図10-79**は、その特許出願時の図に示された概略構造で、U字型に折り曲げた管の開放端をスピーカー

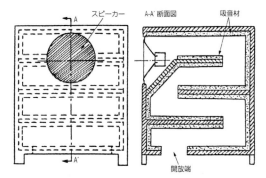

[図10-77] ラビリンス型エンクロージャーの概略構造

[写真10-90] ラビリンス型エンクロージャーの内部（裏板を外した状態で，音道には吸音材が貼り付けられている）

バッフル面に配置しています．

10-7-3　エアカプラー型エンクロージャー

1954年に，アリソン（R. F. Allison）は，図10-80に示すエンクロージャーを開発し，特許[10-43]を取得しました．

製品は「エアカプラー（Air-Coupler）」[10-44]と称し，スピーカー口径12インチを使用した大型（写真10-91）と，ジュニア型の小型機種があります．厚みが少ないので取り扱いが容易とされています．

10-7-4　テーパードパイプ型エンクロージャー

フォクトの特許になる音響管を図10-81に示すように，下部にある開放端に向かってテーパーを持たせた縦長の管とする形状は，音響管内の側面に発生する定在波を防ぐために考案されました．

本章で述べたモノーラル時代における高品位再生用スピーカーシステムの多くは低音再生に注目され，大型のエンクロージャーのフロア型やコーナー型などの機種が数多く開発されました．そして1950年代中盤までがモノーラル時代の黄金期となり，数々の名機が誕生し，輝きを見せました．

しかし，1957年ごろからステレオ録音の音楽ソフトが普及すると，オーディオ市場は大きな変革を迎え，これまでの時代の流れの中で存在してきた製品が淘汰され，あえなく消えていった製品も多くあります．その一つが大型スピーカーシステムで，設置条件の制約によって，コーナーを利用した低音再生のスピーカーシステムが次々と姿を消していきました．

また，これまで活躍していた優秀な技術者の世代交代が進んだのもこのころです．

新しい時代のステレオ再生は，左右のスピーカー間で音像が移動し，ファントムセンターと呼ばれるスピーカー間の中央に音源が定位するようになりました．この2次元の音空間に広がりと臨場感は，音楽鑑賞者やオーディオファイルに驚きを持って迎えられました．

そのためステレオ再生用として，新しい高品位再生のスピーカーシステムを求める方向へ，時代は変化していきました．

第10章　モノーラル時代のHi-Fi再生用スピーカーシステム

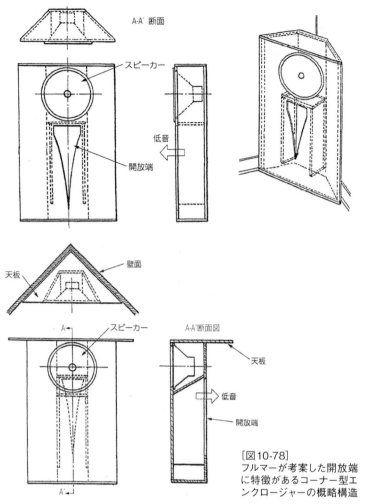

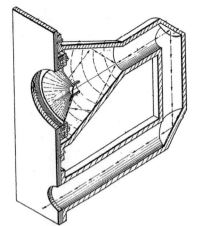

［図10-79］　ヤングが1954年に考案したU字管を持つエンクロージャーの概略構造

［図10-78］　フルマーが考案した開放端に特徴があるコーナー型エンクロージャーの概略構造

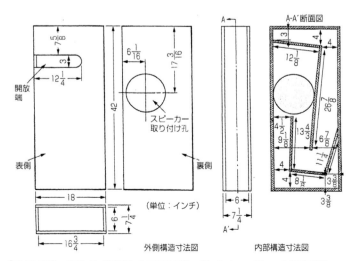

［図10-80］　アリソンが考案したエアカプラー型エンクロージャーの概略構造

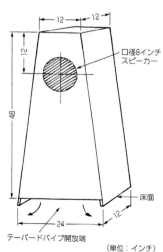

［図10-81］　フォクトの考案したテーパードパイプ型エンクロージャーの概略構造

346

［写真10-91］ エアカプラー型エンクロージャーの内部

参考文献

10-1) 米国特許1,962,300号

10-2) 米国特許1,984,550号

10-3) 英国特許404,037号，英国特許278,098号，米国特許2,615,995号など

10-4) P. G. A. H. Voigt：Domestic Loudspeaker, *Wireless World*, Nov. 1934

10-5) H. F. Olson：*Acoustical Engineering*, D. Van Nostrand Company, 1957, p.30-

10-6) P. W. Klipsch：A Low Frequency Horn of Small Dimensions, *J. A. S. A.*, Oct. 1941

10-7) 米国特許2,310,243号

10-8) 米国特許2,373,692号

10-9) 米国特許2,731,101号

10-10) P. W. Klipsch：A High Quality Loudspeaker of Small Dimensions, *J. A. S. A.*, Jan. 1946

10-11) Howard T. Souther：Design Elements for Improved Bass Response in Loudspeaker Systems, *Audio Engineering*, May, 1951

10-12) ステレオサウンド編：タンノイ，別冊ステレオサウンド，2008年，p. 277

10-13) 例えばA. G. Briggs：*Sound Reproduction*, Wharfedale Wireless Works, 1949

A. G. Briggs：*Loudspeakers*, Wharfedale Wireless *Works*, 1948

A. G. Briggs：*More about Loudspeakers*, Wharfedale Wireless Works, 1963

10-14) 英国から初めて到着　砂入りコーナー型3スピーカー方式，無線と実験，1953年7月号

10-15) A. G. Briggs：*Loudspeakers*, Wharfedale Wireless Works, 5th Ed., 1958, p. 212

10-16) Festival of Sound, *Wireless World*, Dec. 1954

10-17) Benjamin Olney：A Method of Eliminating Cavity Resonance, Extending Low Frequency Response and Increasing Acoustic Damping Cabinet Type Loudspeakers, *J. A. S. A.*, Oct. 1936

10-18) Wireless World：Corner Ribbon Loudspeaker, *Wireless World*, Jan. 1950

10-19) P. J. Walker：Wide Range Electrostatic Loudspeakers, *Wireless World*, May 1955

Wireless World, June 1955

10-20) Voigt Permanent-Magnet Loudspeaker, *Wireless World*, March 1949

10-21) 米国特許第2,808,895号（1957年）

10-22) *Wireless World*, Jan. 1954

10-23) L. L. Beranek：Loudspeakers and Microphones, *J. A. S. A.*, Vol. 26, No. 5, Sept.

第 10 章　モノーラル時代の Hi-Fi 再生用スピーカーシステム

1954

10-24) Celebrating 50 Years（1955 ～ 2005），
Sound Communication, May 2005, p. 31

10-25) 米国特許第2,815,086号（1957年）

10-26) グラビア　JBLのハーツフィールド，無線
と実験，1955年2月号

10-27) Tested in The Home James B. Lansing"Hartsfield", *High Fidelity*, Oct. 1954

10-28) D. J. Plach and P. B. Williams：Horn-Loading Loudspeaker Enclosure, *Radio & Television News*, May 1952

10-29) W. B. Denny：Design and Construction of Horn-Type Loudspeakers, *Audio Engineering*, April 1952

10-30) D. J. Plach and P. B. Williams：A Laboratory Reference Standard Loudspeaker System, *Audio*, Oct. 1954

10-31) 米国特許3,093,207号

10-32) Tested in The Home"Electro-Voice Georgian", *High Fidelity*, Nov. 1954

10-33) Adelore F. Petrie：The Distributed Port Loudspeaker Enclosure, *Radio & Television News*, Nov. 1956

10-34) News：Kelton Loudspeaker, *High Fidelity*, May/June, 1953

10-35) 米国特許2,689,016号

10-36) John E. Karlson：The Karlson Speaker Enclosure, *Radio & Television News*, Jan. 1954

10-37) 米国特許2,766,839号

10-38) Edwin C. Reynolds：The Ultrasonic U-25 Enclosure, *Radio & Television News*, Nov. 1953

10-39) 米国特許2,805,729号

10-40) Benjamin J. Olney：A Method of Eliminating Cavity Resonance, Extending Low Frequency Response and Increasing Acoustic Damping in Cabinet Type Loudspeakers, *J. A. S. A.*, Oct. 1936

10-41) 米国特許2,787,332号

10-42) 米国特許2,812,033号

10-43) 米国特許2,822,883号

10-44) Roy F. Allison：The Junior Air-Coupler, *High Fidelity*, May/June 1953

項目 / 人名索引

- 機種型番や商品名は著名なもの，先駆的なものなどを基準に抽出した
- 複数の社名変更を経ている企業については，最新（最終）の社名に代表させた（「東芝」，「パナソニック」，「三菱電機」などは除く）
- 難読漢字の読みについては編集部が判断した
- 会社名の「株式会社」，「有限会社」などは省略した
- 「日本」の読みは「にほん」に統一した

項 目

● 数 字 ●

015a dyn 型 ···93-94
10F-71 型 ···224-225
15L-1 型 ···266
175DLH 型 ··310
500 シリーズ ···310-311
555-M 型 ··························160, 162-163, 261
555W 型 ······························160, 161, 163
555-YL 型 ···261-262
601 型（アルテック・ランシング）·············81, 299
604 型デュプレックス（アルテック・ランシング）····299
612 型（銀箱）···300
700 系統非同軸型複合スピーカーシステム·······105-107
71 シリーズ ··226
72 シリーズ ··226
8P-W1 型 ···226-229

● 欧 字 ●

A7 型 ···306
ALCOMAX-III 型 ···87
AR（→アコースティックリサーチ）
AUR（Acoustical Resistance Unit）·················294
A シリーズ ···82
B. T. H. ···57-59, 147
B-199A 型 ··325
B-200Y 型 ··326
B-800 型 ···325
BBC（英国放送協会）··························26, 58
C72233-A10-A7 型 ··97
CBS コロンビア ·····························90, 274
chemically treted cloth ···························59

CN-191 型 ···280-281
DC（Dual Concentric）構成 ·······················87
DU コーン（二重漉きコーン）·····················228
E. R. P. I.（Electrical Research Products,Incorporated）
······ 81
E. S. L.（Electrostatic Loudspeakers）················293
ED-100 型 ··234
ELaS401 型 ···107-108
EV（エレクトロボイス）··········280-284, 330-336
FE-103 ··252
GE（ゼネラル・エレクトリック）············40, 51-
52, 57, 97, 114, 139-140, 151-154, 157, 158,
164, 169, 245, 278, 336-338
G. R. F. オートグラフ ···································285
G-610 型 ··························30, 79-80, 320-322
H-1 型 ···267
Hi-Fi ブーム ··274
HPD（High Preformance Dual）シリーズ················87
JBL ···309-318
JOAK（東京放送局）·····························55, 114
JOBK（大阪放送局）·····························114, 160
JOCK（名古屋放送局）··························114, 139
KDKA ······································152, 164
LC1 型 ···88-92
LE12C 型 ···97
LP レコード ·····················214, 222, 265, 274
LSU/HF/15/8（モニターゴールド）·········85, 87, 285
LSU/HF/15L（モニターブラック）·····30, 84, 284-285
M-3 型 ···261
MEG コンサート ···222
MGM ···101
MJ 無線と実験（無線と実験）·····················116
MK-5SDG 磁石 ·····························214, 216
MK-5 磁石 ···························211, 214, 216, 219
MK 磁石（→アルニコ磁石）
NEC ·····································158-164, 185
NECO ·······································160, 162

NHK Ⅱ型試聴装置 ……………………………208
NHK（日本放送協会）……………114-115，122
NHK の放送用モニタースピーカー …… 15，16，17，31，
　115，119，120，211，215，218
NHK 技術研究所（日本放送協会技術研究所）…… 122-123
NKS 鋼 ………………………………………261
NTT（→日本電信電話）
OE-1 型 ……………………………231-232
OE-2 型 ……………………………232-233
OP 磁石 …………………14，157，204-207，211
P-60F 型 ……………………………16，211-214
P-610 型 …………………16，17，214-216
P-62F 型 …………………15，206-211，215
P-65F 型 ……………………………15，211
PAX-12A 型 ………………………99，220
PA システム ………………………78，115
PE-8 型 …………………………17，216-219
Pet-666 型 ………………………………252
PM-10 型 ………………………………12，145
PM-1 型 …………………………………318
PM-200 型 ………………………………223
QUAD（クオード）………………292-293
R&K（ライス・ケロッグ）型スピーカー …… 42，51-57，
　58，59，65，114，140-142
R. &A. ……………………………………68
RCA 105 型 …………………………55-56
RCA（Radio Corporation of America）…… 51-59，71-
　73，88-92，154-158，164，343
RCA ビクター …………………114，157，169
RCA フォトフォン …………………158，245
RCA ラジオラ …………………114，153，164，165
R-J 型エンクロージャー …………………340-341
SD-15 型 ……………………………239-240
SG-555PS 型 ……………………263-264
SLE（Super Linear Long Excursion）構造…… 253
T20 型エンクロージャー …………………218
TG スピーカー（→竹下式シルクコーン）
TP-1 型 ……………………………………296
U 字管付きエンクロージャー …………345-346
W1 シリーズ ……………………………228-229

W2 シリーズ ……………………………228-229
WB …………………………………………68
WE（ウエスタンエレクトリック）………28，78-79，94，
　105-107，158-163，260-264
WH（ウェスティングハウス電機製造会社）……35，114，
　164
Wireless World …………………………………59
X1 シリーズ ……………………………………229
YL 音響（吉村ラボラトリー）……………260-264
π /2 空間………………………………276-278

● 日 本 語 （五十音）●

【あ】

アイコニック ……………………101-105，299
アウラ・マツダ ……………………………154
アキシエット ……………………………293-294
アキシオム …………………63-65，293-294
秋葉原ラジオストアー ……………252-253
アコースティカルマニファクチャリング ………292-293
アコースティカルラビリンス …………………279
アコースティックサスペンション（アコサス）…45，253，
　268
アコースティックリサーチ（AR）……………253
アコースティレンズ 20/80 …………………297
アコーディオンエッジ………………… 11，73-74，245
アコサス（→アコースティックサスペンション）
アシダ音響（東京拡声器研究所）……120，185，247-249
アシダカンパニー …………………114，119-120
アシダボックス……………………185，247-249
東工業所 ……………………………………146
圧搾硬質紙フレーム ………………………144
アミゴ ……………………………………185
アミルアルコール（ペンチルアルコール）……………150
アリア………………………………178，185，186
アリストクラット ……………………334-335
アルテック（オールテクニカルサービス）………………81
アルテック・ランシング……81-83，105-107，299-309

項目／人名索引

アルニコ磁石（MK 磁石）……82, 87, 196, 216, 299
アンプリボックス ………………………………………186

【い】

池上通信機 ……………………………………… 213, 217
石川無線 ………………………………… 178, 185, 186
位相反転型エンクロージャー ‥45-48, 221, 222, 249,
　318-319, 323, 341
イソフォン ………………………………………… 32, 94
市原製紙 …………………………………………… 208
糸吊りサスペンション（ストリングダンパー）……21, 60,
　65, 241-242
インダクター型駆動機構 ………………………… 128-129
インピーダンスマッチングトランス（出力トランス）‥198
インペリアル ……………………………………… 322

【う】

ヴィーナス ………………………………… 120, 185
ウエーヴ ……………………………… 178, 185, 186
ウエスタンエレクトリック（→ WE）
ウェスティングハウス電機製造会社（→ WH）
ウエストレックス（ロンドンウエスタン）…82, 297-298
ウエストン ………………………………………… 185
ウエストン音響 …………………………………… 185
薄井木工製作所 …………………………………… 268
ウルトラソニック U-25 型 ……………………… 341

【え】

エール音響 …………………………………… 263-264
エアカプラー型エンクロージャー ……………… 345-346
エアデール ……………………………………… 290-291
英国放送協会（→ BBC）
エクスポーネンシャルカーブ……………… 59, 340, 344
エポック ……………………………… 9, 59, 67, 147
エリアン …………………………………………… 178
エリミダイン ……………………………………… 186
エリミネーター付きラジオ ……… 117, 124, 129, 139,
　140, 172
エルマン ……………………………………… 185, 187
エレクトローラ・ラジオラ ………………………… 56
エレクトロボイス（→ EV）
エレホン …………………………………………… 186
エンパイア …………………………………… 332, 334
円盤レコード ……………………………………… 114

【お】

オーケストラ（イソフォン） ……………………… 94
オーダー …………………………………………… 187
オーディオノート ………………………………… 263-264
オーディオベクター ……………………………… 296-297
オーディオム ……………………………………… 293
オーディオンバルブ ……………………………… 154
オーディトリアム（グッドマン） ………………… 61, 65
オーディトリアム用スピーカー ………………… 220
オーディボックス ……………………………… 116-117
オートグラフ ………………………………… 85, 284
オートグラフプロフェッショナル ……………… 286
オールウェーブラジオ …………………… 164, 223-224
オールテクニカルサービス（→アルテック）
老川工芸所 ……………………………………… 268
オイロッパ ……………………………………… 99
大阪音響（→オンキヨー）
大阪拡声器組合 ………………………………… 141
大阪蓄音器 ……………………………………… 114
大阪電気音響社（→オンキヨー）
大阪放送局（→ JOBK）
大阪無線 …………………………………… 185, 204
大島キャビネット ……………………………… 268
大西マグネット製作所 ………………………… 143-144
オカダケース …………………………………… 268
小川忠作商店 …………………………………… 186
沖電気 …………………………………………… 159
オブリコーンスピーカー ………………… 14, 229-234
オムニディレクショナル放射 …………… 287, 290
オリオン …………………………………… 123, 185
オリヂン …………………………………… 185, 186

オルソンキャビネット …………………………51
オンキョー（大阪音響，大阪電気音響社）… 32，234-239
音響インピーダンス ………………………45
音響管 ………………………279，343-345
音響変成器 ……………………………279

【か】

ガードアコースティック ………………86-87
カーネギーホール …………………………290
カーブドコーン …59，164，205，206，217-218，233
カールソン型エンクロージャー ………339-340
回折現象 ……………………………48-51，96
拡声器（書籍）…………………164，194，224
カテナリー曲線 …………………………217
可変型エンクロージャー ………………341-343
川崎工業 …………………………………186
河村電気研究所 …………………………318
慣性制御方式 …………………………40-42
カンチレバー方式のサスペンション …26，63，65，66，
　　132-135

【き】

着せ替えスピーカー …………………148，283
キャピストラノ …………………………306，307
キャラバン ………………………178，185，187
協会認定マーク …………………………122
錦帯橋型スピーカー ……………………239-240
銀箱（→ 612 型）

【く】

空気室音響フィルター ……45，292，338-339，341
クオード（→ QUAD）
久寿電気研究所（→日本ハーク）
グッドマン …………26，61-66，67，293-295
クライスラー …………………………267-269
クライスラー電気 ………………………267-269
クライン …………………………123，189

クラウン ………………………178，185，187
クラドニー図形 …………………………198-199
グラモフォン ………………………………157
クラングフィルム …………………………99
グランドボックス …………………………128
クリスタルピックアップ …………………234
栗原電機製作所 …………………………185，187
クリプッシュホーン ………277-284，330-332
クリヤフォン会社 …………………………114
クローバー …………………………………186
クロスオーバーシステム …………………293
クロスレー ……………………………4，124

【け】

型式証明（逓信省の）……………………114
ケルトン型エンクロージャー ………47，338-340
ケンウッド（トリオ商事）………………329
絹芯樹脂質振動板 ………………………21-254

【こ】

コーナー型スピーカー ………330-334，338，341，346
コーナー型ディストリビューデッドポート付きエンクロー
　　ジャー ……………………………341，346
コーナー型フロントローディングホーン ………276，330
コーナーリプロデューサー …………………296-297
コーナーリボンラウドスピーカー …………292
コーラル ………………22，23，27，31，264-267
コーラル音響（福洋コーン紙，福洋音響）…22，23，27，
　　31，264-267
ゴールデンコアキシャル …………………337-338
高域拡散音響レンズ ………………………98
高制動方式 ………………………………45
鉱石ラジオ ………………116，159，171-173
高調波歪み測定 …………………………199-200
後面開放型エンクロージャー ……8，44-45，53，289
国道電機製作所 …………………………179，180
国民型ラジオ ……………………………144，184
小須賀電機製作所 ………………………185，186

項目／人名索引

五大改革民生命令 ······························ 204
国会議事堂 ····································· 163
ゴトウユニット ······················ 261，263-264
コバルトの危機 ·································· 216
コバルト鋼磁石 ······················ 149，195，216
コルゲーション付きコーン ···164，171，206-207，217-
　218，224-226，233，254-257
コルゲートダンパー ······························ 211
コロナ ··· 307
コロムビア ····················· 178，185，187，270
コロメヤ ······································· 167
コンサート（オンキヨー） ························ 236
コンサート（ジェンセン） ························ 324
コンサート・アップライト型システム ············· 263
コンサートグランドシリーズ ····················· 327
コンサートグロスシリーズ ······················ 328
コンサート・グロッソ ··························· 331
コンサートラビリンスⅡ ························· 292
コンサートン・ラジオ ···················· 166-167，185
コンスキ・クリューガー ························ 92-93
コンソール型 ··············· 104，168，169，182，183
コンドル ······················ 118-119，123，185
コンパウンドホーン ······························ 71
コンビネーションホーン ···················· 305，341

【さ】

サーペンタインプレート（波状板）型音響レンズ ······318
サイモホン ····································· 139
サウンドサレス ·································· 70
坂本製作所 ································· 118，123
ザ・タブ ······························· 28，78-79
佐藤部品 ······································ 268
ザ・パトリシアン ······················ 281-282，330
サブハーモニック歪み（→低調波歪み）
サロンモード ··································· 299
三共電気工業 ··································· 185
三陽工業 ························· 21，185，239-242

【し】

シームレスコーン ······················ 59，195-196
シーメンス ························· 57，97，98-98
シアターサウンド ······························ 269
ジェンセン ···················· 30，46，78-81，318-325
信濃音響（→フォスター電機）
信濃音響研究所（→フォスター電機）
シノーダグラフ ································· 325
芝浦製作所（→東芝）·114，123，140，151-154，157，
　185，245
芝浦レヴュ ····································· 153
島商会 ··· 123
島製作所 ······································· 123
シャープ（早川兄弟商会，早川金属工業，早川金属工業研
　究所，早川電機工業）·········8，114，142，143，171-
　176，185，204
シャープダイン ···························· 172-176
シャープペンシル ······························ 171
ジャズ ···································· 185，187
シャラーホーンシステム ···················· 99，102
周波数レスポンス測定用対数記録装置 ············· 188
出力トランス（→インピーダンスマッチングトランス）
ジュニアオーディトリアム ····················· 61，65
ジュノー ·································· 185，270
ジュノー音響機 ································· 270
ジュノー電気音響 ······························ 185
ジュノラ ···················· 123，140，151-154，245
ジョージアン ······························ 330，332
商社月報 ······································· 176
常備尖芯鉛筆 ··································· 171
シルクコーンスピーカー ···················· 21，254
新KS鋼 ······································· 163
シンガー ······································· 185
陣笠スピーカー ······················· 124，160
神玉商会 ································· 120，185
真空管OTLアンプ ··············· 218，242，259，260
新谷印刷（→新谷工業廠）
新谷印刷紙工廠（→新谷工業廠）
新谷工業廠（新谷印刷，新谷印刷紙工廠）········· 142-144

353

新日本電気 ……………………………………164，261
シンフォニー No.1 シリーズ …………328，329，331

【す】

スーパーデュアル ………………………76-77，199
スターボックス………………………178，185，270
スターリング ………………………………116-117
スターリングベビー高声器 ………………………114
ステフェンス ………………………………94-95
ステントリアン・デュプレックス…………77，83，199
ストリングダンパー（→糸吊りサスペンション）
砂入りバッフル ……………………………287-290
スパイラルコルゲーション付きコーン……20，254-257
スピーカーの音響測定 43，66，188，192，212，213，
　243
住友 ……………………………………………157
住友金属 ……………………………………163，261
住友特殊金属 ………………………………………264

【せ】

精華 ………………………………178，185，187
整合共振型コーン …… 13，205-207，212，213，217，
　218，224，225，254
青電社 ………………………………178，185，186
石松子 ………………………………198，212-213
ゼネラル（八欧無線）………………………………99
ゼネラル・エレクトリック（→ GE）
セレッション ………………………………59，70
センター（島製作所）………………………123，185，
センター（センター電機製作所）…………………123
センターダンパー …………………9，42，52，60
センター電機製作所 ……………3，123，135-138
センタードーム………………………………………96
センチュリオン ………………………………331-332
センチュリー ………………………………328，330

【そ】

ソニー（東京通信工業）……………………………250
園田拡声機製作所 ……………………………185，186

【た】

ダイアコーン ……………………………300，303-304
第一生命相互会社（第一生命保険）………………157
タイガー電機（→戸根無線）
タイガー電気製作所（→戸根無線）
タイガー電池製作所 ………………………………166
ダイナックス ………………………………185，270
ダイナトーン …………………………………………270
ダイナホン …………………………………………185
ダイナミック音響研究所 …………………………270
ダイヤトーン ……………………………14-17，205-216
ダイヤトロン …………………………………………205
ダイヤモンド ………………………………123，139
大洋無線 ………………………………178，185，187
楕円コルゲーション ………………………………224-226
高木鉄工所 …………………………………………120
高田商会 ……………………………………………164
多極式平衡振動板型受話器 ………………………153
竹下科学研究所（→竹下科学工業）
竹下科学工業（竹下科学研究所）………………21，254
竹下式シルクコーン（TG スピーカー）……………254
田中製造所（→東芝）……………………………151
田辺商店 ………………114，116-119，123，142
ダブルコーン方式 ………………………19，26-28，31，60-
　66，73，74，75，226-228，230，236，245，247-
　248，251，293，295
ダブルボイスコイル ………60，，71，73-74，155，216，
　245-246
タムラジオ製作所（→タムラ製作所）
タムラ製作所（田村ラジオ商会，タムラジオ製作所）……
　170-171
田村ラジオ商会（→タムラ製作所）
タヤ音響 ……………………………………………270
単一コーン振動板 ………8・25，51-57，59-60，71，73，

項目／人名索引

74, 75, 119, 206, 209, 230, 254-257
タンノイ ……………………… 30, 83-87, 284-286
ダンピングファクター ……………………………199

【ち】

中音の谷 ……………………73-74, 218, 230,
チュニー ………………………………………151
蝶型ダンパー ………………81, 150, 207-208, 211
千代田無線製作所 ……………………………185, 270

【つ】

通信工学邦文外国雑誌 ………………………194
辻丑商店 ………………………………………185

【て】

テーパードパイプ型エンクロージャー …………345, 346
低域共振周波数 ………40, 42, 43, 45, 51, 65, 141
抵抗終止型 ………………………………………45
帝国通信工業（東京無線機材）…………185, 186, 270
帝国電波 ……………………………………204
定在波 ………………………………………45, 345
逓信省電気試験所 ……………187, 189, 192, 195
逓信省令第50号電気用品試験規則 …………………114
ディストリビューテッドポート型エンクロージャー …336-
 338, 341
低調波寄生振動（非軸対称振動）………………198
低調波歪み（サブハーモニック歪み）………………59
ディファキシャル ………………………………95-96
ディフューズコーン ………………………………95-96
ディフラクションリング …………………………96
テクニクス（→パナソニック）
鉄仮面（アシダカンパニー）……………………119
鉄仮面（ワルツ）………………………………130
デュアルコンセントリックスピーカー …………………84
デュオレクトロン ………………………………54
デュプレックス（アルテック・ランシング）……81, 299,
 303

デリカ ……………………………………124-126
デリカコンサート …………………………………126
テレビアン ………………123, 139-140, 178, 185
テレフンケン ………… 11, 107, 114, 123, 143, 189
テレメガホン ……………………………………115
電気音響機器の研究 ……………………………153
電気蓄音機 ………………………40, 46, 51-57,
 121, 124, 126, 130, 139, 140, 167-169, 171,
 182-184, 205, 242, 267
電気通信研究所（東北大学）……………………224
電気通信研究所（日本電信電話公社）………243-244
電気博物館（東京市）……………………187, 202
電気メガホン ……………………………115, 261
電響社 ……………………………………142, 186
電磁平衡（鉄板）型ホーンドライバー …………153-154

【と】

トーキー映画 …40, 75, 81-82, 99, 101, 102, 105,
 121, 151, 158, 297, 298, 318
ドーム（スターリング）…………………………116-117
東亜電機 ……………………………………159
東京拡声器研究所（→アシダ音響）
東京市電気研究所 ……………………………187, 188
東京芝浦電気（→東芝）…… 114, 154, 154, 157, 204,
 244
東京蓄音器 ……………………………………114
東京通信工業（→ソニー）
東京電気（→東芝）……114, 139, 151, 157, 158,
 185, 245
東京電気無線（→東芝）……………………154, 156
東京電灯会社 …………………………………114
東京白熱電灯製造（→東芝）……………………154
東京放送局（→ JOAK）
東京無線機材（→帝国通信工業）
同軸型複合方式スピーカー …………28-32, 75-99, 200,
 239, 240, 246, 251, 284, 299, 300, 301-302,
 318, 319, 320, 331, 332
東芝（→田中製造所，東京芝浦電気，芝浦製作所，東京白
 熱電灯製造，東京電気，東京電気無線）

355

東北金属 ……………………………… 264
東北大学（東北帝国大学）………… 153，224，229
東北大学電気通信研究所 ……………………… 224
東北帝国大学（→東北大学）
東洋蓄音器 ……………………………… 114
トゥルーソニック ………………………… 94-95
徳尾錠 ………………………………… 171
戸根源製作所 …………………… 123，185
戸根源電機製作所 …………………… 185
戸根無線（タイガー電気製作所，タイガー電機）…… 164-
　169，185
トムソン・ヒューストン ………………… 58
巴川製紙 ……………………………… 208
トライアキシャル ……………………… 95
トライプレックス ………………… 323-324
トラクトリックスホーン ………………… 60-61
トリオ商事（→ケンウッド）
トリプルボイスコイル …………………… 74
トリプル振動板 ………………… 61，74
ドロンコーン（パッシブラジエーター）………… 48

【な】

中島飛行機 …………………… 120，248
永野金属製作所 …………………… 142，186
名古屋放送局（→ JOCK）
ナショナル ………… 6，19，179-184，185，227
七欧無線電気商会 ……… 2，123，131-135，143，184，
　185，204
ナナオラ …………………… 131，135，185
波状板（サーペンタインプレート）型音響レンズ …… 318

【に】

ニート ……………………………… 270
西井電機製作所 …………………… 185
西川製作所（→西川電波）………… 139，186，256
西川電機（→西川電波）…………………… 256
西川電波（西川製作所，西川電機）……… 20，185，186，
　255-256

二重漉きコーン（→ DU コーン）
日電電波工業 …………………… 14，231
日米商会（→ローラ・カンパニー）
日米蓄音機製造 …………………… 114
日華事変特別税法 …………………… 184
ニッサン …………………… 185，270
ニッサン音響 …………………… 270
ニッセイ …………………… 185
日精蓄音器 …………………… 114
日蓄工業（→日本コロムビア）
ニプコーン …………………… 123
日本ウエスチングハウス電気 …………………… 164
日本音響電気（日本音響電気工業）……… 185，244-246
日本音響電気工業（→日本音響電気）
日本拡声器 …………………… 185，257
日本高声器製作所 …………………… 185
日本コロムビア（日蓄工業）……… 143，178，185，187，
　264，270
日本産業 …………………… 157
日本精器 …………………… 204
日本精機 …………………… 178，185，187
日本精密電機 …………………… 185
日本チュニー …………………… 151
日本電気 ………… 13，158-164，185，204，260-264
日本電気音響 …………………… 245
日本電信電話（NTT，日本電信電話公社）……… 243-244
日本電信電話公社（→日本電信電話）
日本ハーク（久寿電気研究所）…… 147-151，185，257，
　259
日本ビクター（日本ビクター蓄音器）…… 114，157，157，
　157-158，185，245
日本ビクター蓄音器（→日本ビクター）
日本フェランティ音響 …………………… 185，259
日本放送協会（→ NHK）
日本放送協会技術研究所（→ NHK 技術研究所）
日本無線電信電話 …………………… 114，123
日本ラジオ協会受信機調査委員会 …………………… 190
ニュートーン …………………… 185
ニューマン …………………… 185，259-260

項目／人名索引

【ぬ】

抜山音響研究室 ……………………………………229

【の】

ノーブル ………………………………185，186，270
ノンプレスコーン ……………………………234-236

【は】

ハーク ………………………………147-151，257
バーチカルホーン型 …………………………………320
ハーツフィールド ……………………313，316-318
ハートレイ・ターナー …………………………62，65
パーマックス ……………20，185，186，254-257
パーメンジュール（→パーメンダー）
パーメンダー（パーメンジュール）………………264
ハーラン ………………………………315，317
パール 22，23，27，31，264-267
パイオニア（→福音商会電機製作所，福音電機製作所，福音電機）………176-178，185，205，216-223，227，264-265
ハイクオリティスピーカー ………………………………64
バイタボックス …………………154-157，280-285
ハイネス・ラジオ ………………………………………67
ハイ・ファイテクニック …………………………148
バイフレックスコーン ……………………300，304
萩工業貿易 ……………………………………186
白山電池合名 …………………………………185
白山無線電機 …………………………………187
白熱舎 ………………………………………154
破甲爆雷爆破用吸着磁石 ………………………205
箱鳴り …………………………………44，290
ハザマ音響 ……………………………261-262
バスウルトラフレックス …………………323-324
バスレフレックス ………45，46，318，320，321
バタリーレスラジオ …………………………125
八欧無線 ………31，99，178，185，187，204
バックローディングホーン………277，278，284-286，

295，297，312-317，320，322，341
パッシブラジエーター（→ドロンコーン）
バッフル効果 ……………………42-45，189
ハドソン ………………………123，185，186
パトリシアンシリーズ…………………………283
パナソニック（松下電気器具製作所，松下電器製作所，松下電器産業）……6，19，114，143，179-184，204，223-229
パナトロープ電気蓄音機 …………………51-54
ハミルトン ……………………………142，186
早川兄弟商会（→シャープ）
早川金属工業（→シャープ）
早川金属工業研究所（→シャープ）
早川式繰出鉛筆 …………………………171
早川電機工業（→シャープ）
ハラグチ ………………………………187
原口製作所 …………………………2，185
原口電機製作所 …………………………143，144
原口無線電機 …………………178，185，187，204
パラゴン ………………………………318
原崎無線工業（原崎ラジオ研究所）………………170
原崎ラジオ研究所（→原崎無線工業）
ハラホーン ……………………………2，185
貼り合わせコーン ……………59，171，258
ハルモニア ……………………………222
バロネット ………………………………336
パンドウラー …………………………185，187
バンドダイナミック …………………………239

【ひ】

ピース ………………………………………186
ピエゾ電気高声器 ……………………199-200
ヒカゲノカズラ ………………………………198
非共振非対称伝播型振動板 …………………256
ビクター ……………………54-56，143，185
ビクター蓄音機会社 …………………………157
ビクトローラ ……………………………………55
非軸対称振動（→低調波寄生振動）
ピジョン ………………………………………142

357

日立鉱山	……………………………	114
日立製作所	……………………	114，204
非同軸型複合方式スピーカー	………	97-109
標準音源用スピーカー	……………	243-244
広瀬商会	……………………	185，187
広瀬商報	………………………	155

【ふ】

ファミリーコン	…………………	124-125
フィリップス	…………………	62，63，65
フェランティ	……………	147-149，259
フォールデッドホーン	…71，73，78，102，162，163，
	165，222，279，330，332，336，342	
フォールド・ア・フレックス	………	341-343
フォクトスピーカー	…………………	60
フォクト特許会社	………………………	60
フォスター	………………………	250-253
フォスター電機（信濃音響，信濃音響研究所）	…250-253
フォステクス	………………………	253
福音商会	………………………	176
福音商会電機製作所（→パイオニア）	
福音電機（→バイオニア）	
福音電機製作所（→パイオニア）	
福洋音響（→コーラル音響）	
福洋コーン紙（→コーラル音響）	
不二音響工業	……………………	185，270
富士号	……………………………	8，172
富士電機	………………………	159
フタバ	………………………………	180
二葉商会	………………………	180
二葉商会電機工作所	……………	179，180
双葉電機（二葉商会，二葉電機）	………	180
物品税	………………………………	184
芙容電機	…………………	20，185，256
プライオトロン	…………………	154
フラワーボックス	………	2，123，131-135
ブランズウィック（→ブランズウィック・ボーク・カレンダー）	
ブランズウィック・ボーク・カレンダー（ブランズウィッ	

ク）	………………………	51，52
フリーエッジ	……3，9，15-17，21，42，147，150，
	206，209，233，241，256	
ブリックコーナーレフレックス	………	289
ブリッジバー式駆動	……………	127，128
プリモ	……………………	185，270
ブリュッセル万国博覧会	…………	221-222
ブリランテ	……………	185，254-257
ブルースポット	…………	76-77，199
フルマー型エンクロージャー	………	344，346
プレート内部抵抗	………………………	199
プレッシー	………………………	96，97
ブロシナー	………………………	295-296
プロフェッショナルシリーズ	…………	237-238
分割振動	…………………	57，198
分割振動域	……………	206，225

【へ】

米国映画技術者協会	……………………	82
ベイビー	………………………	116
平面振動板型スピーカー	………	57，239-240
ベル電話研究所	…40，46，47，51，54，75，76，81，
	102，105，158，338	
ベルヌーイの法則	………………………	189
ヘルムホルツの共振	……………	336-343
ヘルメス	………………………	185
ペンチルアルコール（→アミルアルコール）	
ベンテッドエンクロージャー	……………	45
ベント	………………………………	47

【ほ】

ホーンレススピーカー	……………	40，57
ホイロ紙	………………………	170
豊国機工（→豊国プレス工業）	
豊国プレス工業（豊国機工）	……………	186
放送用モニタースピーカー	………10，31，72，74，
	99，119，120，155，206，208，209，214，215，	
	218，286，	

項目／人名索引

ボカローラ……………………………………164-165
ボザーク……………………………………325-330
細井商店（明星洋行社）……………………………131
ポリドール…………………………………170-171
ホワイトレー……………………77-78，83，85，199

【ま】

マーキス………………………………………………335
マクソニック…………………………………………247
マグナボックス……10，48，78，114-115，118，119，
　130，142，189，247，248，255，318
マグノ・ダイナミック…………………………………149
マジックボイス…………………………………………46
松下電気器具製作所（→パナソニック）……6，114，179
松下電器産業（→パナソニック）…………19，143，179
松下電器製作所（→パナソニック）…………………179
松下無線（→パナソニック）…………………………181
マツダ…………………………………………114，154-155
マツダランプ…………………………………………154
マツダ高声器………………154，156，158，185，245
マツダ真空管…………………………………………154
松葉拡声器製作所……………………………………186
マルコーニフォン……………………………58，60，195
マルコーニムービングコイル型マイクロフォン…………58
マルコーニ無線電信会社……………………………164
マルチポートバスレフ………………………………338
マルチホール型フェージングプラグ………………84-85
丸山無線………………………………………………270

【み】

ミゼット型ラジオ……124，134，166，167，169，175，
　181，182，183
ミタカ電機…………………………………178，185，186
三鷹電機………………………………………………204
三田無線電話研究所………………………………124-126
三井物産…………………………………………………55
三越呉服店………………………………………115，160
三越百貨店………………………………………148，259

三菱………………………………………………………157
三菱社…………………………………………………165
三菱製鋼………………………………………………211
三菱造船所（→三菱電機）……………………………165
三菱電機（三菱造船所）……14-17，114，165-169，205-
　216，217
密閉型エンクロージャー……………………43-45，211
ミュージコン…………………………………………4，124
ミューズ…………………………………185，239-242
明星洋行社（→細井商店）
三吉工場………………………………………………114
ミラーイメージ効果…………………………277，279
ミラグラフ……………………………………………185
ミラフォン………………………27，185，244-247

【む】

ムービングコイル型スピーカー自作……………………59
無響室……50，66，188，212-213，216，217，243
無限大バッフル…………………………………43-44
無限大バッフル用ユニット……………………65-66
武蔵野音響………………………………………185，270
無線資料………………………………………………155
無線タイムス…………………………………………140
無線と実験（→MJ無線と実験）
村上研究所（→ワルツ通信工業）

【め】

メカニカル2ウエイ方式のスピーカー………95-96，176-
　177，300
メタルクラッド発泡コーン振動板………………27，247
メロヂコン…………………………………………124-125
メロデー…………………………………178，185，186

【も】

本吉電機工業（吉村電機製作所）……………………186
モニターゴールド………………………85，87，285-286
モニターシルバー………………………85，87，284，286

359

モニターブラック ················· 83，85，87，284
モニターレッド ···························· 85，87

【や】

八幡電気産業 ·························· 261-262
山一電機工業所 ······················ 185，187
山口電機 ························· 178，185，270
弥満登音影 ··································· 114
山中製作所（→山中電機）
山中電機（山中製作所，山中無線電機製作所）········123，
　139-140，185，186，204
山中無線電機製作所（→山中電機）
山本金属工業 ···················· 178，185，270
山本工業所 ·································· 186

【ゆ】

有限バッフル ·································· 41
湯川製作所（→湯川電機製作所）
湯川電機製作所（湯川製作所）··············· 123，186
ユタ ··· 95
ユナイテッドテレトン ························· 325
ユニバーシティ ···························· 95-96
ユニレクトロン ································ 54

【よ】

吉村電機製作所（→本吉電機工業）
吉村ラボラトリー（→ YL 音響）

【ら】

ライト ······························· 185，186
ラウザーマニファクチャリングカンパニー ········ 63，65，
　295-297
ラウドネス曲線 ································ 51
ラグーナ ·······························306，307
ラジオラ··········· 54-56，114，153，164-166，169
ラジオン ·································144-147

ラジオン電機研究所 ·········· 12-13，144-147，185
ラジオ機器認定試験 ···················· 122-123
ラジオ少年 ·································· 267
ラジオ報国 ·································· 184
ラジオ用ホーンスピーカー ······················ 40
ラヂオ（雑誌） ································ 116
ラヂオの日本 ································· 116
ラドコ ·································· 185，187
ラビリンス型エンクロージャー ·················343--344
ラボラトリーリファレンススタンダード ········· 320，322
ランク・オーガニゼーション ······················ 290
ランシング・サウンド・インコーポレーテッド ·······309
ランシング・マニファクチャリング···99-100，104，299

【り】

リージェンシー ·························· 331-334
リスト ···························· 185，257-259
リチャード・アレン ······················· 62，65
菱美機械（菱美電機商会） ················ 165-169
菱美電機商会（→菱美機械）

【れ】

レイリー板（レーレー盤） ················188-189，192
レーザーホログラフィ ·························· 213
レーレー盤（→レイリー板）
レゾナントバッフル ······················ 81，103

【ろ】

ローヤル ···································· 170
ローヤルオーディオ ···························· 264
ローラ ················ 59，120-121，189，191，197
ローラ・カンパニー（日米商会） ·············· 120-121
ローレディン -P ······························ 195
ロイヤルフェスティバルホール ···················· 290
ロクハン ································ 42，214
ロックウッド ································· 286
ロッシェル塩 ································· 234

項目／人名索引

ロンドンウエスタン（→ウエストレックス）

【わ】

ワーフェデール（ワーフェデール・ワイヤレス・ワークス）
　…24，26，44，59，69，286-292
ワーフェデール・ワイヤレス・ワークス（→ワーフェデール）
ワイドレンジシステム …………………………318
ワイヤー式の磁気録音機 …………………………164
ワルツ…………6，7，22，123，126-131，185，255
ワルツ通信工業（村上研究所）…………………22

人 名 索 引

● 欧 字 ●

Beranek, L. L. …………………………109，110，347
Cohen, A. B. ……………………………………110
Cunningham, D. H. ……………………………110
Denny, W. B. ……………………………………348
Hoekstra, C. E. …………………………………46，109
McMahon, Morgan E. …………………………201
Preston, J. …………………………………48，110
Reynolds, Edwin C. ……………………………348
Schidbach, Martin ………………………………110
Souther, Howard T. ……………………………347
Turpin, A. R. ……………………………………109
Weeden, W. N. …………………………………109
Williams, P. B.………………………110，320，347，348

● 日 本 語 （五十音） ●

【あ行】

アリソン（R. F. Allison）………………345，346，348
青木周三 ……………………………………148，201

青松昌一 …………………………………………186
青山嘉彦 …………………………110，192，197，202
浅島武雄 …………………………………………151
芦田健 ……………………………114，119，120，248
東昇 ………………………………………………205
東林之助 …………………………………………146
安達啓二 …………………………………………202
鮎川義介 …………………………………………157
アルトン（A. D. Alton）……………………45-46
安西和夫 …………………………………117，121，124
池田孫七郎 ………………………………199，202
石川均 ……………………………………………186
市村宗明 …………………………………………205，206
伊藤喜多男 ………………………………………201
伊藤毅 ……………………………………260，261，271
稲村禎三 …………………………………………151，257
茨木悟 ……………………………………………124，201
イフライム（A. F. Ephraim）……………275，276
岩間政雄 …………………………………………201
ウィリアムス（P. B. Williams）‥110，320，322，323，
　347，348
ウイリアムソン（D. T. Williamson）…………274
ヴィルチュア（Edgar M.Villchur）……………45
ウォーカー（Peter J. Walker）…………292，293，347
内田三郎 …………………………………………220，270
生方邦夫 …………………………………………217
梅原洋一 …………………………………………264，265
エジソン（Thomas A. Edison）…………40，151，154
海老沢徹 …………………………………………8
遠藤忠男 …………………………………………263
遠藤義夫 …………………………………………231
大島佐平 …………………………………………135
大城倉夫 …………………………………………271
興野登 ……………………………………………270
小幡重一 …………………………………………202
オリネイ（Benjamin. J. Olney）…279，343，347，348
オルソン（Harry F. Olson）……………………43，44，
　48，49，50，51，59，66-75，88，90，109，110，
　155，194，202，277，278，285，345

361

【か行】

ガードナー, ベン ·· 157
カールソン（John E. Karlson）·········· 339, 340, 348
加賀左金吾 ··· 139
景山功 ·· 240
景山朋 ·················239, 240, 241, 242, 271
片山石雄 ···································· 216, 220
金井正男 ·· 201
河合登 ··· 205
川崎警次郎 ·· 186
河村信之 ··· 318
岸包典 ··· 217
喜積英一 ··· 216
北尾鹿治 ··· 179
北沢正人 ······································ 110, 202
城戸健一 ·········230, 231, 232, 269, 260, 271
木村博雄 ··· 270
クラドニー（E. F. F. Chladni）··············· 198
栗原嘉名芽 ·· 202
クリプッシュ（Paul Wilbur Klipsch）·········277, 278,
　　279, 280, 330, 347
ケーラー（H. A. Keller）··························· 43, 44
ケリー（Stanley Kelly）····························· 292
ケロッグ（Edward Washburn Kellogg）······40, 41,
　　42, 43, 60, 109, 114, 140, 141, 153, 176
越川嘉治 ····························· 192, 194, 202
越沼盛太郎 ·· 261
五代武 ··· 234
後藤慶一 ··· 270
後藤精弥 ···························· 261, 263, 264
近衛秀磨 ······································ 183, 184
小林法久 ··· 247

【さ行】

佐伯多門 ·············110, 214, 217, 270, 271
阪本楢次 ·························· 224, 225, 227, 270
佐久間健三 ·························153, 158, 201
真田正信 ··· 202

佐村公年 ··· 202
サラス（Albert Lauris Thuras）············· 45, 46, 338
サンデマン（E. K. Sandeman）············· 275, 276
ジェンセン（Peter L. Jensen）············· 78, 318
篠原弘明 ··· 250
柴山乾夫 ····················· 230, 269, 270, 271
ジョセフ（W. Joseph）····························· 340
新谷俊夫 ·· 142-144
進藤武男 ··· 270
ジンマーマン（A. G. Zimmerman）······59, 224, 270
鈴木邦夫 ··· 222
スタッフォード（F. R. W. Stafford）········· 59, 109
スチモラー（F. Schmoller）························ 59
ストラット（John William Strutt, 3rd）（→レイリー卿）
ストラット（M. J. O. Strutt）····················· 43
住交平 ··· 205
住吉舛一 ·················157, 185, 244, 245, 246
スモール（Richard H. Small）··············· 48, 109

【た行】

高岡正義 ··· 187
高城重躬 ··· 262
高橋源之助 ·· 257
高村悟 ····························· 192, 195, 202
田口達也 ··· 201
武井武 ·· 205, 270
竹下義彦 ··· 254
伊達陽 ··· 222
田中久重 ··· 151
田辺綾夫 ······································ 114, 116
谷和文平 ··· 239
田村得松 ······································ 170, 171
チェイブ（Donald Maynard Chave）··············· 295
チャップマン（C. T. Chapman）········· 46, 47, 109
調所音松 ······································ 257, 258
デビス（T. E. Davis）······················ 48, 49
寺山喜郎 ··· 217
トーマス（W. H. Thomas）··············· 311, 315
徳江正造 ··· 151

項目／人名索引

徳永義治 ……………………………… 142, 186
戸根源次郎 …………………………………… 141
戸根源輔 ……………………………… 123, 185
戸根虎次郎 ………………………………… 166
ド・フォレスト（Lee De Forest）………… 154
ドブソン（D. A. Dobson）………………… 45
富田義男 …………………… 205, 206, 217

【な行】

中井将一 ……………… 59, 109, 164, 194, 201
永島清 ……………………………………… 201
中島平太郎 ……………… 217, 47, 109, 110
永野豊吉 ……………………………… 142, 186
中村忠樹 ……………………………… 151, 259
七尾菊良 ……………………………… 123, 131
西井清 ………………………………… 185, 270
西井達二 ……………………………… 185, 270
西川儀市 ……………………………… 186, 256
西巻昭 ………………………………… 110, 201
西村茂廣 …………………………………… 250
西村正夫 …………………………………… 176
西村良平 …………………………………… 217
丹羽保次郎 …………………………… 194, 202
抜山平一 ……………… 153, 201, 229, 271
根岸博 ………………………… 110, 194, 202

【は行】

ハーツフィールド（W. L. Hartsfield）…… 317
ハイネス（F. H. Haynes）………… 59, 109
芳賀千代太 ………………………………… 202
長谷川富王 …………………………………… 9
ハックレイ（R. A. Hackley）………… 73, 278
早川徳次 ……………………………… 114, 171
早坂寿雄 ……………………… 202, 243, 271
バランタイン（Stuart Ballantine）……… 188, 202
原崎葵作 …………………………………… 170
原崎七郎 …………………………………… 170
原崎得三 …………………………………… 170

ハリソン（H. C. Harrison）………………… 76
平賀，ジャン ………………………………… 25
平山英雄 …………………………………… 201
ヒリアード（J. K. Hilliard）……… 80, 102, 299
ファンテン（Guy R. Fountain）…………… 83
フォクト（Paul Gustavus Adolphus Helmuth Voigt） ‥
　60, 83, 109, 148, 276-277, 293, 295, 320,
　345, 346, 347
藤岡明雄 ……………………… 155, 158, 201
藤木一 ………………………………… 213, 270
二村武左鳥仁左 ……………………………… 231
二村忠元 ……………………… 230, 231, 270
ブラック（R. Black）……………………… 48-49
ブラックバーン（J. F. Blackbum）………… 102
プラッチ（D. J. Plach）……110, 320-323, 347, 348
ブラットナー（D. G. Blattner）…………… 76
ブリッグス（Gilbert A. Briggs）…60, 109, 286, 287,
　289, 290, 292, 347
プリッドハム（E. S. Pridham）……… 78, 318
フルマー（N. C. Fulmer）…………… 344, 346
プレストン（J. Preston）………………… 48, 110
フレッチャー（Harvey Fletcher）…………… 51
フレデリック（H. A. Frederick）…………… 43
ペトリー（Adelore F. Petrie）……… 337-338, 348
ベル（Alexander Graham Bell）…………… 159
ヘルムホルツ（Hermann L. F. von Helmholtz）……… 45
ベルリナー（Emil Berliner）………………… 40
ポール，レス（Les Paul）…………………… 104
ホクストラ（C. E. Hoekstra）………… 46, 109
ボザーク（R. T. Bozak）…………………… 325
星佶兵衛 …………………………………… 270
ボストウィック（L. G. Bostwick）……… 75-77
細井末次郎 …………………………… 130, 131
ホプキンス（H. F. Hopkins）

【ま行】

真下明 ………………………… 194, 201, 202
松井英一 ……………… 230, 269, 270, 271
松浦一郎 ……………………………… 34, 201

363

松尾俊郎 ……157, 158, 201
マッカーサー（Douglas MacArthur）……204
マックラハラン（N. W. McLachlan）……44, 59, 109, 164, 194, 202, 224
マッサ（Frank Massa）……66, 109, 278, 285
松沢和市 ……123, 135
松下幸之助 ……114, 179
松野吉松 ……259
松本望 ……176-178, 201, 216, 264, 270, 271
溝上銈 ……205
ミトン（Miton）……45
ミュラー（G. C. Muller）……48-49
三吉正一 ……154
村上元一（→村上得三）
村上丈二 ……186
村上得三（父）……126
村上得三（村上元一）……123, 126
村田嘉一郎 ……233
本橋利之 ……186
森宮庸次 ……148, 259
森本雅記 ……110

【や行】

八木秀次 ……194, 202, 231
柳川春雄 ……120, 248
柳川久 ……249
柳川譲 ……248
柳沢功力 ……202
山口喜三郎 ……157
山口兵佐衛門 ……186
山口素造 ……185, 270
山中栄太郎 ……123, 139
山本武夫 ……47, 109, 217
山本由吉 ……178, 270
山本律雄 ……186
ヤング（J. P. Young）……344, 346
湯川正治 ……186
吉川政次郎 ……199, 202
吉田亮三 ……145
吉原新人 ……259
吉村貞男 ……163, 201, 260-264, 271
吉村末吉 ……186
米山義男 ……270

【ら行】

ライス（Chester W. Rice）……40-43, 60, 109, 114, 140, 141, 153, 176
ラウザー（Peter Lowther）……296
ラッカム（Ronald H. Rackham）……83
ラング（Henry C. Lang）……338, 339
リッガー（H. Riegger）……57
レイリー卿（Lord Rayleigh, John William Strutt, 3rd.）……43, 48, 189
レッド（Oliver Read）……341-343
ロカンシー（B. N. Locanthi）……317-318
ロビンソン（F. Robinson）……340

【わ行】

若林鋼二 ……26, 32,
渡辺重夫 ……120
渡辺侃 ……5, 7
和田英男 ……189-199, 202
藁科雅美 ……222

オーディオの歴史をスピーカーから俯瞰する
スピーカー技術の100年
黎明期～トーキー映画まで

佐伯多門著

2018年7月15日発行
B5判　367ページ
定価：本体3,700円+税
ISBN978-4-416-61837-0
誠文堂新光社刊

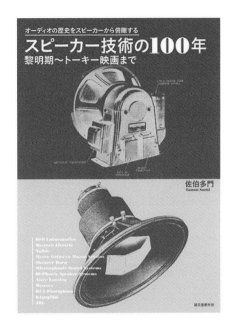

第1章　スピーカーの誕生

- 1-1　スピーカー誕生への序奏
- 1-2　スピーカーの誕生
- 1-3　受話器の性能向上
- 1-4　受話器の定量的な研究の開始とベル電話研究所の設立への胎動

第2章　スピーカーの電気音響変換機構の種類とその基本動作の概要

- 2-1　電気音響変換機構の種類
- 2-2　電磁型スピーカーの変換機構の種類と基本動作
- 2-3　電磁誘導型スピーカーとインダクター型スピーカーの変換機構
- 2-4　動電型スピーカーの変換機構の種類と基本動作
- 2-5　静電型（コンデンサー型）スピーカーの変換機構
- 2-6　圧電型スピーカーの変換機構
- 2-7　放電型スピーカーの変換機構
- 2-8　気流型スピーカーの変換機構
- 2-9　エレクトロサーマル（炎型）スピーカーの変換機構とその変遷
- 2-10　パラメトリックスピーカーの変換機構とその変遷
- 2-11　特殊な変換機構を持つスピーカー

第3章　一般拡声（PA）用と楽音補助拡声（SR）用スピーカーの歴史と変遷

- 3-1　スピーカー最初の用途は一般拡声（PA）用
- 3-2　WEの一般拡声（PA）用ホーン型スピーカー
- 3-3　真空管アンプ普及以前のPAセット
- 3-4　欧州における初期のPA用スピーカー
- 3-5　指向性スピーカー「トーンゾイレ」
- 3-6　戦争で使われた大音量スピーカー（ブルホーン）
- 3-7　日本における初期のPAスピーカー
- 3-8　SR用スピーカーシステム
- 3-9　SR用コンポーネントシステムによる大規模ハウススピーカーシステム化へ
- 3-10　SR用ワンボックススピーカー積み上げのラインアレイスピーカーシステム

365

第4章 ラジオ受信機用スピーカーの
誕生と1945年ころまでの変遷

4-1 ラジオ受信機用ホーンスピーカー
4-2 ラジオ受信機用直接放射型スピーカー

第5章 トーキー映画用
スピーカーシステム

5-1 無声映画から発声映画への転換
5-2 トーキー映画方式の変遷の概要
5-3 トーキー映画の動向に伴う映画興行の背景とサウンドトラック
5-4 初期のWE製トーキー映画用スピーカー
5-5 「ワイドレンジシリーズ」トーキー映画用スピーカーシステム
5-6 ベル電話研究所のスピーカー研究と大型2ウエイ「フレッチャーシステム」
5-7 MGMが開発したトーキー映画用スピーカー「シャラーホーンシステム」
5-8 WEのミラフォニックサウンドシステム用「ダイフォニックスピーカーシステム」
5-9 アルテック・ランシング創立とトーキー映画用スピーカーシステム
5-10 WEの「Lシリーズ」トーキー映画用スピーカーシステム
5-11 英国におけるウエストレックスのトーキー映画用スピーカーシステム
5-12 RCAフォトフォンのトーキー映画用スピーカーシステム
5-13 欧州のトーキー映画用スピーカーシステム
5-14 JBLのトーキー映画用スピーカーシステム

第6章 スピーカー用ホーンの種類と
その変遷

6-1 スピーカー用ホーンの理論解析への取り組み
6-2 スピーカー用ホーンのカットオフ周波数と音響変成器の役割
6-3 黎明期の全帯域再生用ホーンの用途と形状
6-4 低音再生用ホーンの各種方式とその実施例
6-5 中音・高音用ホーンの種類と構造
6-6 WEのスピーカー用ホーンの歴史

スピーカー&
エンクロージャー大全
スピーカーシステムの基本と音響技術がわかる

佐伯多門著

2018年2月15日発行
B5判　224ページ
定価：本体 3,200 円＋税
ISBN978-4-416-51816-8
誠文堂新光社刊

　著者の前著『強くなる！スピーカー＆エンクロージャー百科』は，1981年の初版以来，オーディオマニア，オーディオ技術者からはスピーカーの教科書として伝説となっています．現在でもそのベーシックな内容には不変の価値がありますが，今回内容をすべて見直し，スピーカー技術の最新トピックを踏まえ，新規書き下ろし，加筆を行い，まったく新しい書籍として生まれ変わりました．

　スピーカーの誕生から始まる発展の歴史，電気信号を音声に変えるしくみ，スピーカーユニットの種類，構造，素材と特性，スピーカーシステムの種類，特徴と性能，エンクロージャーの種類と構造，素材と製作法，リスニングルームにおけるスピーカーシステムの配置と設置のノウハウなど，よりよい音を求めるオーディオファンのための新しい教科書としてご活用ください．

Chapter1　基礎編
Chapter2　スピーカーユニット編
Chapter3　スピーカーシステム編
Chapter4　エンクロージャー編
Chapter5　エンクロージャー製作と実際
Chapter6　使用実施編
参考文献

佐伯多門

愛媛県今治市出身
1954年，愛媛県立新居浜工業高校電気科卒，同年三菱電機株式会社に入社．
1955年より，ダイヤトーンスピーカーの開発設計に従事．40年にわたり多くのスピーカーシステムを開発．また，スピーカー用新素材や新技術を開拓．
日本オーディオ協会理事などを歴任．

主な著作
『オーディオハンドブック』13章スピーカー編執筆
オーム社　1978年
『強くなる　スピーカー＆エンクロージャー百科』執筆監修
誠文堂新光社　1979年
『オーディオ50年史』スピーカー編執筆
(社)日本オーディオ協会　1986年
『新版　スピーカー＆エンクロージャー百科』執筆監修
誠文堂新光社　1999年
『真空管オーディオハンドブック』真空管アンプ用スピーカー編執筆
誠文堂新光社　2000年
『MJ無線と実験』連載「スピーカー技術の100年」執筆
誠文堂新光社　2000年1月号より
『スピーカー＆エンクロージャー大全』執筆
誠文堂新光社　2018年
『スピーカー技術の100年 黎明期～トーキー映画まで』執筆
誠文堂新光社　2018年

オーディオの歴史をスピーカーから俯瞰する
スピーカー技術の100年 II
広帯域再生への挑戦

2019年10月18日　発　行　　　　　　　　NDC547.31

著　者　佐伯多門
発 行 者　小川雄一
発 行 所　株式会社 誠文堂新光社
　　　　　〒113-0033　東京都文京区本郷3-3-11
　　　　　(編集)電話03-5800-3612
　　　　　(販売)電話03-5800-5780
　　　　　http://www.seibundo-shinkosha.net/
印 刷 所　広研印刷 株式会社
製 本 所　和光堂 株式会社

©2019, Tamon Saeki.
Printed in Japan
検印省略
本書掲載記事の無断転用を禁じます．
万一乱丁・落丁本の場合はお取り替えいたします．

本書のコピー，スキャン，デジタル化等の無断複製は，著作権法上での例外を除き，禁じられています．本書を代行業者等の第三者に依頼してスキャンやデジタル化することは，たとえ個人や家庭内での利用であっても著作権法上認められません．

本書に記載された記事の著作権は著者に帰属します．これらを無断で使用し，展示・販売・レンタル・講習会などを行うことを禁じます．

JCOPY〈(一社)出版者著作権管理機構 委託出版物〉
本書を無断で複製複写(コピー)することは，著作権法上での例外を除き，禁じられています．
本書をコピーされる場合は，そのつど事前に，(一社)出版者著作権管理機構(電話 03-5244-5088／FAX 03-5244-5089／e-mail:info@jcopy.or.jp)の許諾を得てください．

ISBN978-4-416-61985-8